普通高等教育信息技术类系列教材

计算机应用基础实训教程

主编 刘志勇 张 祯 沈 丹

科学出版社

北 京

内 容 简 介

本书是根据教育部高等学校大学计算机课程教学指导委员会编制的《大学计算机基础课程教学基本要求》和全国计算机等级考试调整后的考试大纲，并紧密结合高等学校非计算机专业培养目标编写而成的。本书以 Windows 10和Office 2016为平台，讲授计算机的基础知识和基本操作。全书共分六个单元。单元1 计算机基础知识；单元2 计算机操作系统；单元3 计算机网络与信息安全基础；单元4 Word文档编辑；单元5 Excel电子表格；单元6 PowerPoint演示文稿。本书以基本知识讲解和基本技能训练为主线，突出基本技能的掌握，内容新颖，图文并茂，层次清楚。本书在编写过程中还考虑到了全国计算机等级考试二级考试大纲的要求，增加了二级考试的训练内容。通过本书的学习，使学生掌握计算机软件、硬件技术，计算机网络技术，计算机信息安全技术和计算机软件技术的基本概念和原理，具备办公信息处理的能力。

本书可以作为高等院校各专业计算机基础课程的实训教材和教学参考教材，还可以作为初学者的自学用书。

图书在版编目（CIP）数据

计算机应用基础实训教程 / 刘志勇, 张祯, 沈丹主编. -- 北京：科学出版社, 2024. 8. --（普通高等教育信息技术类系列教材）. -- ISBN 978 -7-03-078707-1

Ⅰ. TP3

中国国家版本馆 CIP 数据核字第 2024RG1422 号

责任编辑：宋 丽 袁星星 / 责任校对：王万红
责任印制：吕春珉 / 封面设计：东方人华平面设计部

斜 学 出 版 社 出版

北京东黄城根北街 16 号
邮政编码：100717
http://www.sciencep.com

三河市骏杰印刷有限公司印刷
科学出版社发行 各地新华书店经销

＊

2024 年 8 月第 一 版 开本：787×1092 1/16
2025 年 8 月第二次印刷 印张：15 1/2
字数：362 000

定价：55.00 元
（如有印装质量问题，我社负责调换）

销售部电话 010-62136230 编辑部电话 010-62135763-2047

前　言

随着计算机科学和信息技术的飞速发展和计算机的普及教育，国内高等院校的计算机基础教育已踏上了新的台阶，步入了一个新的发展阶段。各专业对学生的计算机应用能力提出了更高的要求。为了适应这种新发展，许多学校修订了计算机基础课程的教学大纲，课程内容不断推陈出新。本书是按照教育部《大学计算机基础课程教学基本要求》编写的。计算机应用基础是非计算机专业高等教育的公共必修课程，是学习其他计算机相关技术课程的前导和基础课程。本书编写的宗旨是使读者较全面、系统地了解计算机基础知识，具备计算机实际应用能力，并能在各自的专业领域自觉地应用计算机进行学习与研究。

本书编者是多年从事一线教学的教师，具有较为丰富的教学经验。在编写中，注重原理与实践紧密结合，注重实用性和可操作性；在案例的选取上，注意从日常学习和工作的需要出发；在文字叙述上，深入浅出，通俗易懂。另外，本书对一些理论知识点和实验操作配有微课讲解。

本书由刘志勇、张祯、沈丹主编。具体编写分工如下：邵慧威、刘志勇编写单元1，孟露编写单元2，张祯编写单元3，沈丹、谢佩君编写单元4，封雪编写单元5，李家瑞编写单元6。

在本书的编写过程中，编者结合了自身多年积累的教学经验，同时参考借鉴了其他经典教材的优点，反复修改，以求精益求精。

由于编者水平有限，书中的不足与疏漏之处在所难免，希望广大读者批评指正。

编　者
2024 年 1 月

目　　录

单元 1　计算机基础知识

训练目标

- 了解计算机的发展与应用。
- 了解计算机的基本工作原理，熟悉微型计算机的硬件组成。
- 学习计算机中的数制编码与转换方式，完成计算机各数制间的数制转换。

电子计算机是人类科技发展史上的一个崭新里程碑。当今微型计算机技术和计算机网络技术的应用已经渗透到社会生活的各个领域，有力地推动着科技的发展和社会的进步。因此，学习和掌握一定的计算机基础知识是我们社会生活的必然要求。本单元首先介绍了计算机的诞生、发展、分类以及当前的应用，再介绍了计算机的系统组成与工作原理，着重介绍了微型计算机的硬件组成，最后介绍了计算机中四种常用的数制及其转换方法。

任务 1.1　认识计算机

知识要点

- 计算机的诞生、发展及应用。
- 计算机按类型、用途、规模分类。
- 计算机在社会各个领域中的应用。

1.1.1　计算机的诞生

1946 年 2 月，世界上第一台现代电子数字积分计算机埃尼阿克（electronic numerical integrator and computer，ENIAC）在美国宾夕法尼亚大学研制成功。ENIAC 的研制源自二战时期美国军械试验中弹道火力表的计算。这台电子数字积分计算机使用了约 18800 个电子管、1500 个继电器，功率为 150kW，占地约 170m²，重量约 30t，如图 1.1 所示。

从 1946 年诞生到投入使用的 9 年间，ENIAC 为原子核裂变方程求解等诸多重要计算提供了帮助。虽然它只能进行每秒 5000 次的加法运算，却为计算机技术的发展奠定了坚实的基础。同时，ENIAC 的诞生标志着人类社会进入崭新的电子计算机时代。

图 1.1　第一台现代电子数字积分计算机

1.1.2　计算机的发展

　　计算机的产生和发展是众多科学家共同努力的成果。例如，帕斯卡发明了加法机，莱布尼茨改造加法机而形成乘法机，巴贝奇提出自动计算机概念，布尔完善了二进制代数体系，维纳创立了控制论，他们都为计算机的产生和发展奠定了基础。

　　冯·诺依曼，首先提出完整的通用电子计算机体系结构方案，该方案长达 101 页，指导了计算机的诞生并成为计算机发展史上的里程碑。因此后人尊称冯·诺依曼为"计算机之父"。

　　阿兰·图灵，计算机逻辑理论的奠基者。建立了"图灵机"的理论模型并且发展了可计算性理论，为计算机的发展指明了方向。他还提出了定义机器智能的"图灵测试"。计算机界的最高奖被定名为"图灵奖"。

　　1.　计算机的发展历程

　　现代计算机是从使用电子管开始的，所以称之为电子计算机。在推动计算机发展的诸多因素中，电子元器件的发展起着决定性的作用。因此，根据计算机所采用电子元器件的发展，将计算机的发展划分为四个阶段，如表 1.1 所示。

表 1.1　计算机发展的四个阶段

阶段	电子器件	运算速度（次/秒）	主要特点	主要应用
1946～1958 年（第一代）	电子管时代	几千至几万	主存储器采用磁鼓，体积庞大、耗电量大、运算速度慢、可靠性较差、内存小	科学计算
1959～1964 年（第二代）	晶体管时代	几万至几十万	主存储器采用磁芯，开始使用高级程序及操作系统、运算速度提高、体积减小	数据处理、过程控制等
1965～1970 年（第三代）	中小规模集成电路时代	几十万至几百万	主存储器采用半导体存储器，集成度高、功能增强、价格下降	文字处理、企事业管理
1970 年以后（第四代）	大规模集成电路时代	几百万至上亿	计算机走向微型化，性能大幅度提高，软件也越来越丰富，并逐渐走向人工智能化	应用于社会生活各领域

　　第四代计算机中最具影响力的莫过于微型计算机。它诞生于 20 世纪 70 年代，随着超大规模集成电路技术的突破和微处理器的诞生，在短短的几十年里，微型计算机迅速发展并逐渐普及，它不仅改变了人们的生活，也推动了科技的进步，为后续计算机技术的发展奠定了基础。

　　2.　计算机的发展方向

　　计算机技术日新月异，新产品层出不穷，其中硬件技术的发展尤为迅猛。计算机发展遵循摩尔定律，即计算机的性价比以每 18 个月翻一番的速度上升。据统计，近年来大约每隔 3 年计算机硬件性能会提高近 4 倍，而成本会下降近 50%。计算机的发展极大地推动着社会发展和科技进步，同时也促进了新一代计算机的产生，即第五代计算机。

实际上，自 1982 年以后，许多国家都开展了第五代计算机的研制。第五代计算机应该是有知识、会学习、能推理的智能电子计算机。因此，计算机应该向着微型化、巨型化、智能化、网络化和多媒体化的方向发展。

（1）微型化

微型化是指计算机向着体积小、质量轻、成本低、速度快、功能强的方向发展。如当前的笔记本电脑、平板电脑、智能手机等。随着新材料的不断研发，计算机将进一步向超大规模的高度集成化方向发展。

（2）巨型化

巨型化是指计算机向着运算速度更快、精度更高、存储容量更大、功能更强的方向发展。目前巨型机运算速度可达每秒千万亿次以上。巨型机的研制水平体现着一个国家的科技水平和综合国力。

（3）智能化

智能化是指计算机应该是具有知识表示、逻辑推理、自主学习、人机交互等充分体现人类智慧的超级计算机系统。智能化是新一代计算机要实现的目标，是计算机发展的一个重要方向。

（4）网络化

网络化是指计算机技术与通信技术相结合向着资源高度共享的方向发展。互联网、电子商务已悄然改变着人们的生活。目前，随着物联网、云计算等新技术的出现，人们正积极搭建新的物联网平台，因此网络化是计算机发展的必然趋势。

（5）多媒体化

多媒体化是指以计算机数字技术为核心，更有效地处理文字、图形、音频和视频等多种形式的自然信息，使人与计算机之间交换信息的方式向着更为接近自然的方向发展。

3. 我国的计算机发展历程

我国计算机事业开始于 1956 年制定的《十二年科技规划》（即《1956～1967 年科学技术发展远景规划》）。1956 年 8 月 25 日，中国科学院计算技术研究所筹备委员会成立，我国计算机事业由此起步。近 70 年来，我国计算机事业突飞猛进，其发展历程如表 1.2 所示。

表 1.2　中国计算机发展历程

时间	机型
1957 年	哈尔滨工业大学研制成功中国第一台模拟式电子计算机
1958 年	我国第一台小型电子管数字电子计算机（103 型）交付使用
1965 年	中国科学院计算技术研究所研制成功第一台大型晶体管计算机（109 乙型）
1974 年	采用集成电路的 DJS-130 小型计算机研制成功，运算速度达每秒 100 万次
1983 年	银河-Ⅰ巨型计算机投入运行，运算速度 1 亿次/秒，我国高速计算机研制的一个里程碑
1995 年	大规模并行处理机（massively parallel processor，MPP）结构的并行机曙光 1000 通过鉴定
1997 年	银河-Ⅲ并行巨型计算机系统研制成功，运算速度百亿次/秒

续表

时间	机型
2002 年	中国科学院第一款自主知识产权的 CPU "龙芯" 研制成功
2008 年	曙光 5000A，运算速度 230 万亿次/秒；深腾 7000，106 万亿次/秒
2010 年	"天河一号" A，运算速度 2507 万亿次/秒（2010 年世界排名第一）
2011 年	曙光-星云，运算速度 1271 万亿次/秒
2013 年	"天河二号"，以 33.86 千万亿次/秒（浮点运算）成为全球最快超级计算机
2016 年	"神威·太湖之光"，以每秒 9.3 亿亿次运算速度成为世界上最快的超级计算机
2018 年	"天河三号" E 级原型机，国产百亿亿次超算技术实现新突破
2020 年	我国首台量子计算机 "九章" 研制成功
2024 年	我国第三代自主超导量子计算机 "本源悟空" 上线运行

4. 未来新型计算机

随着计算机应用技术的深入，目前传统的"冯·诺依曼机"的体系结构已经不能满足未来智能计算机系统的理论要求。因此展望未来，从理论上突破传统"冯·诺依曼机"的概念，采用新型的物理材料，是当前人们不懈努力的方向。

（1）神经网络计算机

神经网络计算机是希望通过建立神经网络的工程模式来模拟人脑的信号处理功能。人脑有近 140 亿个神经元及 10 亿个神经键，每个神经元又多交叉相连，其作用相当于一台微型处理机。用许多微处理机模仿神经元，采用大量并行分布式网络，信息存储在神经元之间的联络网中，从而建立一个模仿人脑活动的巨型信息处理系统，即神经网络计算机。

传统"冯·诺依曼机"大多处理条理清晰、符合逻辑的信息，而人脑能处理各种纷繁复杂的非逻辑信息，因而神经网络计算机的发展目标是着力接近人脑的这种智慧和灵活性。与传统计算机系统相比，神经网络计算机能并行处理并且具有一定的自学习和自适应能力。因此，神经网络计算机技术可以在模式识别、智能控制、智能信息检索、自然语言理解和智能决策等人工智能领域发挥优势。

（2）生物计算机

生物计算机是以蛋白质分子 DNA 为主要材料制成的，其运算过程就是蛋白质分子与周围物理化学介质的相互作用过程。它最大的优点在于存储容量大并且运算速度快。DNA 本身具有极强的存储能力，它的存储点只有一个分子，而存储容量可达到普通电子计算机的 10 亿倍；分子间完成一项运算仅需 10ps，远远超过人脑的思维速度。生物计算机的材料是蛋白质分子，使得生物计算机具有生物的特性，如可以自我修复芯片、自我再生出新电路，因而更易于模拟人脑的机制。

（3）光子计算机

光子计算机是利用光子作为信息传输载体的计算机，又称光脑。光子计算机的特点：一是运行速度快，等于光速；二是光子不带电荷没有电磁场作用，能耗低；三是信息存储容量大。用光子做信息载体，可以制造出运算速度极高的光子计算机。光子计算机由光学反射镜、透镜、滤波器等光学元件和设备组成。光子的传导不需要导线，其实现的关键技术之一是激光技术。光子计算机的优点在于并行处理能力强，具有超高的运算速度。目前光脑的许多关键技术，如光储存技术、光互联技术和光电子集成电路等都已取得突破。1984 年世界上第一台光脑已由欧洲共同体的多名科学家研制成功，其速度比普通计算机快 1000 倍且准确性极高。

（4）量子计算机

量子计算机是一种利用多现实态下的原子进行运算的计算机。在某种条件下，原子世界里存在着多现实态，即原子可以同时存在于此处或彼处，可以同时向上或向下运动。如果用这些不同的原子状态分别代表不同的数据，就可以利用一组不同潜在状态组合的原子，在同一时间对某个问题的所有答案进行探寻，并最终将正确答案的组合表示出来。量子计算机的优点是能够实行并行计算、存储能力大、发热量小并且可对任意物理系统进行高效模拟。量子计算机最早由美国阿贡国家实验室提出。目前开发的有核磁共振量子计算机、硅基半导体量子计算机和离子阱量子计算机三种类型。量子计算机的高效运算能力使其具有广阔的应用前景。

（5）超导计算机

1962 年，英国物理学家约瑟夫逊提出了"超导隧道效应"。所谓"超导"，就是在接近绝对零度下电流在某些介质中传输时所受阻力为零的现象。电流在超导体中流过，电阻为零，介质不发热。与传统的半导体计算机相比，超导计算机的耗电量仅为其几千分之一，而执行一条指令的速度却要快上近 100 倍。1999 年日本超导技术研究所制作了由 1 万个约瑟夫逊元件组成的超导集成电路芯片，其体积只有 $3\sim5mm^3$，为超导计算机的发展开拓了新前景。

（6）纳米计算机

在纳米尺度下，由于有量子效应，物理材料硅微电子芯片不能工作。原因是这种芯片的工作依据的是固体材料的整体特性，即大量电子参与工作时所呈现的统计平均规律。如果在纳米尺度下，利用有限电子运动所表现出来的量子效应，就可能克服上述困难，可以用不同的原理实现纳米级计算。目前已提出了四种工作机制：电子式纳米计算技术、基于生物化学物质与 DNA 的纳米计算、机械式纳米计算、量子波相干计算。它们有可能发展成为未来纳米计算机技术的基础。

综上，未来计算机为我们描绘了广阔的应用前景，目前这些技术离实际应用还有距离。但是未来计算机的实现将是对传统计算机模式的革命性突破。另外，当前很多科学家也意识到现有的芯片制造技术的局限，尤其是晶体硅的物理性能在未来的十多年后将达到其物理极限。开发新型的芯片材料也是人们力争突破的方向。例如，2010 年两位诺贝尔物理学奖获得者发现的石墨烯是目前世界上所发现的最薄材料。石墨烯以其优越的物理性能有望超越晶体硅，突破现有集成电路的物理极限成为未来电脑芯片的主力，为此，人们在不懈努力中。

1.1.3　计算机的分类

计算机种类繁多，其分类也因角度的不同而难以精确划分。例如，按处理数据的类型可以分为模拟计算机、数字计算机和混合计算机；按用途及使用范围可以分为专用型计算机和通用型计算机；按其工作模式可分为工作站和服务器；等等。当前，最常见的是按照计算机系统的规模将其分类，具体如下。

1. 巨型计算机

巨型计算机又称为超级计算机，简称巨型机。巨型机是功能最强、运算速度最快、存储容量最大的高性能计算机。巨型机主要应用于国家级高尖端科学技术研究及军事国防领域。巨型机的研制和应用是一个国家科技发展水平的重要标志，也是一个国家科技实力的综合体现。目前我国自主研制的巨型机，如天河系列和曙光系列，其性能均居世界前列。2018年我国研发的"天河三号"（图1.2），是新一代百亿亿次超级计算机。

图 1.2　天河三号

2. 大型计算机

大型计算机简称大型机。大型机具有通用性强、速度快、容量大、支持多用户使用的特点。大型机具有完善的指令系统和丰富的外部设备，适合进行数据处理，主要应用于银行、电信、金融等需要对大量数据进行存储和管理的大型公司企业或大型数据库管理机构，也常用作计算机网络中的服务器等。2013 年 1月，浪潮发布了我国首套大型主机系统——浪潮天梭K1 系统，如图 1.3 所示。它使我国成为继美、日之后第三个掌握新一代大型主机技术的国家。

图 1.3　浪潮天梭 K1 系统

3. 小型计算机

小型计算机机器规模小、结构简单、设计周期短，便于及时采用先进工艺。由于小型机本身对运行环境要求不高、操作简单、易维护且安全可靠，因此，小型机广泛应用在工业自动化控制、大型分析仪器、测量仪器、医疗设备中的数据采集、分析计算等领域，也可以用作大型机和巨型机系统的辅助机，广泛用于企业管理及大学和研究所的科学计算等。

4. 微型计算机

微型计算机分为台式计算机、笔记本式计算机和平板计算机。自 1971 年美国 Intel公司成功制造出世界上第一片 4 位微处理器 Intel 4004，并由它组成了第一台微型计算机 MCS-4 以来，微型计算机空前发展，广泛普及。微型计算机的特点是体积小、能耗低、价格便宜。微型计算机的出现使得计算机真正面向全人类，使科技服务大众化。

1.1.4 计算机的应用

计算机的特点是运算速度快、运算精度高、存储能力强，具有记忆和逻辑判断能力，并且通用性好。计算机自身的特点使其得到了广泛应用。计算机最早应用于科学计算和数据处理。随着计算机技术的发展和普及，计算机应用已融入社会生活的方方面面。

1. 科学计算

科学计算也称为数值计算，指用于完成科学研究和工程技术中提出的数学问题的计算。科学计算是计算机最早的应用，是计算机研发的初衷。随着科技的发展，各领域的计算模型日趋复杂，如高阶线性方程的求解，大规模向量的计算，天气预报的卫星云图分析，等等。利用计算机进行数值计算，可以减轻大量的烦琐的计算工作，节省人力、物力并提高计算精度。

2. 数据处理

数据处理是指对大量原始数据进行收集、整理、分析、合并、分类、统计等加工过程，也称为信息处理。与科学计算不同，数据处理涉及的数据量大，但计算方法较简单，如人事管理、图书资料管理、学生成绩管理等。目前，数据处理广泛应用于办公自动化、企业管理、事务管理、情报检索等，数据处理已成为计算机应用的一个重要方面。

3. 过程控制

过程控制也称实时控制，是指计算机作为控制部件对单台设备或整个生产过程进行控制。其基本原理是，利用计算机实时采集、检测数据，将数据处理后，按最佳值迅速地对控制对象进行控制。过程控制主要应用于冶金、石油、化工、机械、航天等领域。利用计算机进行过程控制，不仅能提高控制的及时性和准确性，还可以改善劳动条件、节约能源、降低成本，使产品的性能和劳动生产率大幅提高。

4. 计算机辅助系统

计算机辅助设计（computer aided design，CAD）是利用计算机来帮助设计人员进行工程设计。目前，计算机辅助设计在电路、机械、土木建筑、服装等设计中得到了广泛应用。采用计算机辅助设计，不但能降低设计人员的工作量，提高设计的速度，更重要的是能提高设计的质量。

计算机辅助制造（computer aided manufacturing，CAM）是利用计算机进行生产设备的管理、控制和操作等过程。CAM 和 CAD 密切相关，CAD 侧重于设计，CAM 侧重于产品的生产过程。在生产过程中使用 CAM 可提高产品质量，降低生产成本，改善工作条件，缩短产品的生产周期。

计算机辅助教学（computer aided instruction，CAI）系统是利用计算机来辅助教师和学生进行教学和测验的自动系统。学生利用此系统可以逐步深入地学习某课程；教师利用 CAI 系统可以指导学生的学习，进行课程的命题和阅卷。目前，CAI 利用图像、动画、声音等多媒体方式使教学过程形象、生动，提高了学生的学习兴趣和教学效果，使学生更容易理解和掌握所学知识。

计算机辅助测试（computer aided testing，CAT）是利用计算机完成大量且复杂的测试工作。采用 CAT 系统可快速自动完成各种参数的测试，还可分类和筛选产品。

5. 人工智能

人工智能是指用计算机技术模拟人脑的思维活动，使计算机具有如感知、推理、学习等人类的思维能力。人工智能的研究建立在现代科学的基础之上，将信息处理和人工智能相结合，融合多种边缘学科，力争有所突破。现在科技工作者研制的各种"机器人"，可在高温、有毒、辐射等各种复杂环境下代替人类工作。目前，人工智能的研究方向主要有模式识别、自然语言处理、机器翻译、智能信息检索以及专家系统等。人工智能是计算机应用研究的前沿学科，也是今后计算机的主要发展方向。

6. 多媒体技术

多媒体技术是指利用计算机技术来存储和处理图、文、声、像等多种形式的自然信息。多媒体技术在广播、出版、医疗、教育等领域广泛应用，如电子图书、远程医疗、视频会议等。多媒体与网络技术相结合，实现电脑、电视、电话"三位一体"的网络模式。多媒体技术研究的关键是数据压缩技术。目前，多媒体技术研究的主要内容是多媒体信息的处理与压缩、多媒体数据库技术和多媒体数据通信技术。虚拟现实技术也是多媒体技术具有影响力的发展方向之一。

7. 计算机网络

计算机网络是利用通信设备和线路将地理位置不同、功能独立的多个计算机系统链接起来，以功能完善的网络软件实现网络资源共享和信息传递的系统。如今，随着 Internet 的产生与发展，人们对网络的应用日益紧密，如网页浏览、收发邮件、在线聊天、网上购物等都已成为人们生活的重要部分。

（1）电子商务

电子商务是指通过计算机和互联网进行的商务活动。电子商务始于 1996 年，以其高效率、低支付、高收益及全球化的优点受到人们的广泛重视。现在，世界各地的许多公司都已开始通过互联网进行商业交易，他们通过网络方式与顾客、批发商、供货商等进行相互间的联系，在网络上进行业务往来。《2023 年中国电商"双十一"消费大数据监测报告》数据显示，2023 年"双十一"整体成绩表现不俗，2023 年 10 月 31 日～11 月 3 日网络零售额 5155.6 亿元，同比增长 9.5%。2023 年"双十一"天猫全周期累计访问用户数超 8 亿人次，402 个品牌成交破亿元；京东超 60 个品牌销售破 10 亿元。电子商务作为计算机技术与互联网技术结合的最新领域，发展前景广阔。

（2）物联网与云计算

物联网最早由比尔·盖茨在 1995 年的《未来之路》一书中提出，即"物物互联"的概念。物联网通过智能感知、模式识别与云计算等先进技术在网络上的融合与应用，使得世上万物，小到手表钥匙，大到汽车楼房，只要嵌入一个微型感应芯片把它变得智能化，就能实现"物物交流"，这就是物联网。云计算是 2006 年由 Google 公司首先提出，云计算的"云"就是存在于互联网服务器集群上的资源，它包括硬件资源和软件资源。云计算是实现物联网的核心技术，物联网是当代互联网发展之未来，而云计算则是支持物联网发展的重要计算工具。物联网被称为继计算机、互联网之后世界信息产业发展的第三次浪潮。据预测，物联网将为人们带来一个上万亿规模的高科技市场。

2009 年，美国总统奥巴马就任以后，将新能源和物联网列为振兴经济的两大重点，提出"智慧地球"的理念。2009 年 8 月，温家宝总理在无锡视察时提出"感知中国"的战略构想，物联网被正式列为国家五大新兴战略性产业之一，并写入政府工作报告。在物联网的时代，每一个物体均可寻址，每一个物体均可通信。无处不网络的物联网时代的来临将会使人们的生活再次发生巨大变革。

任务 1.2 计算机系统组成

知识要点
- 计算机硬件系统的组成以及各部分之间的功能。
- 微型计算机的硬件组成及其作用。
- 计算机软件系统的组成及其功能。

完整的计算机系统是由硬件系统和软件系统两部分组成。计算机硬件系统是指由各种物理器件组成的计算机实体，是计算机工作的物质基础。软件系统是指管理和控制计算机运行的各种程序和数据的总称，是计算机系统的灵魂。硬件和软件相互结合才能发挥计算机系统的功能。计算机系统组成如图 1.4 所示。

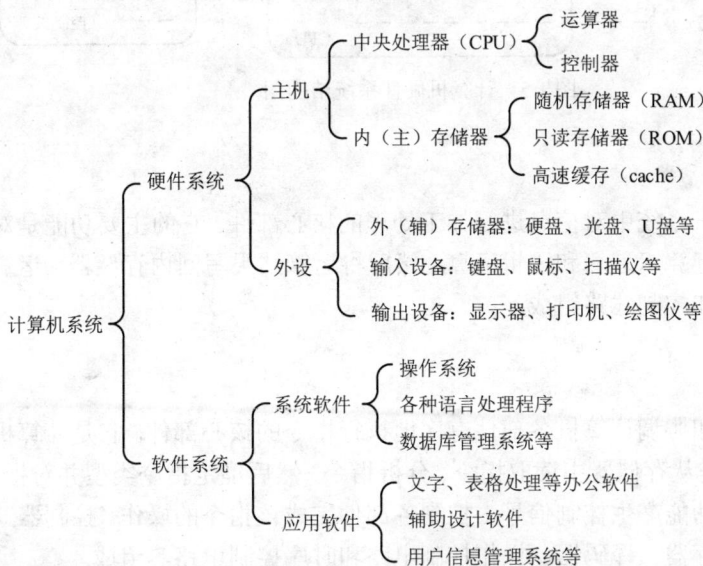

图 1.4 计算机系统组成

在计算机的研制过程中，美籍数学家冯·诺依曼于 1946 年提出了一个完整的通用电子计算机体系结构方案，该方案指导了计算机的诞生，具有划时代的意义，其基本思想如下。

➢ 计算机由控制器、运算器、存储器、输入和输出设备五部分组成。

➢ 采用二进制数表示数据和指令。

➢ 存储程序是计算机的基本工作原理。

计算机诞生至今，已历经四代近 80 年的发展历程。现代计算机系统虽然在性能指标、存储容量、运算速度、应用领域等方面均发生了革命性变化，但冯·诺依曼体系结构的基本原理仍然适用。目前大多数计算机仍属于冯·诺依曼体系结构。

计算机系统

1.2.1 计算机硬件系统

根据冯·诺依曼提出的计算机体系结构，计算机的硬件系统主要由运算器（arithmetic unit）、控制器（control unit）、存储器（memory）、输入设备（input device）和输出设备（output device）五部分组成。各部分之间的结构如图 1.5 所示。

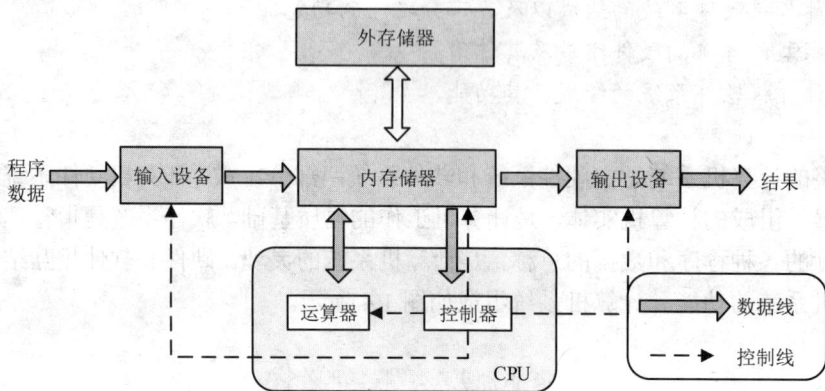

图 1.5   计算机硬件系统结构图

1．运算器

运算器是计算机系统中对信息进行加工处理的核心部件。它的主要功能是对取自内存的二进制数码进行算术运算和逻辑运算，然后将运算结果写回内存储器。运算器主要由累加器、寄存器和控制线路组成。

2．控制器

控制器是控制和协调计算机各部件有序地执行指令的核心部件。它是计算机的指挥中心，其基本功能是从存储器中读取指令、分析指令，然后确定指令类型并对指令译码，最后根据该指令的功能产生控制信号去控制各部件完成该指令的操作。控制器通常由程序计数器、指令寄存器、译码器、操作控制电路和时序控制电路等组成。

控制器和运算器组成中央处理器（central processing unit，CPU）。如果将 CPU 集成在一块芯片上作为一个独立的物理部件，该部件就称为微处理器。

3. 存储器

存储器是计算机系统中具有记忆和存储能力的部件。其主要功能是保存各类程序和数据信息。存储器通常分为两大类。一类是主存储器又称内存，其主要功能是存放当前 CPU 要处理的程序和数据，直接与 CPU 进行数据交换。内存储器的特点是工作速度快，但容量较小、价格较高。另一类是辅助存储器又称外存，主要用于存放要长期保存的程序和数据，只在需要时才会调入内存，间接与 CPU 进行数据交换。外存储器的特点是容量大、价格低、信息可长期保存，但数据存取速度较慢。

4. 输入设备

输入设备是向计算机内存输入各种信息的设备，其功能是将自然信息转换成计算机可以识别的二进制信息的形式。常用输入设备如键盘、鼠标、扫描仪、数码相机等。

5. 输出设备

输出设备是将计算机处理后的信息转换成用户习惯接受的自然信息形式表示出来的设备。目前常用的输出设备有显示器、打印机、绘图仪等。

1.2.2　微型计算机及其硬件组成

微型计算机的硬件系统结构仍然遵循冯·诺依曼机的基本思想，微型计算机的硬件系统一般由主机和外部设备构成。主机机箱外观形式多样但功能基本相同，主要用于封装微机的主要设备，在机箱内装有主板、CPU、内存、硬盘、光盘驱动器、机箱电源和各种接口卡（适配卡）等部件。机箱面板上通常有电源开关（power）和重启开关（reset），机箱背面有多个专用接口，用于连接如显示器、键盘、鼠标、音箱、打印机等外部设备，微型计算机外观如图 1.6 所示。

打开机箱，其中的 CPU 和内存是主机的核心部件，CPU 通过总线（bus）连接内存构成微型计算机的主机，主机通过接口电路连接输入输出设备，构成微型计算机系统的基本硬件结构。

图 1.6　微型计算机

微型计算机采用的是总线结构。总线是微型计算机中的一组公共信息传输线路，是系统内各部件之间传输信息的公共通道。总线由多条信号线路组成，信号线路可以传输二进制信号。例如，32 位的 PCI（peripheral component interconnect，外设部件互连）总线就意味着有 32 根数据通信线路可以同时传输 32 位二进制信号。微型计算机总线一般分为内部总线、系统总线和外部总线三种。

1）内部总线：指 CPU 芯片内部的总线。内部总线大多采用单总线结构。

2）系统总线：指主板上连接各部件之间的总线。

3）外部总线：是微型计算机和外部设备之间的总线。微型计算机通过该总线和外部设备进行信息交换。

1. 主板（mainboard）

主板又叫主机板、系统板或母板。主板是微型计算机系统中各种硬件设备的连接载体，主板通过总线实现各部件之间的通信，主板的性能直接影响着整个微型计算机系统的性能。

微型计算机主板在结构上主要有 AT、ATX、BTX 等类型。区别在于主板的尺寸形状、布局排列、电源规格及控制方式等。目前常见的主板结构是 ATX，而 BTX 则是 Intel 公司提出的主板新标准，主要用于解决散热问题。

主板是由多层印刷电路板和焊接在其上的控制芯片组（chipset）、CPU 插槽、内存插槽、扩展插槽、外部接口、BIOS 芯片、电源插座等元件构成。微型计算机通过主板将 CPU 等各种器件和外部设备有机地结合起来，构成一个完整的计算机硬件系统。主板实物如图 1.7 所示。

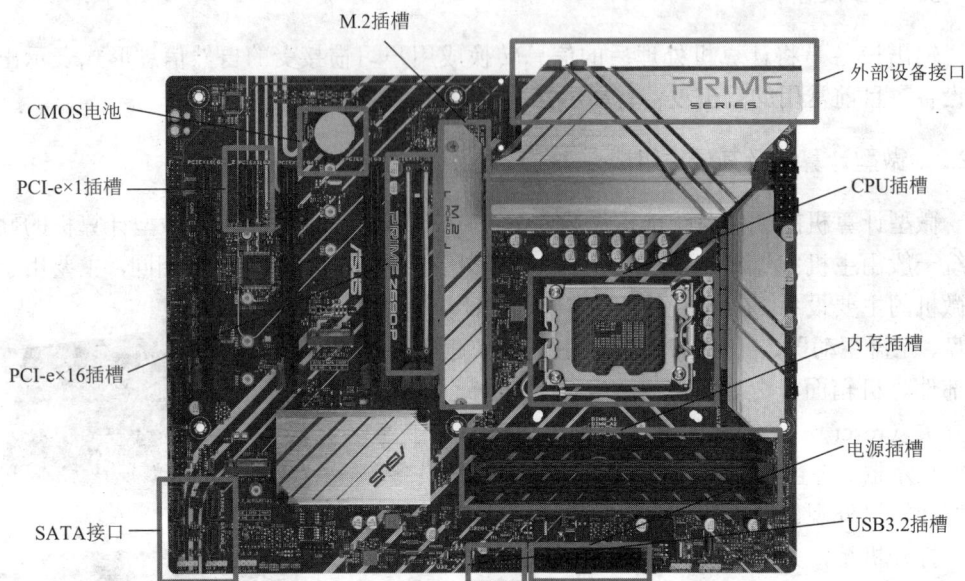

图 1.7　主板

（1）芯片组

芯片组是主板的灵魂，由一组固定在主板上的超大规模集成电路构成。它决定了这块主板的功能。按其在主板上的位置，通常将其分为北桥芯片和南桥芯片。

1）北桥芯片：主要负责 CPU 与内存之间的数据交换。一般摆放在主板上靠近 CPU 和内存的地方，由于北桥芯片的发热量较大，通常在芯片上会装有散热器甚至风扇。北桥芯片对主板起着主导性的作用，也称为主桥。

2）南桥芯片：南桥芯片主要负责数据的上传与下送，连接着各种外部设备接口（如声卡、显卡、网卡和 PCI 等）。一般摆放在主板中间靠下、接近总线和接口的地方。

芯片组属于计算机核心技术，与 CPU 关系密切，利润较高。目前只有 Intel、AMD、VIA、SiS 等少数公司能够生产。

（2）CPU 插槽

CPU 需要通过 CPU 插槽与主板连接进行工作。CPU 插槽大多为针脚式（socket），如图 1.8 所示。目前，Intel 和 AMD 都推出了新一代的 CPU 插槽，分别支持其最新的处理器技术。

1）对于 Intel 的 CPU。

LGA 1700：代号为 Alder Lake 的 12 代 Intel Core 处理器使用这种插槽。这种插槽支持 DDR5 内存和 PCI-e 5.0 技术。

LGA 1200：用于 Comet Lake（10 代 Intel Core）和 Rocket Lake（11 代 Intel Core）处理器的插槽。

图 1.8　主板上的 CPU 插槽

2）对于 AMD 的 CPU。

AM4：用于支持 AMD Ryzen 系列处理器，包括最新的 Ryzen 5000 系列。支持 DDR4 内存和 PCIe 4.0 技术。

sTRX4：适用于 AMD Ryzen Threadripper 3000 系列的高端桌面平台插槽。这种插槽提供了大量的 PCI-e 通道和多个内存通道，适合工作站级别的任务。

随着技术的发展，CPU 插槽也在不断更新。因此，购买新处理器或主板前，建议检查最新的兼容性信息以确保所有部件都能正确配合使用。

（3）内存插槽

内存插槽是主板上用来安装内存的地方，如图 1.9 所示。目前应用较多的是 DDR5 内存，频率从 4800MHz 开始，而更高端的模块可以达到更高的频率。随着 Windows 10 和 Windows 11 操作系统的广泛应用，DDR5 内存正逐渐成为新一代高性能计算机系统的主流配置。通常主板上的内存插槽会有 2、4 或更多个，支持的内存容量范围更广，从 8GB 到 128GB 或更高。

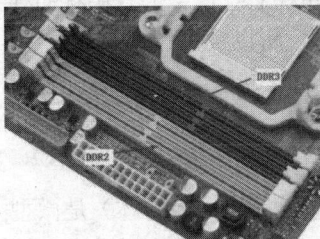

图 1.9　主板上的内存插槽

对于支持多通道内存配置的主板，不同颜色的插槽可用来区分各内存通道。用户可以通过将两根或更多根相同规格的内存条插入同一个颜色的内存插槽中以实现双通道或四通道内存配置，从而获得更高的内存带宽和性能。

为了防止安装错误，不同类型的内存（如 DDR4 与 DDR5）通常在插槽上的缺口位置不同，这样可以确保只有正确类型的内存条才能被安装在相应的插槽中。随着技术的发展，某些最新主板也开始支持 PCI-e 5.0 和更快的存储解决方案，如 NVMe M.2 SSDs，以及更高速的网络和 I/O 接口。

（4）扩展插槽

扩展插槽是主板上用于固定扩展卡并将其连接到系统总线上的插槽。扩展插槽是一种添加或增强计算机特性及功能的方法，而扩展插槽的种类和数量的多少是决定一块主板好坏的重要指标。随着技术的进步，主板上常见的扩展插槽也在不断演进。更新后的扩展插槽主要有以下几种。

1）PCI-e（PCI express）插槽：现代的主板仍然使用 PCI-e 插槽，已经更新至第四代和即将普及的第五代标准。PCI-e 4.0 和 PCI-e 5.0 提供了更高的数据传输速率，常用于连接高速显卡、SSD（solid state disk，固态硬盘）存储设备和其他高性能扩展卡。

2）M.2 插槽：用于连接 M.2 形式因素的 SSD，支持通过 PCI-e 总线实现 NVMe（non volatile memory express）协议，可提供高于传统 SATA（serial ATA，串行 ATA）接口的数据传输速度。M.2 插槽也支持 USB 3.0 和 SATA 存储设备。

3）PCI 插槽：尽管 PCI 插槽在现代主板上已极少见，但在一些特定的工业和嵌入式应用中仍然存在，用以支持旧有的扩展卡。

4）SATA 连接端口：用于连接传统的硬盘驱动器和固态驱动器。

5）Thunderbolt 端口：提供高速数据传输。这种接口可以通过特定的扩展卡添加，或在某些主板上直接集成。

原有的技术如 ISA、AGP 和 AMR 插槽已基本退出了市场，它们被新型连接接口所替代。例如，AGP 插槽已经被高性能的 PCI-e 插槽完全取代，以支持现代显卡。

现代主板还可能包含集成电路，如音频编解码器和网络接口控制器，这些功能在过去可能需要通过扩展卡来添加。此外，随着集成电路技术的进步，部分功能如 USB、SATA 控制器和以太网端口已经成为主板的标准集成功能。

（5）BIOS 芯片

BIOS（basic input output system，基本输入输出系统）是被"固化"到微型计算机主板内存芯片上的一组程序，里面存放着能够让主板识别各硬件设备的基本输入输出程序。BIOS 芯片（图 1.10）从外观上看是一个方块状的存储器，BIOS 芯片是只读存储器，所以称为 ROM-BIOS。BIOS 是面向硬件的底层程序，它的功能主要有开机自检、硬件驱动以及引导进入操作系统。

图 1.10　主板上的 BIOS 芯片

（6）CMOS 芯片

CMOS（complementary metal oxide semiconductor，互补金属氧化物半导体）是微型计算机主板上的一块可读写存储芯片，通常被称为 CMOS RAM。这个芯片通常由主板上的一块纽扣锂电池供电，确保在电脑关机后存储的信息不会丢失。存储于 CMOS 中的信息包括系统的硬件配置，如系统时间、启动设备顺序、硬盘类型和内存容量等。要修改 CMOS 中的参数，可以在计算机启动时按下特定键（通常是 Delete 键，但也可能是 F1、F2、F10、Esc 等）以进入 BIOS 或 UEFI 设置环境进行配置。初学者在操作时应谨慎，以避免不必要的系统问题。

主板是计算机性能的重要组成部分，优选原则包括工作稳定性、良好的兼容性、完善的功能以及强大的扩展能力。市场上受到广泛认可的主板品牌包括华硕（ASUS）、微星（MSI）、技嘉（GIGABYTE）等。这些制造商因其产品的质量和创新而享有盛誉，而具体的市场位置会随时间和市场动态变化。消费者在选择主板时，应考虑最新的市场趋势和个人需求，查阅最新的评测和用户反馈，以确保选择最适合自己的产品。

2．CPU

CPU 主要由运算器、控制器、寄存器、高速缓存和内部总线等构成，是计算机的核心部件。CPU 是一个体积较小但集成度超高、功能强大的芯片，它的性能决定了整个微型计算机系统的性能。CPU 外观如图 1.11 所示。

CPU 始终围绕速度和兼容性两个目标进行设计。反映 CPU 技术性能的指标很多，如系统结构、指令系统、字长、主频、高速缓存容量、线路带宽、工作电压、制造工艺、封装形式、插座类型等，其中最为重要的是字长、主频和缓存，这也是人们在选购和配置 CPU 时应主要关注的。

图 1.11　CPU

（1）CPU 字长

CPU 字长是指内部寄存器在单位时间内一次处理的二进制数的位数。它反映了 CPU 的寄存器和数据总线的数据位数。例如，字长是 64 位的计算机，可同时处理的数据为 8 个字节。

（2）CPU 主频

主频是指 CPU 的工作频率，表示 CPU 在单位时间内执行的指令数，单位是 MHz。外频指的是 CPU 以及整个计算机系统的基准频率，又称系统总线频率，单位是 MHz。倍频则是指外频与主频相差的倍数。两者之间的关系是：主频 = 外频×倍频。

（3）前端总线频率（front side bus，FSB）

FSB 是指 CPU 和主板的北桥芯片间总线速度，表示 CPU 和外界数据传输的速度。FSB 也可看作是 CPU 与内存之间的数据传输速度。

（4）高速缓冲存储器

高速缓冲存储器（cache），简称高速缓存，是为了缩小 CPU 处理速度与内存访问速度之间的差异而设计的。为了协调两者之间的速度并提高系统效率，现代 CPU 通常配备有多级缓存，包括一级缓存（L1）、二级缓存（L2）以及在某些处理器上的三级缓存（L3），甚至部分高端处理器可能会有四级缓存（L4）。

➤ 一级缓存（L1）：这是 CPU 中最快的缓存，由于它的设计旨在提供极低的延迟，所以其容量相对较小，通常在 16KB 到 128KB 之间，直接内置于 CPU 核心。

➤ 二级缓存（L2）：L2 缓存比 L1 缓存稍大，容量通常设置在 256KB 到 2MB 之间，也是内置于 CPU，但速度较 L1 缓存慢一些，不过仍然比主内存快得多。

➤ 三级缓存（L3）：L3 缓存通常是多个 CPU 核心之间共享的，其容量范围更广，从 2MB 到几十 MB 不等。L3 缓存提供了比 L2 更大的存储空间，尽管速度较慢，但仍然比主存快。

➤ 四级缓存（L4）：部分处理器设计可能包括 L4 缓存，它通常用于存储图形数据或作为共享缓存，能进一步减少 CPU 访问主存储器的次数。L4 缓存是比较罕见的，通常出现在集成 eDRAM（嵌入式 DRAM）的处理器上。

随着技术的发展，缓存的容量也在增加，其设计和优化也更加复杂，现在更多考虑缓存的多级层次性、核心间的共享策略，以及缓存的一致性机制。此外，高性能计算机和服务器处理器的缓存容量可能远远超过了常见的桌面处理器。例如，顶级的服务器芯片可能配备有高达数十 MB 乃至上百 MB 的缓存。

对于 CPU 技术，应当注意到技术是迅速发展的，特别是在高速缓存架构和设计方面。Intel 作为历史上的市场领导者之一，经历了从 NetBurst 架构到 Core 系列的转变，其不断更新产品线以提高性能、降低功耗，并优化成本效益。截至目前，Intel 已经推出了几代新的微架构，进一步提升了处理器的性能，如 Sandy Bridge、Ivy Bridge、Haswell、Broadwell、Skylake、Kaby Lake 等，这些是 Intel 在 Nehalem 和 Westmere 之后推出的微架构，每一代都提供了性能提升、能效改善和新功能。

➤ Coffee Lake：这一微架构进一步增加了核心数，如在主流桌面处理器中引入了六核心和八核心的选项，为多线程应用提供了更强的处理能力。

➤ Ice Lake & Tiger Lake：这些是基于 10 纳米工艺制造的微架构，带来了改进的图形处理能力、AI 性能加速和更高的能效。

➤ Rocket Lake：这是 Intel 11th Gen Core 系列处理器，虽然仍然是 14 纳米工艺，但带来了新的 Cypress Cove 核心，提供了更高的 IPC（instructions per clock cycle，每周期指令数）和更好的性能。

➤ Alder Lake：代表 Intel 12th Gen Core 系列，引入了全新的混合架构，结合了性能核心（P-cores）和效率核心（E-cores），为不同类型的工作负载提供优化，同时引入了更先进的技术，如 DDR5 内存和 PCI-e 5.0 支持。

此外，Intel 的高速缓存设计也随着新架构的推出而得到了显著的提升。例如，在 Alder Lake 系列中，三级缓存（L3）的容量可以达到几十 MB，而二级缓存（L2）也得到了增加，为每个性能核心提供更大的私有缓存空间。在现代处理器设计中，高速缓存的大小和架构持续进化，提供更高的数据吞吐量和更低的延迟性能，以满足日益增长的计算需求。这就要求制造商在设计时不断权衡性能、功耗、成本和市场需求，以维持在竞争激烈的处理器市场中的地位。

龙芯（Loongson）处理器系列是中国科学院计算技术研究所的关键项目，旨在开发具有自主知识产权的通用 CPU，其外观如图 1.12 所示。自 2002 年以来，龙芯项目取得了显著进展，以下是根据相关信息更新后的发展历程。

图 1.12　龙芯

➤ 龙芯 1 号：2002 年 8 月，龙芯 1 号首片成功流片，频率为 266MHz，标志着龙芯系列处理器研发的开始。

➤ 龙芯 2 号：2003 年 10 月，龙芯 2 号首片流片成功，最高频率可达 1GHz。

➤ 龙芯 2E：2006 年 9 月，龙芯 2E 研制成功，其性能接近于当时的 Intel Pentium III。

➤ 龙芯 2F：2007 年 7 月，龙芯 2F 流片成功，这是龙芯系列的第一款量产芯片。

➤ 龙芯 3A：2009 年 9 月，中国首款 4 核 CPU 龙芯 3A 流片成功，核心频率为 1GHz，主要应用于服务器和高性能计算。

> 龙芯 3B：2012 年 12 月，龙芯 3B 作为国产商用的 8 核处理器被推出，核心频率同样为 1GHz，支持向量运算加速，峰值计算能力达到 128GFLOPS，主要用于高性能计算机和服务器领域。

> 龙芯 3A4000/3B4000：2019 年 12 月，采用 28 纳米工艺，拥有更高的主频和改进的性能，适用于个人计算机、工作站和服务器。

> 龙芯 3A5000：2021 年 7 月，基于新一代 LoongArch 架构的处理器，有较大的性能提升，采用 12 纳米工艺，主频达到 2.3～2.5GHz，支持四通道 DDR4-3200 内存和 28 个 PCI-e 3.0 通道，提供强劲的计算能力和高速数据处理。

> 龙芯 3A6000：2023 年 11 月，龙芯第四代微架构的首款产品，集成 4 个最新研发的高性能 6 发射 64 位 LA664 处理器核，采用中国自主设计的指令系统和架构，无须依赖国外授权技术，可运行多种类的跨平台应用，满足多类大型复杂桌面应用场景。

龙芯处理器的开发反映了中国在推动国产化和减少对外部技术依赖方面的努力。未来的型号预计会继续提升性能、降低功耗，并采用更小的制造工艺，以满足日益增长的计算需求，并在全球半导体市场中占据一席之地。

3．内存储器

内存储器简称内存，一般由半导体器件构成。根据不同功能，可分为只读存储器（read-only memory，ROM）和随机存储器（random access memory，RAM）。内存条外观如图 1.13 所示。

（1）只读存储器

用户只能进行读操作的存储器，即只能从其中读出内容，不能修改，断电后其内容也不会消失。常用来存放那些固定不变的、控制计算机系统的专用程序，例如主板 BIOS。

（2）随机存储器

随机存储器又称读写存储器，用于存放临时数据。RAM 中的内容可随时按地址进行存取。因为 RAM 中的信息是由电路的状态表示的，所以断电后数据会立即丢失。

图 1.13　内存条

1）静态随机存储器（static RAM，SRAM）集成度低、价格高，但存取速度快，一般用作高速缓冲存储器。

2）动态随机存储器（dynamic RAM，DRAM）需要刷新，集成度高、价格便宜。所以现在微型计算机内存均采用 DRAM 芯片安装在专用电路板上，做成内存条。

（3）内存条的技术指标

微型计算机系统的内存储器是将多个储器芯片并列焊在一块长方形电路板上，构成内存组，称其为内存条，通过主板的内存插槽接入微机系统。

1）内存地址。整个内存被分为若干个存储单元，每个存储单元具有一个唯一的编号标识即内存地址。CPU 通过内存地址找到存储单元，完成对存储单元内存放的数据的

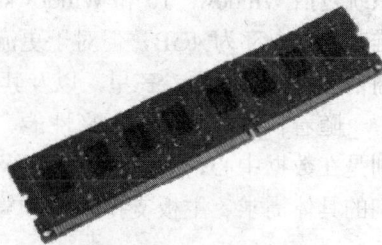

读写操作。就如同旅馆通过唯一的房间号才能找到该房间里的人一样。

2）内存容量。内存容量是指存储器能存储的字节数。计算机内存使用的是二进制数，其中每个二进制数称为一个位（bit，比特），每 8 位二进制数存放在一个存储单元，称为一个字节（Byte，简写为 B）。内存容量以字节为单位。其中：

$$1B=8bit（其中 1024=2^{10}）$$

$$1KB=1024B =2^{10} 字节$$

$$1MB=1024KB=2^{20} 字节$$

$$1GB=1024MB=2^{30} 字节$$

$$1TB=1024GB=2^{40} 字节$$

$$1PB=1024TB=2^{50} 字节$$

$$1EB=1024PB=2^{60} 字节$$

3）工作频率。内存工作频率越高，其传输带宽就越大，计算机性能也就越高。

截至最新的信息，内存技术已经发展到了 DDR5 时代。DDR5 RAM 是 DDR4 的继任者，相比于 DDR4 有着更高的起始频率和更低的功耗。DDR5 的标准起始频率为 4800MHz，远高于 DDR4 的 2133MHz，且在高性能模块中其频率还可以更高。DDR5 标准内存的默认电压为 1.1V，频率起步于 4800MHz，并且预计未来会有更高频率的产品推出。随着技术的进步，内存模块的容量也在不断增加。目前市面上普遍可以找到 8GB、16GB、32GB 甚至更高容量如 64GB 和 128GB 的 DDR5 内存模块。DDR5 内存的性能提升不仅体现在频率上，还包括改进的功耗效率、更高的数据传输率和增强的稳定性。对于操作系统而言，Windows 7 已经过时，微软在 2020 年 1 月已经停止了对其的主流支持。当前主流的操作系统包括 Windows 10 和 Windows 11，它们都对内存有更高的要求。例如，Windows 11 推荐最少内存为 4GB，但对于更流畅的体验，8GB 或更高是首选。内存领域的主要生产商依然包括金士顿、三星，以及其他厂商如 SK Hynix、Crucial（美光科技的品牌）等。

随着科技的发展，更高性能、更大容量的内存模块将继续支持计算需求的增长，特别是在数据中心、高性能计算以及消费级计算机市场。用户在选择内存时，需要根据他们的具体需求、主板支持以及预算等做出决定。

4. 外存储器

外存储器简称外存。外存属于外部设备，它既可是输入设备又可是输出设备。外存大多采用磁性、半导体和光学材料制成。外存是内存的补充，与内存相比，其特点是存储容量大、成本低、断电后也可以永久地保存信息，但其存储速度较慢，只能与内存交换信息，不能被 CPU 直接访问。目前常用的外存储器主要有硬盘、光盘、U 盘、移动硬盘等。它们和内存一样，存储容量也是以字节为基本单位的。

（1）硬盘

硬盘是由涂有磁性材料的铝合金圆盘封装而成，每个硬盘都由若干个磁性圆盘组成，其外观如图 1.14 所示。它的特点是存储容量大、工作速度快。硬盘的主要指标如下。

图 1.14　硬盘

容量：主要指标，以 GB 为单位。目前主要是 512GB、1TB、2TB。

转速：指硬盘内电机主轴的转动速度。目前主流硬盘转速为 5400r/min 或 7200r/min。

缓存：指硬盘内部的高速缓冲存储器。

缓存接口类型：串行 SATA 接口。目前，硬盘大多是 SATA 接口的。

目前，主要的硬盘生产商为希捷（酷鱼）、迈拓、西部数据、三星等。

（2）光盘与光盘驱动器

光盘是一种大容量的存储器，它具有体积小、容量大、可靠性高、保存时间长、价格低和便于携带及储藏等特点。光盘分为 CD（compact disc，小型光盘）和 DVD（digital versatile disc，数字通用光盘）。

1）光盘。

① 只读光盘（CD-ROM，DVD-ROM）：数据采用专用设备一次性写入光盘，之后数据只能读出不能写入。CD-ROM 存储容量为 650MB，DVD-ROM 存储容量可达到 4.3～17GB。

② 一次性写入光盘（CD-R，DVD-R）：利用光盘刻录机将数据一次性写入后不能修改。

③ 可擦写光盘（CD-RW，DVD-RW）：利用光盘刻录机将数据写入光盘，可以反复修改，但需要专用软件的支持，光盘本身价格也较高。

2）光盘驱动器。光盘驱动器简称光驱，是专门用于读取光盘中的数据的设备，其外观如图 1.15 所示。光驱由激光头、电路系统、光驱传动系统、光头寻道定位系统和控制电路等组成。激光头是光驱的核心部件。光驱就是利用激光头产生的激光扫描光盘的表面，从而读出 0 或 1 的数据。随着多媒体技术的发展，以及越来越多的软件刻录在光盘上，光驱成为计算机不可缺少的设备。光驱按其读取数据的速度有36 倍速、52 倍速及更高的倍速。另外，还有用于写入数据的 CD 刻录机、DVD 刻录机等光盘设备。

图 1.15　光驱

（3）U 盘

U 盘又称为 USB 闪存（flash memory）盘，是一种采用闪存存储介质，通过 USB接口与计算机主机相连的可移动存储设备，其外观如图 1.16 所示。由于 U 盘不需要专门的读写设备，无须安装驱动程序和额外电源，即插即用，并且可以反复读写，体积小、容量大，越来越受到用户的青睐。USB 3.0 是目前的主流 USB规范，其特点是传输速度更快，USB 3.0 的传输速度可达到5Gbps，是 USB 2.0 的几倍。目前常用 U 盘的容量有 64GB、128GB、256GB 和 512GB 等。同时，还有 USB 3.1 和 USB Type-C等最新的技术在 U 盘中得到应用，可提供更高的传输速度和更方便的连接方式。

图 1.16　U 盘

（4）移动硬盘

移动硬盘（mobile hard disk）也是一种新型的移动存储器，其外观如图 1.17 所示。

图 1.17　移动硬盘

移动硬盘多采用 USB 3.0、USB-C、Thunderbolt 3 等传输速度较快的接口，可以与系统进行高速数据传输。移动硬盘的特点是存储容量大，存储成本较低，而且携带方便，广泛应用于数据备份、文件传输和移动存储等领域。随着技术的发展，移动硬盘的容量将继续增大，同时体积也会更小。目前市场上的移动硬盘能提供 1TB、2TB、4TB、8TB、16TB 等容量选项，甚至更高。同时，最新的技术还包括 NVMe 接口的移动硬盘，其传输速度更快，适用于对高速数据传输要求较高的用户。

5．输入设备

输入设备是指能把外界信息转换成二进制形式的数据存到计算机中的设备。输入设备种类繁多，常用的有键盘、鼠标、扫描仪、触摸屏、光笔、数字化仪、数码相机等。

（1）键盘

键盘是计算机最常用的输入设备。用户的各种命令、程序和数据都可以通过键盘输入到计算机中，常规的键盘有机械式按键和电容式按键两种。目前，微型计算机上常用的键盘有 101 键、102 键和 104 键，键盘接口多为 USB 接口，主要品牌有罗技、技嘉、双飞燕、三星等。

（2）鼠标

鼠标是取代传统键盘的光标移动键，使光标移动定位更加方便、准确的输入装置。它是一般窗口软件和绘图软件的首选输入设备。按键数分类，鼠标可以分为传统双键鼠标、三键鼠标和新型多键鼠标。按内部结构分类，鼠标可以分为机械鼠标、光学鼠标和光学机械鼠标。按连接方式分类，鼠标可以分为有线鼠标和无线鼠标。

（3）扫描仪

扫描仪是一种捕获图像并将之转换为计算机可以处理的数字化输入设备，如图 1.18 所示。这里所说的图像是指照片、文本页面、图画等，甚至诸如硬币或纺织品等三维对象也可以作为扫描对象。常用的扫描仪有滚筒式扫描仪和平面扫描仪，近几年又出现了笔式扫描仪、便携式扫描仪、馈纸式扫描仪、胶片扫描仪、底片扫描仪和名片扫描仪等，主要品牌有佳能、爱普生等。

图 1.18　扫描仪

（4）触摸屏

触摸屏可以让用户只用手指触碰计算机显示屏上的图形或文字就能实现对主机操作，如图 1.19 所示。触摸屏技术是一种新型人机交互方式，它将输入输出集中到一个设备上，简化了交互过程。配合识别软件还可以实现手写输入。常用的触摸屏显示器可分为电容式、电阻式和超声波式等。目前触摸屏技术已在智能手机、平板电脑、笔记本式计算机、一体机以及公共场所（如机场、车站）的展示、查询中广泛应用。未来随着技术的发展，折叠触摸、光学传感触摸等新型触摸屏技术将逐渐普及。另外，触摸屏技术在 Windows 11 等操作系

图 1.19　触摸屏

统中的应用也将进一步提升用户体验。

6. 输出设备

输出设备用于将存放在内存中由计算机处理的结果转变为人们所能接收的信息形式。常用的输出设备有显示器、打印机、绘图仪等。

（1）显示器

显示器是计算机不可或缺的输出设备，用于显示程序的运行结果。常见的显示器技术包括 LCD（liquid crystal display，液晶显示器）、LED（light emitting diode，发光二极管显示器）、OLED（organic LED，有机发光二极管显示器）和 MicroLED（微型 LED显示器）等几大类，其外观如图 1.20 所示。其中，CRT（cathode ray tube，阴极射线管）显示器已基本被淘汰。LCD 显示器以其轻薄、省电、高分辨率和辐射低等特点成为主流，是现代台式机和笔记本式计算机的常见配置。LED 显示器采用 LED 背光源，具有更高的亮度和对比度，同时能实现更薄的设计。近年来，OLED 显示器得到广泛应用，它具有自发光、高对比度、快速响应和广视角等优势。MicroLED 显示器则是最新的技术突破，具备更高的亮度、更高的像素密度和更低的功耗。目前市场上有许多显示器品牌，如三星、LG、戴尔、华硕等，它们竞争激烈，不断推出创新的产品来满足用户的需求。

图 1.20　显示器

（2）打印机

打印机是计算机的基本输出设备。打印机的种类很多，如标签打印机、票据打印机、各种便携式打印机等。目前，常见的有热敏打印机、喷墨打印机和激光打印机三种。3D打印机应用也越来越广泛。

1）热敏打印机。热敏打印机使用热敏纸或热敏标签，在打印头加热的作用下，通过热敏化学反应来形成图像和文字。热敏打印机具有打印速度快、噪声小和无须墨水等特点，广泛应用于收据打印和标签打印等领域。

2）喷墨打印机。喷墨打印机利用喷墨管将墨水喷射到打印纸上，实现字符和图形输出。喷墨打印机速度快、质量好，噪声也小，但喷墨打印机的价格较高。主要耗材为墨盒，费用较高。

图 1.21　激光打印机

3）激光打印机。激光打印机分为黑白激光和彩色激光两大类，其外观如图 1.21 所示。黑白激光打印机在速度、噪声和打印成本等方面具有优势，主要耗材为墨粉盒，价格相对较高但耐用。彩色激光打印机目前已经发展到更高水平，能提供更高分辨率和更真实的色彩表现，但价格和耗材成本相对较高。现代激光打印机外观设计也更加精致，注重用户体验。对于激光打印机的主要技术指标，除了打印速度、打印分辨率和耗材寿命，还有一些新的指标值得关注。例如，打印机的网络连接能力和无线打印功能，可以通过手机或平板电脑进行远程打印。另外，一些高端激光打印机还具有自动双面打印和多功能一体化的特点，能够满足不同的办公需求。市场上的激光打印机品牌依然有佳能、惠普、三星、爱普生等，它们不断推出新款产品以满足用户的需求，提供更快速、更高质量的打印体验。同时，还有一些新兴品牌和技术在激光打印机领域崭露头角，为用户提供更多选择和创新。

4）3D 打印机。3D 打印技术是一种以数字模型文件为基础，使用可黏合材料，如粉末状金属或塑料等，通过逐层打印的方式来制造物体的先进技术。3D 打印机的外观如图 1.22 所示。3D 打印技术已经取得了显著的进步，能够实现更高的分辨率、更快的打印速度和更广泛的材料选择。目前的 3D 打印技术已经能够实现更高的分辨率，可达 1200dpi 或以上，同时打印层厚可达到 0.01mm 以下，实现更精细的打印效果。同时，新一代的 3D 打印技术还具备更高的色彩深度，支持 24 位或更高的色彩表现，使得打印出的物体更加清晰和真实。如今，人们将 3D

图 1.22　3D 打印机

打印技术应用于更多领域，如汽车制造、航空航天、医疗器械、家居用品等。3D 打印技术的应用不只限于制造模型，也可以用于制造可实际使用的零部件和产品。同时，随着 3D 打印技术的不断发展，新的材料和打印工艺正在不断涌现，为 3D 打印的应用领域拓宽了可能性。尽管 3D 打印技术还存在一些挑战，如材料选择有限、成本较高等，但随着技术的不断进步和成本的降低，3D 打印技术将在未来的生活中发挥重要作用。例如，它可以加速产品的研发和制造过程，提高效率，减少资源浪费，并且为个性化定制和小批量生产提供便利。3D 打印技术的应用前景非常广阔，将为制造业和其他领域带来重大变革。

（3）绘图仪

绘图仪是将计算机的输出信息绘制成图形的输出设备，可输出各类工程设计图纸。绘图仪一般可分为两类，即笔式绘图仪和非笔式绘图仪。笔式绘图仪又分为平板式绘图仪、滚轴式绘图仪和转筒式绘图仪。目前生产绘图仪的厂家主要有惠普、佳能、爱普生等。

7．外部接口

计算机的外部接口（I/O 接口）是用于连接计算机与外部设备之间的通信通道，用于数据的输入和输出。外部接口主要解决计算机与外部设备之间的数据传输和通信问题。常见的计算机外部接口有以下几种。

1）USB 接口：USB（universal serial bus，通用串行总线）是一种广泛应用的接口标准。USB 接口具有热插拔、即插即用的特性，支持高速数据传输和电源供应，可连接各种外部设备，如键盘、鼠标、打印机、摄像头等。

2）HDMI 接口：HDMI（high-definition multimedia interface）是高清晰度多媒体接口，用于连接计算机和高清显示设备，如电视、投影仪等。HDMI 接口支持高清音视频传输，具有高质量的图像和声音效果。

3）DisplayPort 接口：DisplayPort 是一种高性能数字视频接口，用于连接计算机与显示器。DisplayPort 接口支持高分辨率图像传输和音频传输，具有较高的带宽和图像质量。

4）Ethernet 接口：Ethernet 接口是用于连接计算机与局域网（local area network，LAN）的接口，用于实现计算机之间的数据通信。Ethernet 接口通常用于连接计算机与路由器、交换机或网络存储设备。

5）音频接口：计算机音频接口用于连接扬声器、耳机、麦克风等音频设备，实现音频的输入和输出。常见的音频接口有耳机插孔、麦克风插孔以及线路输入/输出接口。

此外，还有许多其他类型的外部接口，如 VGA（video graphics array，视频图形矩阵）接口（用于连接计算机与显示器）、DVI（digital visual interface，数字视频接口）、Thunderbolt 接口（高速数据传输接口）等。不同的外部接口适用于不同的设备和应用场景。随着技术的发展，计算机的外部接口也在不断更新和改进，以满足不断增长的数据传输需求和新兴设备的接入需求。

8. 系统总线

系统总线是指主板上连接微型计算机各功能部件之间的总线，是微型计算机系统中最重要的总线，通常采用三总线结构。根据不同传输信息，系统总线可分为地址总线（address bus，AB）、数据总线（data bus，DB）和控制总线（control bus，CB），如图 1.23 所示。

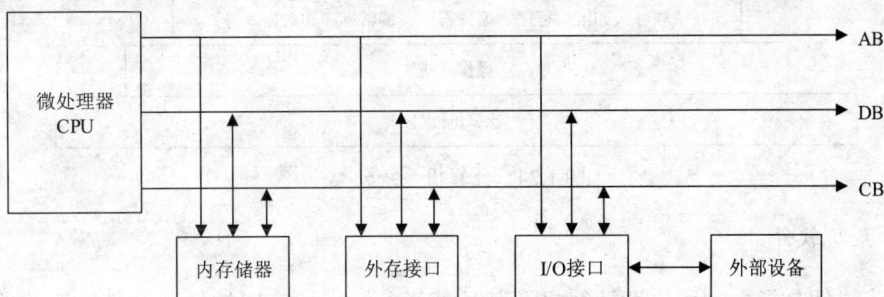

图 1.23　微型计算机三总线结构

1）地址总线（AB）：用于传送 CPU 要访问的存储单元和要访问的外设接口的地址信息。地址总线是单向总线，其位数决定了 CPU 可直接寻址的内存空间大小。

2）数据总线（DB）：用于传送 CPU 与存储器和 I/O 接口之间的数据信息。数据总线是双向总线。数据总线的位数通常与 CPU 字长一致，是微型计算机的一个重要性能指标。

3）控制总线（CB）：用于传送 CPU 各种控制信号。控制总线是双向总线。控制总线的位数由系统的实际需要确定。

4）总线的性能通过总线宽度和总线频率来描述。

① 总线宽度为一次并行传输的二进制位数。例如，32 位总线一次能传送 32 位数据，64 位总线一次能传送 64 位数据。微型计算机中总线的宽度有 8 位、16 位、32 位、64 位等。

② 总线频率用来描述总线的速度，常见的总线频率有 32MHz、66MHz、100MHz、133MHz、200MHz、400MHz、800MHz、1066MHz 等。

在微型计算机中采用总线结构，可以减少传送信息的线路数目，易于添加外部设备。目前总线发展已经标准化，常见的总线标准有 PCI 总线、USB 总线和 AGP 总线等。

1.2.3 计算机软件系统

一个完整的冯·诺依曼体系结构的计算机系统是由硬件系统和软件系统两部分组成，两者相辅相成，协同工作。通常计算机软件系统是指计算机上运行的各种程序和相关文档的集合。计算机软件系统的主要作用如下。

1）控制和管理硬件资源。

2）提供友好的操作界面。

3）提供专业软件开发环境。

4）完成用户特定应用需求。

计算机软件系统按其用途可分为系统软件和应用软件两大类，其关系如图 1.24 所示。

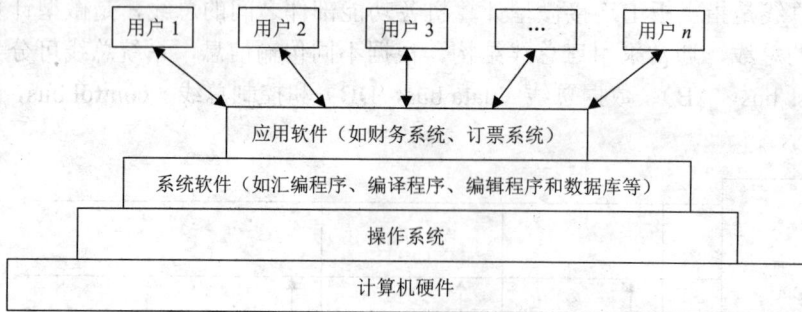

图 1.24 计算机系统分类

1. 系统软件

系统软件是指控制和协调计算机及其外部设备，支持应用软件开发和运行的软件。一般包括操作系统、语言处理程序、程序设计语言、数据库系统等。

（1）操作系统

操作系统（operating system，OS）是用来控制、管理和协调计算机系统中所有软、硬件资源并为用户提供良好运行环境的系统软件。操作系统是整个计算机软件系统的核心。操作系统种类繁多，但一个完善的操作系统应包括进程管理、存储管理、设备管理和文件管理四个基本功能。目前常见的操作系统有 Windows 系列、Linux、MacOS 以及大型主机使用的 Unix 等。

（2）语言处理程序

将某种语言编写的源程序翻译成机器语言程序，所有的翻译程序均称为语言处理程序。语言处理程序有两类：解释程序和编译程序。

1）解释程序。可将使用某种程序设计语言编写的源程序翻译成机器语言的目标程序，并且翻译一句执行一句，直至程序执行完毕。

2）编译程序。可把用高级语言编写的源程序翻译成目标程序。由于目标程序一般不能独立运行，还需要将目标程序和各种标准的库函数连接装配成一个完整的可执行程序（机器语言的程序），计算机才能执行。

（3）程序设计语言

程序设计语言是指编写计算机程序所用的语言，是人与计算机之间交互的工具。一般可分为机器语言、汇编语言和高级语言。

1）机器语言。机器语言即机器的指令系统，是计算机系统唯一能识别的用二进制代码表示的程序设计语言，是最低级语言。机器语言中的每一条语句（即机器指令）实际是一个二进制形式的指令代码。机器语言与 CPU 型号有关。因此，机器语言程序在不同系统之间不通用，故称其为面向机器的语言。机器语言的程序可读性差，不易记忆，编写烦琐且易出错，通常不用机器语言直接编写程序。

2）汇编语言。汇编语言是一种面向机器的程序设计语言。汇编语言采用一定的助记符号代替二进制代码来表示机器语言中的指令和数据，这种替代使得机器语言"符号化"，从而大大提高了程序的可读性。汇编语言从属于特定的机型，不同的计算机系统间不通用。用汇编语言编写的源程序不能被计算机识别，需要将其翻译成目标程序（机器指令）才能执行。

3）高级语言。高级语言是同自然语言和数学表达较为接近的计算机程序设计语言。高级语言独立于机器，具有较强的通用性。它更接近人类的语言，因此用高级语言编写的程序易读、易记、易维护。但是高级语言编写的程序不能被计算机识别，要将其翻译成计算机能识别的二进制机器指令，然后供计算机执行。目前常用的有 C++、Visual Basic、Java 等。

（4）数据库系统

数据库系统（database system，DBS）由数据库（database，DB）和数据库管理系统（database management system，DBMS）组成。数据库是按一定方式组织起来的相关数据的集合。数据库管理系统是向用户提供管理和处理各类数据的系统软件，是用户与数据库的接口。数据库管理系统一般具有如下特点：建立数据库；增、删、修、查等数据维护功能；对检索、排序、统计等使用数据库功能；友好的交互能力；简便的编程语言；提供数据独立性、完整性、安全性的保障。目前广泛使用的数据库软件有 Oracle、SQL Server、Sybase、mysql、Visual FoxPro、Access 等。

2．应用软件

应用软件是指用户利用计算机的软、硬件资源为某一专门的应用目的而开发的软件。应用软件的种类繁多，通常分为通用软件和专用软件两大类。

（1）通用软件

通用软件是指为解决某类问题而设计的软件。例如，办公自动化软件——Microsoft Word、Excel 等；图像处理软件——PhotoShop、AutoCAD；多媒体应用软件——RealPlayer、Windows Media Player；网络应用软件——IE、QQ 等。

（2）专用软件

专用软件是指用户自己开发的各种应用系统，如人事、图书、销售管理系统等。

任务 1.3 数制与编码

知识要点
- 进位计数制的原理及其表示方法。
- 计算机二进制的算术运算以及逻辑计算。
- 进制之间的转换。
- 计算机中编码构成。

人类在改造自然的劳动中产生了计数的需求，进而出现了计数制。生活中人们常用十进制，简单方便。但实际上存在着各种进制，例如，中国古法"天干地支"记年中 60 年为一甲子，即为六十进制；一年的 12 个月是十二进制；鞋、袜、筷子则是二进制。可见，采用什么数制取决于人们解决问题的实际需要。

1.3.1 进位计数制

计数制又称为数制，是指用一组固定符号和一套统一规则来表示数值大小的方法。通常数制又可分为非进位计数制（如罗马数字）和进位计数制两大类。这里要研究的是进位计数制。

1. 进位计数制

进位计数制是指按照进位的原则进行计数的方法。进位计数制有三个要素：基数、数位和位权。

1）基数：是指进位计数制中所使用数码的个数，记作 R。

例如，在十进制中有 10 个不同数码：0,1,2,3,4,5,6,7,8,9，基数为 10，记作 $R=10$；在二进制中只有 0 和 1 两个数码，基数为 2，记作 $R=2$。

2）数位：是指数码在一个数中所处的位置，记作 i。对于一个数 $a_{n-1}a_{n-2}\cdots a_2 a_1 a_0 a_{-1} a_{-2}\cdots a_{-m}$，其中，$a_i$（$i=n-1,\cdots,1,0,-1,\cdots,-m$）。

例如，在十进制数中常讲的个位、十位、百位、千位……即 $i=0,1,2,3\cdots$；十分位、百分位、千分位……即 $i=-1,-2,-3,\cdots$。数位以小数点为基准进行确定。

3）位权：每个数位上的数字所表示的数值大小等于该数字乘以一个与数字所在位置有关的常数，这个常数就是位权。位权的大小等于以基数 R 为底、数位序号 i 为指数的整数次幂的值，记作 R^i。例如，对于一个数 123，若将其视为十进制数时，1 所在位的位权是 10^2，2 所在位的位权是 10^1，3 所在位的位权是 10^0；若将其视为八进制数时，1 所在位的位权是 8^2，2 所在位的位权是 8^1，3 所在位的位权是 8^0。

4）位权展开式。进位计数制中，对于任意数制的数都可以采用其位权展开式来表示。根据位权的定义，某位数的数值大小等于该数位的数码乘以位权。因此，对于任意一个 R 进制数 S，都可以表示为按其位权展开的多项式之和，即

$$(S)_R = a_{n-1}\times R^{n-1}+\cdots+a_1\times R^1 + a_0\times R^0 + a_{-1}\times R^{-1}+\cdots+a_{-m}\times R^{-m}$$

2．数制的表示方法

1）下标表示法。例如，$(2345)_{10}$、$(1010)_2$、$(367)_8$、$(2AB)_{16}$。

2）后缀表示法。例如，2345D、1010B、367O、2ABH。

3．常用的进位计数制

（1）十进制（decimal system）

十进制数制，基数 $R=10$，有 0、1、2、3、4、5、6、7、8、9 十个基本数码。各位的位权 R^i 是以 10 为底的幂（即 10^i），如表示为$(123.45)_{10}$ 或 123.45D，其特点是"逢十进一"，位权展开式为

$$(123.45)_{10} = 1\times10^2+2\times10^1+3\times10^0+4\times10^{-1}+5\times10^{-2}$$

（2）二进制（binary system）

二进制数制，基数 $R=2$，有 0、1 两个基本数码，各位的位权 R^i 是以 2 为底的幂（即 2^i），如表示为$(1010)_2$ 或 1010B，其特点是"逢二进一"，位权展开式为

$$(1010.101)_2 = 1\times2^3+0\times2^2+1\times2^1+0\times2^0+1\times2^{-1}+0\times2^{-2}+1\times2^{-3}$$

（3）八进制（octal system）

八进制数制，基数 $R=8$，有 0、1、2、3、4、5、6、7 八个基本数码，各位的位权 R^i 是以 8 为底的幂（即 8^i），如表示为$(367.45)_8$ 或 367.45O，其特点是"逢八进一"，位权展开式为

$$(367.45)_8 = 3\times8^2+6\times8^1+7\times8^0+4\times8^{-1}+5\times8^{-2}$$

（4）十六进制（hexadecimal system）

十六进制数制，基数 $R=16$，有 0、1、2、3、4、5、6、7、8、9、A、B、C、D、E、F 十六个基本数码，其中，A～F 分别对应十进制数 10～15。各位的位权 R^i 是以 16 为底的幂（即 16^i），如表示为$(2AB.9F)_{16}$ 或 2AB.9FH，其特点是"逢十六进一"，位权展开式为

$$(2AB.9F)_{16} = 2\times16^2+10\times16^1+11\times16^0+9\times16^{-1}+15\times16^{-2}$$

1.3.2　计算机的二进制

自然界的信息纷繁复杂，表现形式多样，如文字、图形、图像、声音等。各种信息均以数据形式输入计算机，然而计算机在其设计诞生之初就采用二进制数来表示、存储和处理数据。

1．计算机与二进制

计算机采用二进制是由二进制自身的特性所决定的，其优点如下。

1）物理可行。有两种稳定状态的物理器件容易实现，如电压的高低、开关的开闭、晶体管的导通与截止等，这恰好可用二进制的"0"和"1"来表示。

2）运算简单。二进制加法和乘法规则各有 3 条，所以简化了运算器等物理器件的设计，有利于提高运算速度。

3）可靠性高。二进制只有 0 和 1 两个数码，数码少，电信号状态分明，传输和处

理时不易出错，抗干扰能力强，可靠性高。

4）逻辑适合。二进制的"1"和"0"正好与逻辑值"真"和"假"相对应，因此采用二进制进行逻辑判断简单方便。

5）转换方便。计算机使用二进制，人们习惯于使用十进制，而二进制与十进制间的转换简单方便，有利于人机信息交互。

2．二进制的算术运算

1）二进制加法的运算规则：0+0=0；0+1=1；1+0=1；1+1=0（进位为1）。

2）二进制减法的运算规则：0-0=0；1-0=1；1-1=0；0-1=1（有借位时，借1当2）。

3）二进制乘法的运算规则：0×0=0；0×1=0；1×0=0；1×1=1。

4）二进制除法的运算规则：0÷1=0；1÷1=1；而0÷0和1÷0均无意义。

例1.1　计算 $(10010011)_2 + (01010010)_2$ 和 $(10010010)_2 - (01010011)_2$ 的值。

```
    10010011 ………… 被加数           10010010 ………… 被减数
  + 01010010 ………… 加数          − 01010011 ………… 减数
  ───────────                      ───────────
    11100101 ………… 和               00111111 ………… 差
```

例1.2　计算 $(1101)_2 × (1010)_2$ 和 $(10111011)_2 ÷ (1011)_2$ 的值。

```
      1 1 0 1 …… 被乘数                    1 0 0 0 1 …… 商
    × 1 0 1 0 …… 乘数        1011 ╱ 1 0 1 1 1 0 1 1 …… 被除数
    ─────────                       1 0 1 1
      0 0 0 0                      ─────────
    1 1 0 1                              1 0 1 1
  0 0 0 0                               1 0 1 1
1 1 0 1                               ─────────
─────────────                                0 …… 余数
1 0 0 0 0 0 1 0 …… 积
```

3．二进制的逻辑运算

计算机使用的是逻辑电路，它利用逻辑规则进行各种逻辑判断，因此逻辑运算是计算机运算的重要组成部分。逻辑代数又称布尔代数，事件之间的逻辑关系通过逻辑变量和逻辑运算来表示。

1）逻辑变量：具有相互对立的两种变量值的变量称为逻辑变量，如"真"和"假"、"是"和"非"、"有"和"无"等。

2）逻辑运算：是逻辑代数的研究内容，是一种研究因果关系的运算。逻辑运算结果不表示数值的大小，而是表示一种二元逻辑值：真（true）或假（false）。逻辑运算是按位进行，各位之间互相独立，位与位之间不存在进位和借位的关系。

计算机中的逻辑运算以二进制数为基础，二进制数码"1"和"0"分别表示逻辑变量的"真"和"假"。常用的二进制逻辑运算包括："与""或""非""异或"。

（1）逻辑"与"运算

逻辑"与"又称逻辑乘，常用符号"×""∩"表示。

逻辑关系：一假为假，全真为真。

逻辑运算规则：0×0=0；0×1=0；1×0=0；1×1=1。

例 1.3　设 X=11001011，Y=10100110，求 X∩Y。

解：

$$
\begin{array}{r}
1\,1\,0\,0\,1\,0\,1\,1 \\
\cap\quad 1\,0\,1\,0\,0\,1\,1\,0 \\
\hline
1\,0\,0\,0\,0\,0\,1\,0
\end{array}
$$

所以，X∩Y=10000010。

（2）逻辑"或"运算

逻辑"或"又称逻辑加，常用符号"+"或"∪"表示。

逻辑关系：一真为真，全假为假。

逻辑运算规则：0+0=0；0+1=1；1+0=1；1+1=1。

例 1.4　设 X=11001011，Y=10100110，求 X∪Y。

解：

$$
\begin{array}{r}
1\,1\,0\,0\,1\,0\,1\,1 \\
\cup\quad 1\,0\,1\,0\,0\,1\,1\,0 \\
\hline
1\,1\,1\,0\,1\,1\,1\,1
\end{array}
$$

所以，X∪Y=11101111。

（3）逻辑"非"运算

逻辑"非"又称逻辑反，常用符号"!"或在逻辑变量上方加一条横线"-"来表示。即 A 的非运算可以表示为 Ā。

逻辑关系：非真则假；非假则真。

逻辑运算规则：$\bar{0}=1$；$\bar{1}=0$。

例 1.5　设 A=11001011，求 Ā。

解：

$$
\bar{A}=00110100
$$

（4）逻辑"异或"运算

逻辑异或常用"⊕"来表示。

逻辑关系：相异为真；相同为假。

逻辑运算规则：0⊕0=0；0⊕1=1；1⊕0=1；1⊕1=0。

例 1.6　设 X=10010101，Y=00001111，求 X⊕Y。

解：

$$
\begin{array}{r}
1\,0\,0\,1\,0\,1\,0\,1 \\
\oplus\quad 0\,0\,0\,0\,1\,1\,1\,1 \\
\hline
1\,0\,0\,1\,1\,0\,1\,0
\end{array}
$$

所以，X⊕Y=10011010。

1.3.3　数制转换

1. *R* 进制（非十进制）数转换为十进制数

转换方法：将需要转换的 *R* 进制数按权展开，然后将展开式求和即可。

例 1.7 分别将$(11010)_2$、$(1011.101)_2$、$(234.4)_8$、$(2FE.8)_{16}$转换成十进制数。

$(11010)_2=1×2^4+1×2^3+0×2^2+1×2^1+0×2^0=(26)_{10}$

$(1011.101)_2=1×2^3+0×2^2+1×2^1+1×2^0+1×2^{-1}+0×2^{-2}+1×2^{-3}=(11.625)_{10}$

$(234.4)_8=2×8^2+3×8^1+4×8^0+4×8^{-1}=(156.5)_{10}$

$(2FE.8)_{16}=2×16^2+15×16^1+14×16^0+8×16^{-1}=(766.5)_{10}$

2. 十进制数转换为 R 进制（非十进制）数

转换方法：十进制数的整数部分和小数部分分别采用不同的方法转换成 R 进制数，然后再将两部分相加即可，方法如下。

（1）整数部分的转换——"除基取余"法

将十进制的整数部分除基数 R 取其余数，商数继续除基数 R 取余数，直到商数为 0 为止，所求的余数按得出的顺序倒序排列后，就得到十进制整数部分转换成的 R 进制数，这种方法叫作"除基取余"法。

（2）小数部分转换——"乘基取整"法

将十进制的小数部分乘以基数 R，取出整数部分，剩下的小数部分继续乘以基数 R 并取出整数部分，直到小数部分为 0 为止。若有限位内结果值不能变为 0，则计算到规定精度为止，所求的整数部分按取出顺序正序排序。

（3）组合转换

如果十进制数包含整数和小数两部分，以小数点作为分界，组合完成转换。

例 1.8 把十进制数 29.3125 转换成二进制数。

所以，计算结果为$(29)_{10}=(11101)_2$，$(0.3125)_{10}=(0.0101)_2$。

综上，如果将十进制数 29.3125 转换成二进制数，只需要将上例中整数部分和小数部分组合在一起即可，其计算结果为$(29.3125)_{10}=(11101.0101)_2$。

例 1.9 把十进制数 132.525 转换成八进制数（小数部分保留 2 位数字）。

所以，计算结果为$(132.525)_{10}=(204.41)_8$。

3．R 进制数之间的转换

R 进制数之间的转换一般都是利用十进制作为中介进行转换。但是由于二进制、八进制、十六进制之间存在着特殊的关系，即 2^3=8，2^4=16。也就是说，3 位二进制数可以对应一位八进制数，4 位二进制数可以对应一位十六进制数，这样使得转换更为简单。

（1）二进制转换到八进制（"三位一组"法）

转换方法：将二进制数以小数点为界，整数部分从右向左 3 位一组，小数部分从左向右 3 位一组，最后不足 3 位的补零。

例 1.10　将二进制数$(10100101.01011101)_2$转换成八进制数。

$$010 \quad 100 \quad 101 \quad . \quad 010 \quad 111 \quad 010$$
$$2 \quad\quad 4 \quad\quad 5 \quad . \quad 2 \quad\quad 7 \quad\quad 2$$

所以，$(10100101.01011101)_2 =(245.272)_8$。

（2）二进制转换到十六进制（"四位一组"法）

转换方法：同二进制到八进制相似，只是 4 位一组，最后不足 4 位的补零。

例 1.11　将二进制数$(1111111000111.100101011)_2$转换成十六进制数。

$$0001 \quad 1111 \quad 1100 \quad 0111 \quad . \quad 1001 \quad 0101 \quad 1000$$
$$1 \quad\quad F \quad\quad C \quad\quad 7 \quad . \quad 9 \quad\quad 5 \quad\quad 8$$

所以，$(1111111000111.100101011)_2=(1FC7.958)_{16}$。

（3）八进制转换成二进制（"一分为三"法）

转换方法：将八进制数以小数点为界，整数部分和小数部分的数字符号分别用足 3 位的二进制数表示即可。

例 1.12　将八进制数$(234.5)_8$转换成二进制数。

$$2 \quad\quad 3 \quad\quad 4 \quad . \quad 5$$
$$010 \quad 011 \quad 100 \quad . \quad 101$$

所以，$(234.5)_8=(010011100.101)_2$。

（4）十六进制转换成二进制（"一分为四"法）

转换方法：将十六进制数以小数点为界，整数部分和小数部分的数字符号分别用足 4 位的二进制数表示即可。

例 1.13　将十六进制数$(45FCD.AB2)_{16}$转换成二进制数。

$$4 \quad\quad 5 \quad\quad F \quad\quad C \quad\quad D \quad . \quad A \quad\quad B \quad\quad 2$$
$$0100 \quad 0101 \quad 1111 \quad 1100 \quad 1101 \quad . \quad 1010 \quad 1011 \quad 0010$$

所以，$(45FCD.AB2)_{16} =(01000101111111001101.101010110010)_2$。

（5）八进制与十六进制之间的转换

转换方法：这两种进制之间的转换一般借助于二进制数完成。

例 1.14　将八进制数$(324)_8$转换成十六进制数；将十六进制数$(BA2D)_{16}$转换成八进制数。

$$(324)_8 =(011\ 010\ 100)_2=(0\quad 1101\quad 0100)_2=(D4)_{16}$$

$(BA2D)_{16} = (1011\ 1010\ 0010\ 1101)_2 = (1\ 011\ 101\ 000\ 101\ 101)_2 = (135055)_8$

十进制与二进制、八进制和十六进制之间的对照表，如表 1.3 所示。

表 1.3　常用进位数制的对照表

十进制	二进制	八进制	十六进制	十进制	二进制	八进制	十六进制
0	0000	0	0	8	1000	10	8
1	0001	1	1	9	1001	11	9
2	0010	2	2	10	1010	12	A
3	0011	3	3	11	1011	13	B
4	0100	4	4	12	1100	14	C
5	0101	5	5	13	1101	15	D
6	0110	6	6	14	1110	16	E
7	0111	7	7	15	1111	17	F

1.3.4　计算机中的编码

信息是自然界中客观存在的具体反映，而数据则是这些多样化信息的表现形式。无论自然界的信息以什么样的数据形式存在，其最终都要转化成二进制的形式为计算机所接受。这个转化的过程需要通过计算机的编码来实现。计算机中的编码主要分为数值数据编码和非数值数据编码两种。

1. 数值数据编码

生活中的数据是由正负符号、小数点和数码构成，而在计算机中这些符号都要以二进制的符号 0 和 1 编码表示。为了表示正数和负数，通常将数的最高位定义为符号位，用"0"表示"正"，"1"表示"负"，其余位表示数值，称为数值位。计算机中符号化了的数称为机器数，机器数有原码、反码和补码三种表示形式。

2. 西文字符编码

计算机中，对于数值型数据可以方便地将其转换为二进制数据进行存储和处理。但实际上还存在着大量的非数值型数据，如西文字符和中文字符等字符数据。西文字符主要包括英文字母、数字、标点符号及特殊字符等。将这些西文字符转换成二进制代码就需要进行字符编码。目前，世界通用的是 ASCII 码（American Standard Code for Information Interchange，美国信息交换标准代码）。

ASCII 码是用一个字节，即 8 位二进制数表示一个对应的西文字符。通用 ASCII 码有 7 位版和 8 位版两种。7 位版的 ASCII 码为标准 ASCII 码。标准 ASCII 码每个字符用 7 位二进制数表示，最高位为 0。因此，通用的 ASCII 码是由 $2^7=128$ 个字符组成的字符集。其中，包括 34 个通用控制符，10 个数码，52 个大、小写英文字母和 32 个专用字符。7 位标准的 ASCII 码表如表 1.4 所示。

表 1.4 标准 ASCII 码表

低四位	高三位							
	000	001	010	011	100	101	110	111
0000	NUL$_0$	DLE$_{16}$	SP$_{32}$	0$_{48}$	@$_{64}$	P$_{80}$	、$_{96}$	p$_{112}$
0001	SOH$_1$	DC1	!	1	A	Q	a	q
0010	STX$_2$	DC2	"	2	B	R	b	r
0011	ETX$_3$	DC3	#	3	C	S	c	s
0100	EOT$_4$	DC4	$	4	D	T	d	t
0101	ENQ$_5$	NAK	%	5	E	U	e	u
0110	ACK$_6$	SYN	&	6	F	V	f	v
0111	BEL$_7$	ETB	,	7	G	W	g	w
1000	BS$_8$	CAN	(	8	H	X	h	x
1001	HT$_9$	EM	)	9	I	Y	i	y
1010	LF$_{10}$	SUB	*	:	J	Z	j	z
1011	VT$_{11}$	ESC	+	;	K	[	k	{
1100	FF$_{12}$	FS	'	<	L	\	l	|
1101	CR$_{13}$	GS	-	=	M	]	m	}
1110	SO$_{14}$	RS	.	>	N	↑	n	~
1111	SI$_{15}$	US$_{31}$	/$_{47}$	?$_{63}$	0$_{79}$	↓$_{95}$	O$_{111}$	DEL$_{127}$

目前，很多国家在 7 位标准 ASCII 码的基础上将其最高位置 "1" 扩充成为 8 位扩展 ASCII 码。增加的 128 个字符编码用于各国自己国家语言文字及特殊符号的编码。

3. 汉字编码

用计算机处理汉字时也需要对汉字进行编码。汉字相较西文字符字形复杂、字数繁多，常用汉字近 7000 个，因此编码相对复杂。计算机处理汉字的基本方法是，首先将汉字以输入码的形式输入计算机，然后再将输入码转换成汉字机内码的形式进行存储，最后将汉字机内码转换成字形码显示输出。计算机对汉字的处理过程实际上是各种汉字编码间的转换过程。通常汉字编码主要有输入码、机内码、交换码（国标码）、字形码等。

（1）汉字输入码

汉字输入码是汉字输入计算机时所使用的编码，也称外码。常用输入码有以下几类。

1）数字编码：是用数字串代表一个汉字的输入方法，常用的是国标区位码。

国标区位码将国家标准局公布的 6763 个一、二级汉字分成 94 个区，每个区分 94 位，实际上是把汉字表示成类似 ASCII 码表的一个二维表。"区码"和"位码"各用两个十进制数表示，因此，输入一个汉字需要按键四次。例如，"啊"字位于第 16 区 1 位，区位码为 1601。数字编码的特点是一字一码、无重码，但难记忆。

2）字音编码：是以读音来编码的方法，如全拼、双拼等。

3）字形编码：是以汉字形状确定编码的方法，如五笔字型、郑码等。

4）音形编码：是以汉字的读音和字形相结合形成的编码方法，如智能 ABC、自然码等。

（2）汉字机内码

汉字机内码是汉字在计算机内部进行存储和处理而设置的编码。汉字输入计算机后转换为机内码，然后才能在计算机内传输和处理。现在我国的汉字信息系统一般都采用与 ASCII 码相容的 8 位码方案，用两个 8 位码字符构成一个汉字机内码。另外，汉字字符必须和英文字符能相互区别开，以免造成混淆。英文字符的机内代码是 7 位 ASCII 码，最高位为"0"。汉字机内代码中两个字节的最高位均为"1"。即将国家标准总局颁布的《信息交换用汉字编码字符集　基本集》（GB/T 2312—1980）中规定的汉字国标码的每个字节的最高位置"1"，即为内码。除最高位外，其余 14 位可表示 2^{14}=16384 个可区别的码。

（3）汉字交换码

国家标准总局颁布的《信息交换用汉字编码字符集　基本集》（GB/T 2312—1980），规定的在不同汉字信息管理系统间进行汉字交换时使用的编码，叫作汉字交换码，也称汉字国标码。在交换码中，表示一个汉字的两个字节的最高位仍为"0"，这是和机内码的差别。同一汉字的国标码与机内码的区分仅在最高位。例如，一个汉字的国标码为 3473H（**00**110100 **0**1110011B），则该汉字的机内码是 B4F3H（**10**110100 **1**1110011B）。

（4）汉字字形码

汉字字形码是表示汉字字形的字模数据，用于汉字的显示输出。汉字字形码指的就是这个汉字字形点阵的代码。常用的字模点阵规格有简易型汉字的 16×16 点阵，提高型汉字的 24×24 点阵、32×32 点阵、48×48 点阵等。字模点阵的点阵数越大，字形质量越高，占用存储空间也越大，一个点用 1bit 表示，以 16×16 点阵为例，共需 256bit 即 32B。因此，字模点阵只能用来构成"字库"，而不能用于机内存储。字库中存储了每个汉字的点阵代码，当显示输出时才检索字库，输出字模点阵得到字形。

实训　按需选配计算机

实训目的

- 认识微型计算机各主要部件的基本功能及基本参数。
- 了解当前微型计算机的主流品牌及特点。
- 学习根据实际需求选配个人计算机。

实训内容

1. 选配一台学习型个人计算机

新学期伊始，王小米同学欲选配一台用来学习的个人计算机，打算用它来完成学习办公自动化软件 Office 2016、Python 程序设计语言以及上网查找资料等日常的学习功能，并且要求配以当前主流的 Windows 10 操作系统。请你根据所学的微型计算机的硬件理论知识，为她选购一台合适的个人计算机，价格控制在 3000 元左右。

2. 选配一台游戏型个人计算机

寒假临近，王小麦同学作为一名电脑发烧友，打算选配一台配置较高的游戏型个人计算机。要求该计算机的画面、声音、主频能满足运行大型游戏的需要，并安装 Windows 10 操作系统。请你根据所学的微型计算机的硬件理论知识，为他选购一台合适的个人计算机，价格控制在 6000 元左右。

微型计算机的硬件发展日新月异，性能和报价也会有所变化。请根据当前网上报价，结合当地电子市场实际，填写一份符合要求的个人计算机配置清单。配置清单如表 1.5 所示。

表 1.5　个人计算机配置清单

配件名称	学习型机		游戏型机	
	配件型号	价格/元	配件型号	价格/元
主板				
CPU				
内存				
声卡				
显卡				
硬盘				
光驱				
显示器				
机箱（电源）				
键盘				
鼠标				
音箱				
合计	3000 元		6000 元	

单元测试 1

一、单项选择题

1. 在计算机系统中，根据与 CPU 联系的密切程度可把存储器分为（　　）。
   A. 光盘和磁盘　　　　　　　　B. 软盘和硬盘
   C. 内存和外存　　　　　　　　D. RAM 和 ROM
2. 在下列设备中，属于输出设备的是（　　）。
   A. 键盘　　　　　B. 绘图仪　　　　　C. 鼠标　　　　　D. 扫描仪
3. 在下列设备中，属于输入设备的是（　　）。
   A. 音箱　　　　　B. 绘图仪　　　　　C. 传声器　　　　　D. 显示器
4. 只读存储器（ROM）和随机存储器（RAM）的主要区别是（　　）。

A. ROM 是内存储器，RAM 是外存储器

B. RAM 是内存储器，ROM 是外存储器

C. 断电后，ROM 的信息会保存，而 RAM 则不会

D. 断电后，RAM 的信息可以长时间保存，而 ROM 中的信息将丢失

5. 电子计算机与过去的计算工具相比，所具有的特点为（　　）。

A. 具有记忆功能，能够存储大量信息，可方便用户检索和查询

B. 能够按照程序自动进行运算，完全可以取代人的脑力劳动

C. 具有逻辑判断能力，所以说计算机已经具有人脑的全部智能

D. 以上说法都对

6. 关于电子计算机的特点，以下论述错误的是（　　）。

A. 运行过程不能自动、连续进行，需人工干预

B. 运算速度快

C. 运算精度高

D. 具有记忆和逻辑判断能力

7. 计算机硬件系统应由五个基本部分组成，下列选项中，（　　）不属于这五个基本部分。

A. 运算器　　　　　　　　　　B. 控制器

C. 总线　　　　　　　　　　　D. 存储器、输入设备和输出设备

8. 十进制数+8 对应的二进制数是（　　）。

A. 1000　　　B. 11110111　　　C. 11111100　　　D. 11111101

9. 八进制数 127 对应的十进制数是（　　）。

A. 117　　　B. 771　　　C. 87　　　D. 77

10. 八进制数 6.7 转换成二进制应为（　　）。

A. 11.111　　　B. 10.011　　　C. 10.11　　　D. 110.111

11. 十进制数 32 转换成二进制数应为（　　）。

A. 100000　　　B. 10000　　　C. 1000000　　　D. 111110

12. 十进制数-75 在计算机中表示为（　　），称该数为机器数。

A. 11000011　　　B. 1001011　　　C. 11001011　　　D. 11001100

13. 十进制数 92 转换为二进制数和十六进制数分别是（　　）。

A. 01011100 和 5C　　　　　　B. 01101100 和 61

C. 10101011 和 5D　　　　　　D. 01011000 和 4F

14. 十六进制数 1000 转换为十进制数是（　　）。

A. 8192　　　B. 4096　　　C. 1024　　　D. 2048

15. 十六进制数 1A2H 对应的十进制数是（　　）。

A. 418　　　B. 308　　　C. 208　　　D. 578

16. 十六进制数 2B9 可表示成（　　）。

A. 2B9O　　　B. 2B9E　　　C. 2B9F　　　D. 2B9H

17. 十六进制数 7A 对应的八进制数为（　　）。

A. 144　　　　B. 172　　　　C. 136　　　　D. 372

18. 十六进制数 CDH 对应的十进制数是（　　）。

A. 204　　　　B. 205　　　　C. 206　　　　D. 203

19. 下列数据中，有可能是八进制数的是（　　）。

A. 238　　　　B. 764　　　　C. 396　　　　D. 789

20. 下列四个不同进制数中，最大的一个是（　　）。

A. 十进制数 45　　　　　　　　B. 十六进制数 2E

C. 二进制数 110001　　　　　　D. 八进制数 57

21. 下列四个不同数制中，最小的数是（　　）。

A. 213D　　　　B. 1111111B　　　　C. D5H　　　　D. 416O

22. 下列叙述中，正确的是（　　）。

A. 正数二进制原码的补码是原码本身

B. 所有十进制数都能准确地转换为有限位二进制小数

C. 用计算机做科学计算是绝对精确的

D. 存储器具有记忆能力，其中的任何信息都不会丢失

23. 下列一组数中，最大的数是（　　）。

A. 00011001B　　　B. 35D　　　C. 37O　　　D. 3AH

24. 办公自动化（office automation，OA）是计算机的一项应用，它属于（　　）。

A. 数据处理　　　B. 科学计算　　　C. 实时控制　　　D. 辅助设计

25. 从计算机键盘上输入汉字时，输入的实际上是（　　）。

A. 汉字内码　　　B. 汉字外码　　　C. 汉字交换码　　　D. 汉字笔形码

26. 通常所说的 24 针打印机属于（　　）。

A. 激光打印机　　　B. 喷墨打印机　　　C. 击打式打印机　　　D. 热敏打印机

27. 未来的计算机与前四代计算机的本质区别是（　　）。

A. 计算机的主要功能从信息处理上升为知识处理

B. 计算机的体积越来越小

C. 计算机的主要功能从文本处理上升为多媒体数据处理

D. 计算机的功能越来越强

28. 从第一台计算机诞生到现在，计算机的发展经历了（　　）个阶段。

A. 3　　　　B. 4　　　　C. 5　　　　D. 6

29. 个人计算机属于（　　）。

A. 小巨型机　　　B. 中型机　　　C. 小型机　　　D. 微机

30. 计算机的发展阶段通常是按计算机所采用的（　　）来划分的。

A. 内存容量　　　　　　　　B. 物理器件

C. 程序设计语言　　　　　　D. 操作系统

31. 计算机发展的方向是巨型化、微型化、网络化、智能化，其中"巨型化"是指
（　　）。

A. 体积大

    B. 重量重

    C. 功能更强、运算速度更快、存储容量更大

    D. 外部设备更多

32. 世界上的第一台电子计算机诞生于（　　　）。

    A. 中国　　　　　　B. 日本　　　　　　C. 德国　　　　　　D. 美国

33. 世界上第一台电子计算机的电子逻辑元件是（　　　）。

    A. 继电器　　　　　B. 晶体管　　　　　C. 电子管　　　　　D. 集成电路

34. 下列不属于信息基本特性的是（　　　）。

    A. 信息的凝缩性　　　　　　　　　B. 信息的可共享性

    C. 信息的有限性　　　　　　　　　D. 信息的扩散性

35. CPU 包括（　　　）。

    A. 控制器、运算器和内存储器　　　B. 控制器和运算器

    C. 内存储器和控制器　　　　　　　D. 内存储器和运算器

36. 下列各因素中，对微型计算机工作影响最小的是（　　　）。

    A. 温度　　　　　　B. 湿度　　　　　　C. 磁场　　　　　　D. 噪声

37. 下列关于计算机的叙述中，不正确的是（　　　）。

    A. 在微型计算机中，应用最普遍的字符编码是 ASCII 码

    B. 计算机病毒就是一种程序

    C. 计算机中所有信息的存储采用二进制

    D. 混合计算机就是混合各种硬件的计算机

38. 下列关于计算机的叙述中，不正确的是（　　　）。

    A. 最常用的硬盘就是温切斯特硬盘

    B. 计算机病毒是一种新的高科技类型犯罪

    C. 8 位二进制位组成一个字节

    D. 汉字点阵中，行、列划分越多，字形的质量就越差

39. 存储器的存储容量通常用字节（Byte）来表示，1GB 的含义是（　　　）。

    A. 1024MB　　　　B. 1000K 个 Bit　　　C. 1024KB　　　　D. 1000KB

40. 存储器的容量一般用 KB、MB、GB 和（　　　）来表示。

    A. FB　　　　　　B. TB　　　　　　　C. YB　　　　　　D. XB

41. 存储器分为外存储器和（　　　）。

    A. 内存储器　　　　B. ROM　　　　　　C. RAM　　　　　　D. 硬盘

42. 下列计算机应用中，不属于数据处理的是（　　　）。

    A. 结构力学分析　　B. 图书检索　　　　C. 工资管理　　　　D. 人事档案管理

43. 下列描述中，正确的是（　　　）。

    A. 激光打印机是击打式打印机

    B. 击打式打印机价格最低

    C. 喷墨打印机不可以打印彩色效果

    D. 计算机的运算速度可用每秒执行指令的条数来表示

44. 下列说法中，正确的是（　　）。

A. 计算机体积越大，其功能就越强

B. 在微型计算机性能指标中，CPU 的主频越高，其运算速度越快

C. 两个显示器屏幕大小相同，则它们的分辨率必定相同

D. 点阵打印机的针数越多，则能打印的汉字字体越多

45. 下列说法中，不正确的是（　　）。

A. 计算机是一种能快速和高效地完成信息处理的数字化电子设备，它能按照人们编写的程序对原始输入数据进行加工处理

B. 计算机能够自动完成信息处理

C. 计算器也是一种小型计算机

D. 虽然说计算机的功能很强大，但是计算机并不是万能的

46. 和外存储器相比，内存储器的特点是（　　）。

A. 容量大、速度快、成本低　　　　　　B. 容量大、速度慢、成本高

C. 容量小、速度快、成本高　　　　　　D. 容量小、速度慢、成本低

47. 计算机的 CPU 主要由运算器和（　　）组成。

A. 控制器　　　　　B. 存储器　　　　　C. 寄存器　　　　　D. 编辑器

48. 计算机的软件系统分为（　　）。

A. 程序和数据　　　　　　　　　　　　B. 工具软件和测试软件

C. 系统软件和应用软件　　　　　　　　D. 系统软件和测试软件

49. 计算机的硬件系统由五大部分组成，其中（　　）是整个计算机的指挥中心。

A. 运算器　　　　　B. 控制器　　　　　C. 接口电路　　　　D. 系统总线

50. 计算机软件系统一般包括系统软件和（　　）。

A. 字处理软件　　　B. 应用软件　　　　C. 管理软件　　　　D. 科学计算软件

51. 计算机系统的内部总线，主要分为（　　）、数据总线和地址总线。

A. DMA 总线　　　　B. 控制总线　　　　C. PCI 总线　　　　D. RS-232

52. 下面关于喷墨打印机特点的叙述中，错误的是（　　）。

A. 能输出彩色图像，打印效果好　　　　B. 打印时噪声不大

C. 需要时可以多层套打　　　　　　　　D. 墨水成本高，消耗快

53. 在下列关于信息技术的说法中，错误的是（　　）。

A. 微电子技术是信息技术的基础

B. 计算机技术是现代信息技术的核心

C. 光电子技术是继微电子技术之后近 30 年来迅猛发展的综合性高新技术

D. 信息传输技术主要是指计算机技术和网络技术

54. 按使用器件划分计算机发展史，当前使用的微型计算机，是（　　）计算机。

A. 集成电路　　　　　　　　　　　　　B. 晶体管

C. 电子管　　　　　　　　　　　　　　D. 超大规模集成电路

55. 把计算机分为巨型机、大中型机、小型机和微型机，本质上是按（　　）来区分的。

A. 计算机的体积　　　　　　　　B. CPU 的集成度

C. 计算机综合性能指标　　　　　　D. 计算机的存储容量

二、填空题

1. 微型计算机硬件系统中最核心的部件是_____。

2. 第一台电子计算机使用的逻辑部件是_____。

3. 微型计算机键盘上的 Alt 键称为_____。

4. 计算机的字长取决于_____总线的宽度。

5. 微型计算机存储系统中，PROM 是_____。

6. 系统软件中最重要的软件是_____。

7. 为解决某一特定问题而设计的指令序列称为_____。

8. 用户用计算机高级语言编写的程序，通常称为_____。

9. 微型计算机存储器系统中的 cache 是_____。

10. CPU 是计算机硬件系统的核心，它是由_____组成的。

11. 计算机中，一个字节由_____个二进制位组成。

12. 将二进制数 1100101.01 转换为十进制数是_____。

13. 在微型计算机中，应用最普遍的字符编码是_____。

14. 将高级语言程序直接翻译成机器语言程序的是_____。

15. 个人计算机简称 PC，个人计算机属于_____。

三、判断题

1. 集成电路芯片是计算机的核心。它的特点是体积小、重量轻、可靠性高，其工作速度与门电路的晶体管的尺寸无关。　　　　　　　　　　　　　　（　　　）

2. 计算机信息系统的特征之一是涉及的数据量大，因此必须在内存中设置缓冲区，用以长期保存系统所使用的这些数据。　　　　　　　　　　　　　（　　　）

3. 计算机已经被广泛使用，按照时代来划分可以分成集中计算模式、分散计算模式和网络计算模式三种。　　　　　　　　　　　　　　　　　　　　（　　　）

4. 世界上第一台计算机的电子元器件主要是晶体管。　　　　　　　（　　　）

5. 文字、图形、图像、声音等信息在计算机中都被转换成二进制数进行处理。

（　　　）

6. CPU 与内存的工作速度差不多，增加 cache 只是为了扩大内存的容量。

（　　　）

7. PC 的主板上有电池，它的作用是在计算机断电后，给 CMOS 芯片供电，保持芯片中的信息不丢失。　　　　　　　　　　　　　　　　　　　　　（　　　）

8. USB 接口是一种数据的高速传输接口，通常连接的设备有移动硬盘、U 盘、鼠标、扫描仪等。　　　　　　　　　　　　　　　　　　　　　　　　（　　　）

9. 当内存储器容量不够时，可通过扩大软盘或硬盘的容量来解决。　（　　　）

10. 计算机必须要有主机、显示器、键盘和打印机这四部分才能进行工作。

（　）
11. 硬盘是计算机的外部设备。 （　）
12. 计算机硬件系统中最核心的部件是CPU。 （　）
13. 内存储器是主机的一部分，可与CPU直接交换信息，存取时间快，但价格较贵，比外存储器存储的信息少。 （　）
14. 能自动连续地进行运算是计算机区别于其他计算装置的特点，也是冯·诺依曼型计算机存储程序原理的具体体现。 （　）
15. 声音获取设备包括传声器和声卡。声卡的作用是将声波转换为电信号。
（　）
16. 所有的十进制数都可以精确转换为二进制数。 （　）
17. 一台没有软件的计算机，人们称之为"裸机"。"裸机"在没有软件的支持下，不能产生任何动作，不能完成任何功能。 （　）
18. CPU主要由运算器、控制器和寄存器三部分组成。 （　）
19. 在计算机内部，一切信息存取、处理和传递的形式是ASCII码。 （　）
20. 指令是一种用二进制数表示的命令语言，多数指令由地址码与操作数两部分组成。
（　）

单元2 计算机操作系统

训练目标

- 学习操作系统的基本概念、功能和类型。
- 学会用 Windows 10 操作系统对计算机系统进行设置。
- 学会用 Windows 10 操作系统对文件和文件夹进行管理。

操作系统是整个计算机系统的管理与指挥机构，就像人脑的"神经中枢"一样，管理着计算机的所有资源。人们借助操作系统才能方便灵活地使用计算机，Windows 10 则是微软公司开发的跨平台操作系统，它是目前主流的操作系统。本单元首先介绍了操作系统的基础知识，然后着重介绍了 Windows 10 操作系统的文件管理，最后介绍了 Windows 10 操作系统的系统设置相关操作。

任务 2.1　了解计算机操作系统

知识要点

- 操作系统的概念。
- 操作系统的功能。
- 操作系统的类型。

操作系统

2.1.1　操作系统的概念

整个计算机系统由硬件和软件两大部分组成。操作系统是对计算机硬件功能的首次扩充，其他所有软件的运行都依靠操作系统的支持。操作系统是计算机软件的核心程序，是计算机系统中必不可少的系统软件。

操作系统是一组控制和管理计算机软硬件资源，合理地组织计算机工作流程，控制程序执行，并向用户提供各种服务功能，方便用户简单高效地使用计算机系统的程序集合。简言之，操作系统就是用户和计算机之间的接口，其作用一是管理系统的各种资源，二是提供良好的操作界面。

2.1.2　操作系统的功能

操作系统的主要任务是有效管理系统资源，提供方便的用户接口。操作系统通常都有进程管理、存储管理、设备管理、文件管理和用户接口这五个基本功能模块。

1. 进程管理

进程是一个具有一定独立功能的程序在一个数据集合上的一次动态执行过程。简言之，进程就是正在执行的程序。进程是计算机分配资源的基本单位。进程管理的功能主要包括进程创建、进程执行、进程通信、进程调度、进程撤销等。

2. 存储管理

存储管理是指对内存进行管理，负责内存的分配、保护及扩充。计算机的程序运行和数据处理都要通过内存来进行，因此对内存进行有效的管理是提高程序执行效率和保证计算机系统性能的基础。存储管理的功能主要包括存储分配、地址变换、存储保护和存储扩充。

3. 设备管理

设备管理是指对计算机外部设备的管理，是操作系统中用户和外部设备之间的接口。设备管理技术包括中断、输入输出缓存、通道技术和设备虚拟化技术等。设备管理的功能主要是设备分配与管理、进行设备 I/O 调度、分配设备缓冲区、设备中断处理等。

4. 文件管理

文件管理是指系统中负责存储和管理外存中的文件信息的那部分软件。文件管理是操作系统中用户和外存设备之间的接口。文件管理的功能主要是文件存储空间管理、文件等操作管理、文件目录管理、文件保护等。

5. 用户接口

用户接口是指操作系统向用户提供简单、友好的用户界面，使用户无须了解更专业的知识就能灵活地使用计算机。通常操作系统提供给用户两种接口方式，即命令接口和程序接口。目前，命令接口多以图形界面的形式提供给用户，而程序接口则在编程时使用。

2.1.3 操作系统的类型

1. 大型机操作系统

大型机（mainframe computer），也称为大型主机。大型机使用专用的处理器指令集、操作系统和应用软件。最早的操作系统是针对 20 世纪 60 年代的大型主机结构开发的，由于对这些系统在软件方面做了巨大投资，因此原来的计算机厂商继续开发与原来操作系统相兼容的硬件与操作系统。这些早期的操作系统是现代操作系统的先驱。现代的大型主机一般也可运行 Linux 或 Unix 变种。

2. 服务器操作系统

服务器操作系统（server operating system，SOS），又称网络操作系统，一般指的是安装在大型计算机上的操作系统，如 WEB 服务器、应用服务器和数据库服务器等，是企业 IT 系统的基础架构平台。

同时，服务器操作系统也可以安装在个人计算机上。相比个人版操作系统，在一个具体的网络中，服务器操作系统要承担额外的管理、配置、稳定、安全等功能，处于每个网络中的心脏部位。服务器操作系统主要有：Windows、Netware、Unix、Linux。

3. 个人机操作系统

随着计算机应用的日益广泛，许多人都能拥有自己的个人计算机，在个人计算机上配置的操作系统称为个人计算机操作系统。目前，在个人计算机和工作站领域有两种主流操作系统，一种是微软公司提供的具有图形用户界面（graphical user interface，GUI）的视窗操作系统 Windows，另一种是 Unix 系统和 Linux 系统。

Windows 操作系统的前身是 MS-DOS。MS-DOS 是微软公司早期开发的磁盘操作系统，其应用十分广泛，具有设备管理、文件系统功能，提供键盘命令和系统调用命令。后来，MS-DOS 逐渐发展成为界面色彩丰富、使用直观方便、具有图形用户界面的 Windows 操作系统。

Unix 系统是一个多用户分时操作系统，自 1970 年问世以来十分流行，它运行在从高档个人计算机到大型机等各种不同处理能力的机器上，提供了良好的工作环境；它具有可移植性、安全性，提供了很好的网络支持功能，大量用于网络服务器。目前十分受欢迎的、开放源码的操作系统 Linux，则是用于个人计算机的、类似 Unix 的操作系统。

4. 多处理机操作系统（multiprocessors operating system）

广义上说，使用多台计算机协同工作来完成所要求的任务的计算机系统都是多处理机操作系统。传统的狭义多处理机操作系统是指利用系统内的多个 CPU 并行执行用户多个程序，以提高系统的吞吐量或用来进行冗余操作以提高系统的可靠性。

多处理机操作系统是多个处理机（器）在物理位置上处于同一机壳中，有一个单一的系统物理地址空间，每一个处理机均可访问系统内的所有存储器。多处理机操作系统一般应用于并行处理机。并行处理机又叫 SIMD（single instruction multiple data，单指令流多数据流）计算机。它是单一控制部件控制下的多个处理单元构成的阵列，所以又称阵列处理机。多处理机是由多台独立的处理机组成的系统。

5. 移动设备操作系统

移动设备操作系统（mobile operating system，MOS）主要应用在智能手机上。主流的智能手机有谷歌 Android 和苹果的 iOS 等。智能手机与非智能手机都支持 Java，智能机与非智能机的区别主要看能否基于系统平台的功能扩展，非 Java 应用平台，还有就是支持多任务。

目前，在智能手机市场上仍以个人信息管理型手机为主，随着更多厂商的加入，整体市场的竞争已经开始呈现出分散化的态势。目前应用在手机上的操作系统主要有 Android（谷歌）、iOS（苹果）、Windows Phone（微软）、Symbian（诺基亚）、BlackBerry

OS（黑莓）、Windows Mobile（微软）等。

6. 嵌入式操作系统

嵌入式操作系统（embedded operating system，EOS）是一种用途广泛的系统软件，过去它主要应用于工业控制和国防系统领域。EOS负责嵌入系统的全部软件和硬件资源的分配及任务调度、控制、协调并发活动。它必须体现其所在系统的特征，能够通过装卸某些模块来达到系统所要求的功能。

流行的嵌入式操作系统包括 VxWorks、Nucleus、Windows CE、嵌入式 Linux 等，它们广泛应用于国防系统、工业控制、交通管理、信息家电、家庭智能管理、POS 网络、环境工程与自然监测、机器人等领域。

2.1.4　常见的操作系统

1. Windows 操作系统

Windows 操作系统是由美国微软公司基于图形用户界面研发的一种操作系统，主要应用于计算机、智能手机等设备。Windows 操作系统以 MS-DOS 为基础，最初目标是提供一种多任务的图形用户界面。随着时间的推移，Windows 操作系统逐渐发展成为主要为个人计算机和服务器用户设计的操作系统，最终获得了世界个人计算机操作系统的垄断地位。

自 1985 年推出 Windows 1.0 以来，Windows 操作系统经历了多次重大变革，包括运行在 DOS 下的 Windows 3.0，以及后来风靡全球的 Windows95、Windows98、WindowsXP、Windows7、Windows8 和 Windows10。

作为用户与计算机之间的接口，Windows 操作系统负责管理计算机系统的全部硬件资源和控制软件的执行，同时也提供了一个让用户与系统交互的操作界面。该系统的主要特点包括易于使用和学习、全球应用最广泛、拥有丰富的软件生态系统、支持多任务处理等。此外，它还提供了许多功能，如文件管理、网络连接、多媒体播放、游戏等。

2. Unix 操作系统

Unix 操作系统是一个庞大的家族，具有众多的版本，但在本质上它们均是一个基于分时操作思想的实现。Unix 的出现极大地改变了操作系统的发展道路，几乎所有正在使用的操作系统均借鉴了它的思想。Unix 系统采取了模块化的思想，利用一个小巧精干的内核和包裹在外面的庞大的软件系统组成。所有应用软件和用户程序都通过对内核的调用来操作计算机系统，完成任务。这不仅降低了编程人员的工作难度，而且精简了系统本身，提高了对计算机资源的利用效率。

3. Linux 操作系统

Linux 操作系统 1991 年诞生于芬兰赫尔辛基大学。一个名叫林纳斯·托瓦兹（Linus Torvalds）的瑞典学生仿照当时流行的一种 Unix 变体 Minix 编写了一个高度实验性的操作系统，并在国际互联网上发布，允许任何人下载、使用和修改。于是遍布全球的众多编程高手、计算机玩家、黑客等纷纷加入其中，作为一个没有任何商业目的、彻底的自发性组织，完全出于对计算机的爱好和对新领域探索的强烈好奇心。在 Linus 的领导下，在互联网的支持下，在全世界用户的帮助下，一套在功能上毫不逊色于任何功能强大的商业操作系统的全免费类 Unix 操作系统——Linux 开发出来了，并在短短的几年内风靡全球，逐渐成为 Windows 操作系统的一个主要竞争对手，在很多方面 Linux 已经逼近甚至超越了 Windows 操作系统。

4. MacOS

MacOS 是苹果公司推出的操作系统，它基于稳定的 Unix 系统，设计简单直观，让处处创新的 MacOS 安全易用，高度兼容。MacOS 既简单易用又功能强大。从启动 MacOS 后所看到的桌面，到日常使用的应用程序，都设计得简约精致。无论是浏览网络、查看邮件还是和外地朋友视频聊天，所有事情都简单高效。当然，简化复杂任务要求尖端科技，而 MacOS 就拥有这些尖端科技。它不仅使用基础坚实、久经考验的 Unix 系统提供空前的稳定性，还提供超强性能、超炫图形并支持互联网标准。有媒体评价 MacOS 是最绚丽、最简单、最安全的操作系统。

5. iOS

iOS 是由苹果公司开发的手持设备操作系统。苹果公司在 2007 年 1 月 9 日的 Macworld 大会上公布了这个系统。最初是设计给 iPhone 使用的，后来陆续套用到 iPod touch、iPad 以及 Apple TV 等苹果产品上。iOS 与苹果的 MacOS 操作系统一样，它也是以 Darwin（苹果公司早期开发的一个开放原始码的操作系统）为基础的，因此同样属于类 Unix 的商业操作系统。原本这个系统名为 iPhone OS，直到 2010 年 6 月 7 日全球开发者大会（worldwide developers conference，WWDC）上宣布改名为 iOS。

6. Android 操作系统

Android 操作系统是一种基于 Linux 的自由及开放源代码的操作系统。Android 操作系统具有多样的功能，如多任务处理、通知、语音识别、虚拟键盘等。它还拥有丰富的应用程序生态系统，支持多种语言和应用软件，用户可以通过应用商店下载和安装各种应用程序。此外，Android 操作系统是一个开源的操作系统，允许开发者自由修改和定制，以满足不同的需求。这种灵活性使得 Android 操作系统可以在各种不同的设备上运行，包括智能手机、平板电脑、智能手表、智能电视等。

7. 鸿蒙操作系统（HarmonyOS）

鸿蒙操作系统是华为公司自主研发的全场景分布式操作系统。它于 2019 年 8 月首次发布，该系统的设计初衷是为了适应未来智能时代所有智能设备的运行需求，具有跨平台、低延迟、高安全性的特点，它支撑全场景、跨多设备部署和使用。以下是鸿蒙操作系统的一些主要特点。

1）微内核设计：鸿蒙操作系统采用了微内核设计，这使其能够在不同的设备上提供灵活部署。微内核旨在减少系统运行中的不稳定因素和安全隐患。

2）分布式架构：鸿蒙操作系统最大的特色之一是其分布式架构，其允许多个设备的软硬件资源在有需求时整合在一起，形成一个超级虚拟设备。这种架构使得应用开发者能够更方便地为多种设备提供服务，而不需要为每一种设备单独开发应用。

3）全场景覆盖：鸿蒙操作系统不仅仅是为智能手机设计的，它同样适用于包括智能手表、智能家居、车载系统、智能屏等在内的广泛智能设备。

4）性能优异：鸿蒙操作系统针对物联网时代的需求进行了优化，提供了高性能和低延迟的体验。例如，其延迟技术可以实现任务的实时调度，大幅提升系统流畅性。

5）安全性高：微内核的设计可以有效地减少安全漏洞。同时，鸿蒙操作系统还采用了正式验证方法，这是一种数学方法用于极端情况下验证系统的安全性，可以避免传统操作系统中的安全隐患。

6）IDE 多端部署：鸿蒙操作系统的集成开发环境（integrated development environment，IDE）支持一次开发、多端部署。这意味着开发者可以更加容易地将应用部署到不同类型的设备上，而无须针对每种设备重写代码。

7）生态兼容性：鸿蒙操作系统也在努力构建自己的生态系统。华为希望通过鸿蒙操作系统吸引全球开发者来构建一个健康的应用生态，同时也在努力实现与其他系统的兼容性。

鸿蒙操作系统的发布和推广，体现了华为在全球科技舞台上的竞争力，以及在可能遭遇软件供应链断裂情况下的战略自主性。随着华为和其他硬件制造商的支持，鸿蒙操作系统可能会在未来的智能设备市场中扮演越来越重要的角色。

8. 麒麟操作系统（KylinOS）

麒麟操作系统是华为公司为了降低对外依赖，提升信息安全和自主可控能力而自主研发的一款操作系统。它基于 Linux 内核，并结合了华为自主创新的技术。以下是麒麟操作系统的一些主要特点。

1）基于 Linux 内核：系统使用稳定、可靠的 Linux 内核作为基础，具有良好的兼容性和扩展性。

2）麒麟桌面环境：系统配备自主研发的麒麟桌面环境，提供了直观、易用的用户界面和操作方式。

3）安全性：系统注重安全性，提供了多种安全机制和防护措施，包括用户权限管理、文件加密、网络安全等。

4）中文支持：系统具备对中文的良好支持，包括中文输入法、中文界面和中文本地化软件支持。

5）应用软件兼容性：系统支持常用的办公软件和应用程序，包括国内外常用的办公套件、浏览器、媒体播放器等。

麒麟操作系统是我国自主研发的 PC 端操作系统，具有稳定性、安全性和中文支持等特点。在政府、教育、企业和科研机构等得到了广泛应用。随着国内技术的不断发展和改进，麒麟操作系统将继续提供更好的用户体验和更广泛的应用领域。

任务 2.2　Windows 10 文件及文件夹管理

知识要点
- Windows 10 基本操作。
- Windows 10 文件管理。

2.2.1　Windows 10 系统简介

Windows 10 操作系统是美国微软公司研发的一种跨平台、跨设备的封闭性操作系统。它于 2015 年正式发布，主要用于计算机和平板电脑等设备。Windows 10 操作系统在易用性和安全性方面做出了显著的改进，并且针对云服务、智能移动设备、自然人机交互等新技术进行了融合。此外，它还对固态硬盘、生物识别、高分辨率屏幕等硬件进行了优化完善。

Windows 10 操作系统包括多个版本，能满足不同用户的需求：Windows 10 Home 是为家庭用户提供的，包含基本的功能和特性；Windows 10 Pro 则适用于商业用户和专业用户，提供了更多的安全性和管理功能；Windows 10 Enterprise 是为企业用户提供的，具有更高的灵活性和可扩展性。

1. Windows 10 操作系统的新特点

（1）开始菜单的改进

Windows 10 操作系统重新引入了开始菜单，将传统的开始菜单和 Windows 8 操作系统的启动屏幕进行了结合。开始菜单具有传统的应用程序列表和磁贴式的动态更新，使用户能够轻松访问常用应用程序和实时信息。

（2）Cortana 助手

Windows 10 操作系统集成了 Cortana，用户可以使用语音命令或键盘输入与 Cortana 进行交互，它可以帮助用户搜索信息、设置提醒、管理日历、提供天气预报等。

（3）虚拟桌面

Windows 10 操作系统引入了虚拟桌面功能，允许用户创建多个桌面环境，以便更好地组织和切换任务。这对于多任务处理和提高工作效率非常有用。

（4）Microsoft Edge 浏览器

Windows 10 操作系统默认的浏览器是 Microsoft Edge。Edge 浏览器具有更快的网页加载速度、更强的性能和更好的兼容性，而且它还提供了注释和分享网页的功能。

（5）通知中心

Windows 10 操作系统新增了一个通知中心，用户可以在任务栏上方的系统托盘中查看和管理通知。通知中心可以显示系统提醒、应用程序通知和操作提示，使用户能够更方便地了解和处理通知。

（6）安全性增强

Windows 10 操作系统引入了许多安全性功能，如 Windows Hello 面部识别、指纹识别、设备加密和安全启动等。这些功能提供了更强的身份验证和数据保护，帮助用户保护个人隐私和敏感信息。

2. Windows 10 操作系统的桌面

启动 Windows 10 登录操作系统后，呈现在用户屏幕上的是 Windows 10 操作系统的桌面，如图 2.1 所示。初始化的 Windows 10 操作系统桌面清新、简洁。桌面主要由桌面图标、桌面背景和任务栏三部分组成。

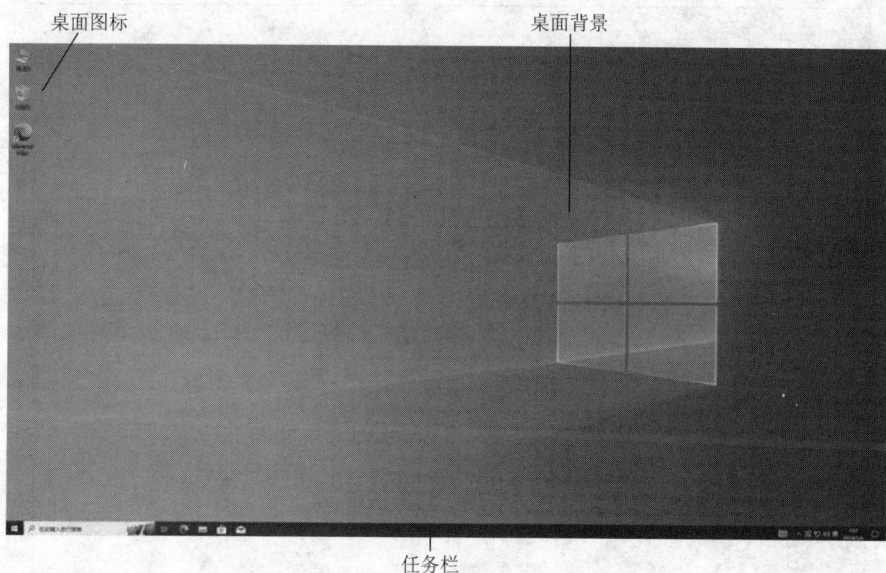

图 2.1　Windows 10 操作系统桌面

（1）桌面图标

在 Windows 10 操作系统桌面上有若干个上方是图形、下方是文字说明的组合，这种组合称为图标。在 Windows 10 操作系统中，用户主要通过单击图标对计算机的程序、驱动器、文件和文件夹等进行操作。在桌面图标中，一部分是计算机安装 Windows 10 操作系统后自动出现的系统图标，还有一部分是用户在 Windows 10 操作系统中安装应用软件后自动添加或用户自行添加的快捷方式图标。常见的桌面图标如图 2.2 所示。

图 2.2　桌面图标

"此电脑"包含计算机硬盘中存储的数据和各类对象，利用其可以浏览计算机磁盘的内容、进行文件管理工作、更改计算机软硬件配置和管理打印机等。

"回收站"用于存储被删除的文件和文件夹。当用户删除文件或文件夹时，它们并不会立即永久删除，而是被移动到了回收站。回收站可以帮助用户恢复不小心删除的文件，并避免了数据丢失的风险。同时，回收站也提供了彻底删除文件的选项，以便用户可以永久删除不需要的文件。

Microsoft Edge 是 Windows 10 操作系统的默认浏览器。它界面清晰、直观，提供了一流的浏览体验，被广泛应用于各种场景，包括个人使用、工作环境和教育等。

  用户可以对系统图标进行设置。在桌面空白处右击，在弹出的快捷菜单中选择"个性化"命令，打开"设置"窗口，如图 2.3 所示，在左侧的"个性化"导航栏中选择"主题"选项，进入主题设置界面，选择界面右侧的"桌面图标设置"选项，打开"桌面图标设置"对话框，选择想要在桌面上显示的系统图标，如图 2.4 所示。接下来单击"更改图标"按钮，打开"更改图标"对话框，在图标列表中或计算机存储的图片中选择图形作为系统图标，如图 2.5 所示。

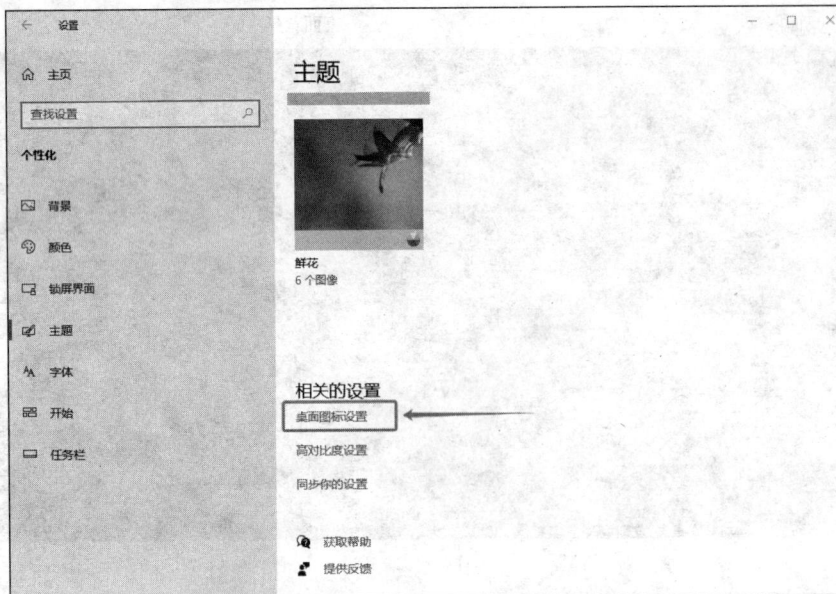

图 2.3 主题设置界面

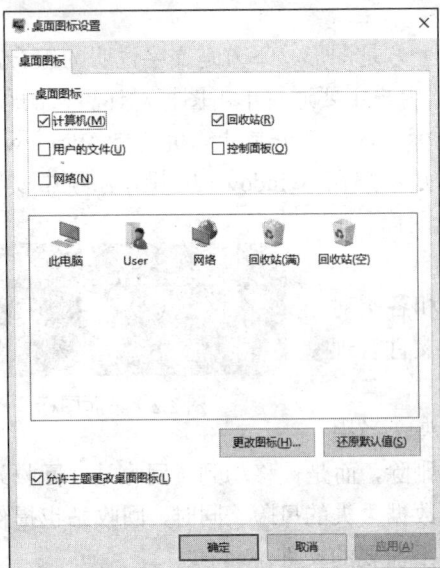

图 2.4 桌面图标设置界面

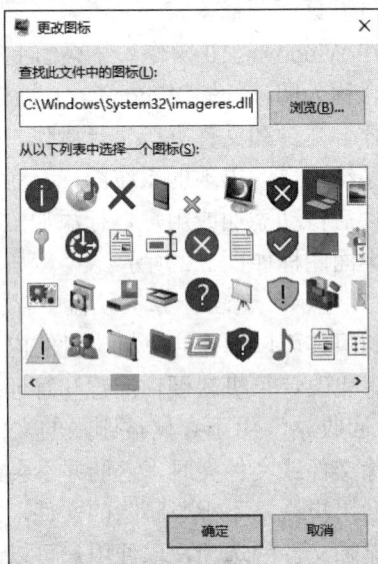

图 2.5 更改图标界面

（2）桌面背景

桌面背景是指操作系统中用于显示在桌面上的背景图像或壁纸。Windows 10 操作系统提供了许多预设的桌面背景，可供众多用户选择，同时也允许用户自定义设置自己喜欢的背景图。

Windows 10 操作系统的桌面背景具有以下特点。

1）高清图像：Windows 10 操作系统提供高质量的图像作为桌面背景，可呈现清晰的细节和鲜艳的色彩。

2）多样化选择：用户可以从 Windows 10 操作系统提供的丰富图库中选择自己喜欢的背景图像，包括各种风景、动物、抽象艺术等。

3）动态背景：除了静态图像，Windows 10 操作系统还支持动态背景，用户可以设置为动态壁纸，使桌面上的图像时不时变换，享受更丰富的视觉体验。

4）自定义设置：Windows 10 操作系统允许用户根据自己的喜好设置桌面背景，包括调整图像的显示方式、平铺、居中或拉伸，以及更改背景的亮度和对比度。

5）个性化主题：用户可以创建自定义的个性化主题，将桌面背景、窗口颜色、鼠标指针等元素进行统一设置，以实现独具个性的桌面外观。

（3）任务栏

任务栏是桌面底部的水平条形区域，如图 2.6 所示。任务栏的主要作用是快速访问常用功能、运行应用程序和管理任务，并且利用它可以在多个任务窗口之间方便切换。Windows 10 操作系统的任务栏主要由"开始"按钮、搜索栏、通知区域、"任务视图"按钮、任务栏图标区域五部分组成。

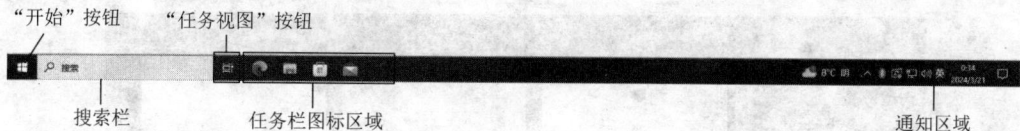

图 2.6　任务栏

1）"开始"按钮：任务栏的最左侧是一个圆形图标，单击它会打开开始菜单。

2）搜索栏：用户可以在这里输入关键词来进行文件搜索、应用程序启动等操作。单击搜索框或者直接输入文字，就可以进行文件、应用程序、设置等方面的搜索，并且在搜索结果中，还会显示相关的互联网搜索结果。

3）通知区域：该区域显示了一些系统工具和通知图标。常见的图标包括：音量控制、网络连接、电池电量、输入法、日期和时间等。用户可以通过单击这些图标来打开相应的工具或查看通知。

4）"任务视图"按钮：位于搜索按钮的右侧，用于查看和管理当前打开的应用程序和虚拟桌面。单击该按钮将打开任务视图，用户可以在其中进行应用程序的切换和组织，如图 2.7 所示。

5）任务栏图标区域：该区域主要用于显示已固定或正在运行的应用程序或文件。为方便用户在各个应用程序的任务窗口间切换，Windows 10 操作系统任务栏图标区域有下述实用功能。

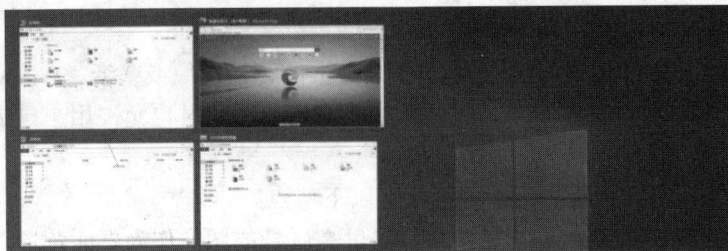

图 2.7　任务视图界面

任务预览：将鼠标悬停在任务栏图标区域的应用程序图标上，会显示相应应用程序窗口的缩略图。这样用户可以快速查看并选择要切换的窗口。如果同时打开多个窗口，可以使用任务预览来迅速定位和选择窗口，如图 2.8 所示。

图 2.8　任务预览界面

切换应用程序：任务栏图标区域显示了已经打开或运行的应用程序的图标。通过单击应用程序的图标，可以方便地在不同的应用程序之间进行切换。如果一个应用程序有多个窗口打开，可以通过在图标上右击来快速查看和切换窗口，如图 2.9 所示。

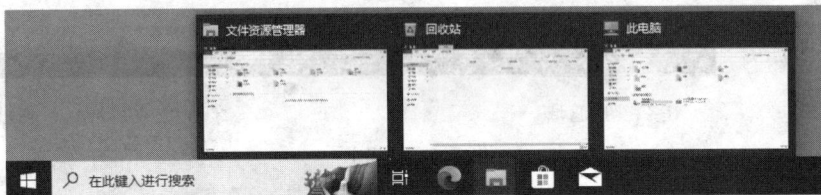

图 2.9　切换应用程序界面

快速启动应用程序：用户可以将常用的应用程序固定到任务栏上，以便快速访问。固定应用程序后，只需单击相应的图标，即可快速启动应用程序。这样可以提高工作效率，避免每次都需要通过开始菜单或桌面图标来启动应用程序。

（4）开始菜单

在 Windows 10 操作系统中几乎所有的操作可以通过开始菜单开始，"开始"按钮是用来运行 Windows 10 操作应用程序的入口，它提供了一个选项列表，包含了计算机中所有安装程序的快捷方式。通过开始菜单，用户可以快速启动其他应用程序，查找文件及获得帮助等针对计算机操作的大部分功能。

用户除可以用鼠标单击选择开始菜单外，还可以通过键盘来启动开始菜单，方法是按 Ctrl+Esc 键。

Windows 10 操作系统的开始菜单是由"开始"按钮、磁贴区域、常用应用程序列表、文件夹和设置、最近添加的应用程序以及电源和用户区域组件组成的。其中，各个组件所具有的功能如下。

1）"开始"按钮：开始菜单的左下角有一个"开始"按钮，它是开始菜单的入口。单击"开始"按钮可以打开或关闭开始菜单。

2）磁贴区域：开始菜单的右侧是一个磁贴区域。磁贴是一种动态的图标，可以显示应用程序的实时信息或提供快速访问的功能。用户可以通过拖放来添加或删除磁贴，以便自定义开始菜单。

3）常用应用程序列表：在开始菜单的左侧，磁贴区域的上方，有一个常用应用程序列表。它显示了用户最常用的应用程序的图标和名称。用户可以直接单击这些图标来快速启动应用程序。

4）文件夹和设置：在常用应用程序列表下方，开始菜单显示了一些常用的文件夹和系统设置选项。例如，用户可以通过单击"文件资源管理器"来访问文件资源管理器，单击"设置"来打开系统设置。

5）最近添加的应用程序：开始菜单的底部显示了最近添加的应用程序列表。这些应用程序的图标和名称根据用户最近的使用情况自动更新。

6）电源和用户区域：在开始菜单的底部右侧，有一个电源按钮和用户区域。用户可以单击电源按钮来关机、重启或睡眠计算机，单击用户区域可以切换用户账户或注销。

Windows 10 操作系统允许用户自定义开始菜单，以满足用户对开始菜单的个性化需求，如图 2.10 所示。以下是开始菜单中一些自定义选项的介绍。

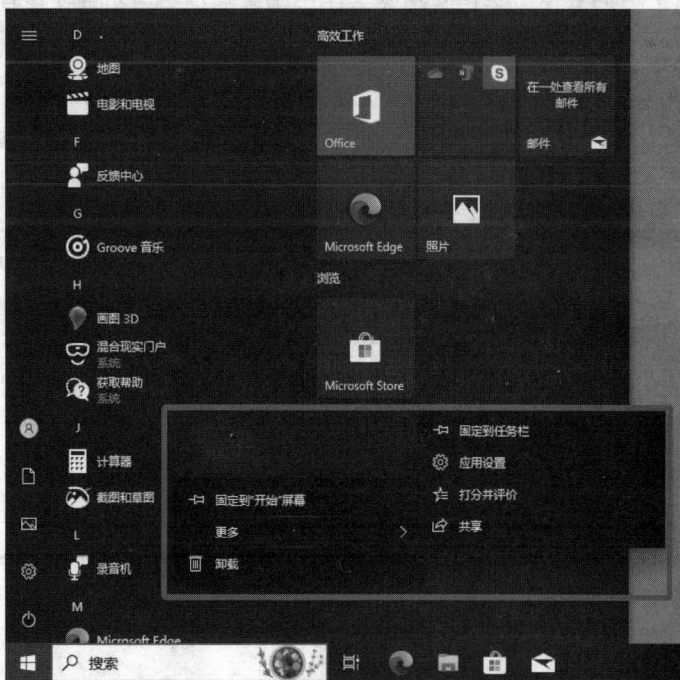

图 2.10　Windows 10 操作系统自定义开始菜单

1）调整开始菜单尺寸：用户可以调整开始菜单的大小，以适应自己的屏幕空间和显示需求。可以通过将鼠标指针悬停在开始菜单的边缘，然后拖动来调整大小。

2）重新排列磁贴：开始菜单的磁贴区域可以根据用户的喜好重新排列。用户可以通过拖动磁贴来调整它们的位置，使得常用的应用程序更容易访问。

3）添加或删除磁贴：用户可以根据自己的需要添加或删除磁贴。通过右击磁贴，可以选择将其从开始菜单中移除，或将其固定到开始菜单。

4）自定义常用应用程序列表：用户可以自定义常用应用程序列表，将最常用的应用程序放在开始菜单的顶部，以便更快地访问。

5）个性化开始菜单样式：Windows 10 操作系统提供了一些个性化选项，可以更改开始菜单的颜色、背景图像以及磁贴的外观。

6）隐藏或显示最近的应用程序列表：如果用户不希望在开始菜单中显示最近使用的应用程序，可以选择隐藏最近的应用程序列表。

2.2.2　Windows 10 基本操作

Windows 10 操作系统的基本操作主要包括 Windows 10 操作系统的启动、睡眠、关机与重启，窗口、菜单、对话框、鼠标操作、键盘操作等。

1. Windows 10 操作系统的启动、睡眠、关机与重启

Windows 10 操作系统有启动、睡眠、关机、重启几个操作选项，如图 2.11 所示。其中，开启功能是启动计算机并加载 Windows 10 操作系统。睡眠功能可以快速恢复计算机状态，适用于短期离开但不想关闭所有应用程序的情况。关机功能是完全关闭计算机的电源，适用于不需要立即恢复工作状态的情况；重启功能是关闭计算机然后重新启动系统，适用于解决系统问题或进行安装更新的情况。我们应该根据自身的需要和具体的实际情况选择相应的功能，每个操作的详细步骤介绍如下。

图 2.11　Windows 10 的睡眠、关机与重启

（1）启动 Windows 10 操作系统的方法

按下电源按钮：按下计算机或设备上的电源按钮，通常位于计算机机箱的前面板或侧面板上。如果是笔记本式计算机，电源按钮通常位于键盘区域或侧边。

等待系统启动：一旦按下电源按钮，计算机开始启动。在启动过程中，屏幕可能会显示计算机制造商的标志，然后进入 Windows 10 操作系统的启动界面。

输入用户名和密码：一旦系统启动完成，屏幕会显示登录界面。在此界面上，输入用户名和密码，然后单击"登录"按钮。如果设置了 PIN 码或面部识别等其他登录方式，可以选择使用这些方式登录。

等待系统加载：一旦成功登录，Windows 10 操作系统将加载个人设置和桌面。这可能需要等待一段时间，直到系统完全加载。

（2）Windows 10 操作系统的睡眠操作

睡眠功能是将计算机置于低功耗状态，但保留所有的打开应用程序和文档的状态，使计算机能够快速恢复到工作状态。睡眠功能节能，而且比关机更快恢复。

要进入睡眠状态，可以按以下步骤操作：单击 Windows 操作系统"开始"按钮，选择"电源"图标，通常位于开始菜单左下角。在弹出的菜单中，单击"睡眠"选项。或者使用快捷键将系统设置为睡眠模式：同时按下键盘上的 Win 和 X 键。在弹出的快捷菜单中，选择"电源"选项。在电源选项菜单中，选择"睡眠"选项即可。

Windows 10 操作系统进入睡眠模式后，如果想要唤醒计算机，只需按下电源按钮，或者按下键盘上的任意键即可。

（3）Windows 10 操作系统的关机操作

关机功能是完全关闭计算机的电源并停止所有的运行和打开的应用程序。关闭计算机后，需要重新按下电源按钮才能再次开启计算机。

要将 Windows 10 操作系统关闭，可以按以下步骤操作：单击 Windows 10 操作系统"开始"按钮，选择"电源"图标，通常位于开始菜单左下角。在弹出的菜单中，选择"关机"选项。或者使用快捷键将系统设置关闭：同时按下键盘上的 Ctrl、Alt 和 Delete 键。在弹出的界面中，选择"电源"→"关机"选项即可。

（4）Windows 10 操作系统的重新启动操作

重启功能是关闭计算机，然后立即重新启动系统。重启可以解决一些系统问题，也是安装某些软件或更新后需要进行的操作。

要将 Windows 10 操作系统重新启动，可以按以下步骤操作：单击 Windows 开始按钮，选择"电源"图标，通常位于开始菜单左下角。在弹出的菜单中，单击"重启"选项。或者使用快捷键将系统设置关闭：同时按下键盘上的 Ctrl、Alt 和 Delete 键。在弹出的界面中，选择"电源"→"重启"选项即可。

注意：在关闭或重新启动计算机之前，要确保保存所有需要的文件和工作进度，并且关闭所有正在运行的应用程序。这可以避免数据丢失和系统损坏。

2. 窗口

Windows 本身就是一个基于窗口的操作系统，窗口为用户提供了一个开放式的操作界面，所谓"视窗操作系统"也源于此。一个典型的窗口如图 2.12 所示。

（1）窗口的组成

应用程序启动之后，操作系统会在桌面上开辟一个矩形区域以显示相关信息，这个矩形区域就称为"Window"，中文称之为"窗口"，因此窗口是 Windows 中最基本的元素，其组成包括以下几个部分。

1）标题栏：位于窗口顶部，其右边是最大化、最小化和关闭按钮。

2）菜单栏：位于标题栏的下方，包含用户所能使用的各类命令按钮以及选项。

3）工具栏：将常用的选项设置为按钮，以方便操作者的使用。

4）地址栏：一般情况下显示当前文件在系统中的位置。在地址栏中单击"▶"按钮，从弹出的下拉列表中选择地址，可快速转换至该地址对应的窗口。单击地址左侧的

"返回"按钮可切换到上一次浏览的窗口，此时单击前进按钮可返回之前的窗口。

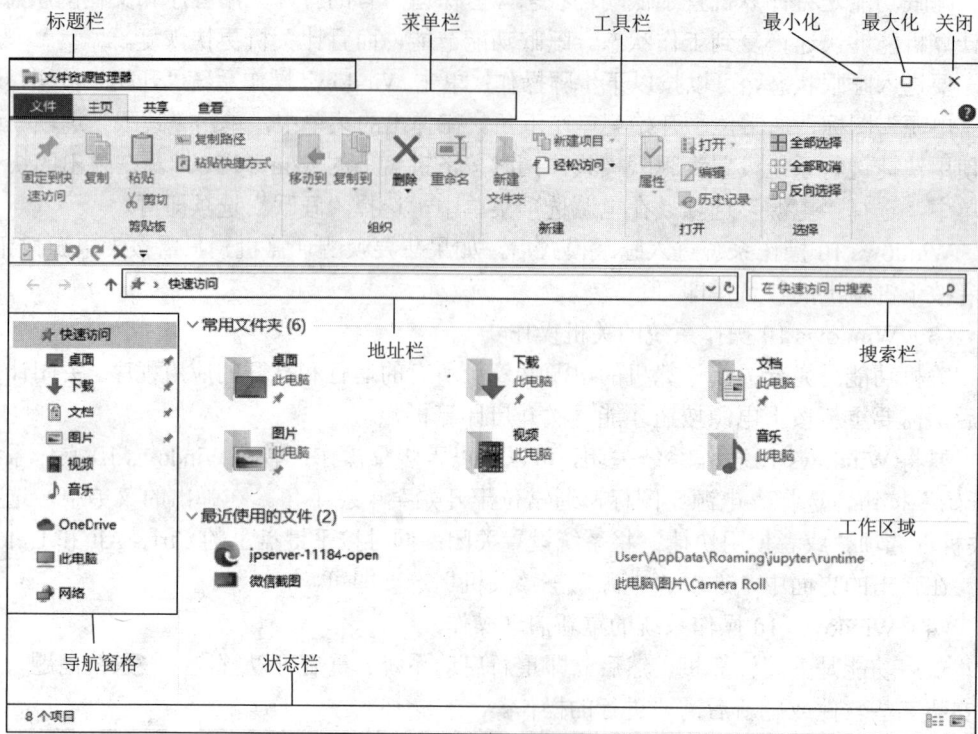

图 2.12   Windows 10 的窗口

5）搜索栏：在其中输入要搜索的内容，就能展开搜索，并且在窗口工作区中显示搜索结果。

6）导航窗格：用于方便管理计算机中的文件资源，其中列出与当前计算机相关的文件以及文件夹，一般包括"快速访问""此电脑""桌面""网格"等部分，单击每个选项前面的"▶"按钮，可展开显示其中的内容。

7）窗口工作区：通常指的是一个应用程序窗口内除边框和用户界面控件之外可以显示和操作对象，并且用户可以与之互动的区域。

8）状态栏：位于窗口的最下方，可以显示文件或文件夹的总数、计算机的配置信息、当前选择对象的工作状态等。

（2）窗口的相关操作

窗口是 Windows 10 操作系统的基础，运行一个程序或打开一个文件，都会在桌面上打开一个与之相对应的窗口。下面介绍窗口的基本操作。

1）切换窗口。Windows 是一个"多任务"系统，允许同时启动多个应用程序。在所有打开的窗口中，最上面的窗口称为活动窗口，而其他窗口则称为非活动窗口。无论打开多少个窗口，当前操作窗口只能有一个。只有将窗口切换成当前窗口，才能对其进行编辑，切换窗口主要有如下几种方式。

单击窗口可见部分：当需要切换的窗口显示在桌面中，并且可以看见其部分窗口时，单击该窗口的任意位置即可将其切换为当前窗口。

单击任务按钮：在任务栏中单击某个窗口对应任务按钮，可将该窗口切换为当前窗口。

按 Alt+Tab 组合键：在打开的任务切换栏中将显示所有已打开的窗口缩略图，按住 Alt 键不放，每按一下 Tab 键则向右选择一个窗口的缩略图，释放按键即可切换到所需窗口，如图 2.13 所示。

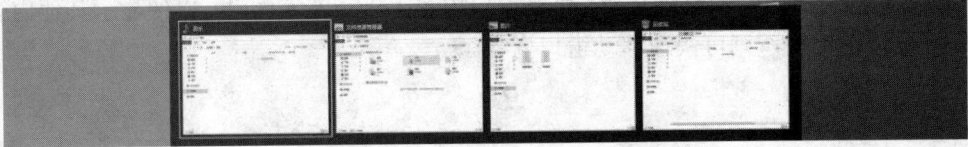

图 2.13　Windows 10 的窗口切换

2）排列窗口。桌面上所有打开的窗口，可以采取层叠和并排两种方式进行排列，如图 2.14 和图 2.15 所示。用户可以按照自己的需要选择合适的排列方式。

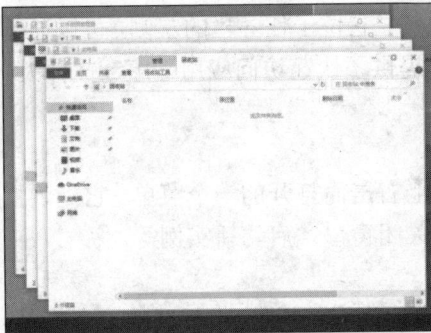

图 2.14　Windows 10 窗口层叠排列　　　　图 2.15　Windows 10 窗口并排排列

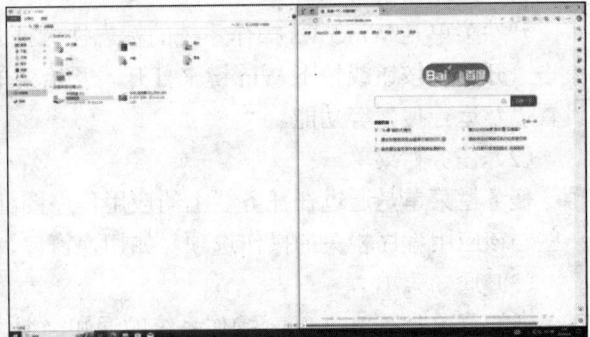

3）最大化、最小化和关闭窗口。在窗口标题栏右上角有三个按钮，分别为最小化、最大化和关闭按钮。

单击"最小化"按钮，可将窗口缩小为"任务栏"上的一个按钮，再次单击"任务栏"上的对应按钮，可以还原该窗口。

单击"最大化"按钮，可将窗口扩大至整个屏幕，同时窗口右上角的"最大化"按钮变为"向下还原"按钮。如果单击"向下还原"按钮，则窗口恢复原来的大小，当窗口被最大化后，窗口既不能移动也不能缩放。双击窗口标题栏的蓝色区域，也可实现窗口的最大化或还原操作。

单击"关闭"按钮，可以关闭窗口并退出应用程序，同时从任务栏上移去相应的按钮。双击窗口左上角的控制图标，或按 Alt+F4 组合键，也可关闭窗口。单击窗口左上角的控制图标，在弹出的下拉菜单中选择"关闭"选项，同样可以关闭窗口并退出相应操作。

4）窗口的调整和移动。当打开的窗口较多时，有些窗口就被其他窗口挡住了，为了看到被其他窗口挡住的内容或同时看到几个窗口中的内容，需要移动窗口和调整窗口的大小。如果移动窗口，则将鼠标指针指向窗口的标题栏并按住鼠标左键不放，同时拖动鼠标指针到指定位置，释放鼠标左键即可完成窗口的移动。如果要改变窗口的大小，可把鼠标指针移到窗口的四个边框或四个角上，当鼠标指针变为双向箭头时，按下鼠标左键并拖动，就可以调整窗口的大小。

注意：窗口只能移动、调整、打开和关闭，不能删除窗口。

5）滚动条。滚动条的显示与窗口的大小以及内容的大小有关，不是所有窗口都会显示滚动条。当显示的内容超过窗口的显示区域时，在窗口右边和下边会出现相应的滚动条，以便用户滚动查看剩余的内容。滚动条两端有两个带箭头的滚动按钮以及一个滑动块。用鼠标单击两端的滚动按钮，可将窗口内容上下或左右滚动，以便显示其他内容。用鼠标拖动滑动块，则可快速移动窗口内容。

3. 菜单

菜单是一组操作命令的集合，用户可以从中选择相应的命令来执行。它是一种操作向导，通过简单的鼠标单击即可完成各种操作。

一般地，Windows 10 操作系统中主要有四种形式的菜单。

（1）开始菜单

开始菜单是 Windows 操作系统的标志性特征之一。它位于任务栏的左侧，可以通过单击"开始"按钮或按下 Win 键来打开。开始菜单提供了快速访问应用程序、文件夹、设置以及运行搜索等功能。

（2）任务栏菜单

任务栏菜单是通过在任务栏上的应用程序图标上右击而打开的一个菜单。它提供了一些与该应用程序相关的操作选项，如切换窗口、关闭窗口、启动新实例等。

（3）通知菜单

通知菜单是在 Windows 操作系统的通知区域（也称为系统托盘）中打开的一个菜单。它提供了系统通知、快速设置访问、打开通知中心以及其他应用程序特定的功能选项。

（4）控制菜单

控制菜单包含窗体的操作命令，所有窗口都有控制菜单，如图 2.16 所示。

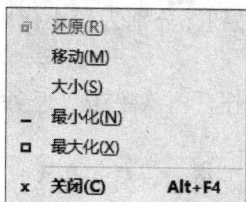

（5）快捷菜单与快捷方式

1）快捷菜单。在 Windows 操作系统中，鼠标右键有一个十分重要的功能，就是提供快捷菜单。快捷菜单也被称为右键菜单，它是通过右击文件、文件夹、图标或其他元素来打开的一个弹出菜单。快捷菜单提供了与所选对象相关联的操作选项，如复制、剪切、粘贴、删除等，以及其他应用程序特定的功能选项，如图 2.17 所示。

图 2.16　控制菜单

2）快捷方式。快捷方式是一种特殊的文件类型，其图标左下角有一个小箭头，如图 2.18 所示。当用户双击快捷方式图标时，可以查看快捷方式的内容。创建快捷方式的最简单方法是按住鼠标右键把该对象拖到要创建快捷方式的地方。另外，也可在找到需要创建快捷方式的对象后，直接右击该对象，从弹出的菜单中选择"创建快捷方式"命令，则生成快捷方式图标，再把快捷方式图标移动到指定的位置。或者直接在目标位置右击，创建一个空的快捷方式，再在指定的文本框中输入指定的路径。另外，还可以将开始菜单中的应用程序在桌面上建立快捷方式，其方法是：用鼠标指向某应用程序，按住 Ctrl 键，同时按住鼠标左键拖到桌面上即可。对于经常用到的对象，最好是在桌面上建立其快捷方式，而不是将这些对象拷贝或移动到桌面上。

图 2.17　快捷菜单　　　图 2.18　Windows 10 快捷方式

4. 对话框

对话框是 Windows 10 操作系统的重要组成部分之一，是系统提供给用户用于输入信息或选择某个选项的矩形框，可以看作一种特殊的窗口。它的外形与窗口类似，但不像窗口那样可以随意改变大小。Windows 10 操作系统对话框中常用的控件如下。

（1）选项卡

选项卡也称为标签按钮。复杂对话框中，有限的空间内不能显示所有的内容。根据不同的主题设置多个选项卡，每个选项卡代表一个主题。

（2）文本框

文本框可为用户提供输入信息所在的位置，又称输入框。

（3）列表框

在一个区域中显示多个选项，这些选项叫作条目，用户根据需要单击某个条目，选中即可。列表框又分为单选列表框和多选列表框。

（4）下拉式列表框

它是由一个列表框和一个向下箭头按钮组成的。单击右端向下箭头按钮，将打开显示多个选项的列表框，单击选中即可。

（5）复选框

复选框是用一个空心的方框表示。它有两种状态，即选中状态和非选中状态。复选框可以一次选择一项、多项或不选。

（6）单选按钮

单选按钮是用一个圆圈表示的。它有两种状态，即选中状态和非选中状态。在这一组选项中，必须选择一个且只能选中一个选项。

（7）数值框

数值框也叫微调按钮，是用户设置某些项目参数的地方。可以直接输入参数，也可以单击微调按钮改变参数大小。

（8）命令按钮

选择参数设置完成后，单击命令按钮可直接执行对话框中显示的命令。

对话框是一种特殊的窗口，它与普通的 Windows 窗口有相似之处，但是它比一般的窗口更加简洁直观。对话框的大小不可以改变，但是同一般窗口一样可以通过拖动标题栏来改变对话框的位置。

5. 鼠标的基本操作

Windows 10 操作系统是基于窗口的用户界面，所以对于窗口的操作，鼠标是一种极其重要的输入设备。当鼠标工作时，在显示器上会出现一个表示鼠标当前位置的图标，称为鼠标指针。

（1）正确握持鼠标的方法

在所有的计算机配件中，鼠标和我们的手是最密不可分的，计算机的大部分操作是通过鼠标来实现的。鼠标在长时间、高频率的使用下，很容易损坏，要想延长鼠标的工作寿命，就要注意正确的使用方法。正确使用鼠标的方法是：食指和中指自然地放置在鼠标的左键和右键上，拇指横放在鼠标的左侧，无名指与小指自然放置在鼠标的右侧，手掌轻贴在鼠标的后部，手腕自然垂放于桌上。

（2）鼠标指针的含义

在 Windows 10 操作系统中，鼠标常用的指针图标如表 2.1 所示。

表2.1   Windows 10 常用鼠标指针图标

指针符号	指针名	指针符号	指针名
↖	标准选择指针	↕	调整垂直大小指针
↖?	求助指针	↔	调整水平大小指针
↖	后台操作指针	↘ ↗	对角线调整指针
○	系统忙指针	✛	移动指针
I	文字选择指针	⛏	链接指针
⊘	当前操作无效指针	＋	精度选择指针

（3）鼠标的基本操作

➢ 指向：移动鼠标，使鼠标指针定位在某个具体目标上，以备操作。

➢ 单击：单击鼠标左键，一般用于选中文件、文件夹或图标等操作对象。

➢ 右击：按下鼠标右键并立即释放，右击时一般会弹出一个快捷菜单。

➢ 双击：快速连续单击鼠标左键两次，双击一般用于执行文件或打开文件夹。

➢ 拖动：按下鼠标左键不放，并移动鼠标。拖动一般用于移动文件、文件夹或文本等。

➢ 滚动轮：将鼠标放在窗口中，按动滚动轮即可对窗口的内容上下移动。

➢ 全选操作：在要选择的文件或项目的起始位置按下鼠标左键不放，然后移动鼠标指针至结束位置并释放鼠标左键。这将选择起始位置和结束位置之间的所有文件或项目。

6. 键盘的基本操作

键盘是一种基本的输入设备。其硬件接口有普通接口和 USB 接口两种。使用计算机键盘可以将字符和数据等信息输入计算机，并且利用键盘还可以控制计算机的运行，如启动和关闭程序等。

（1）键盘按键功能区

键盘上有许多按键，每个按键的功能各不相同，下面对键盘的各个分区进行介绍。

1）主键盘区。

➢ 字母键：英文键盘包含 26 个英文字母（A～Z）。

➢ 数字键：从 0 到 9 的数字键，通常位于字母键上方。

➢ 标点符号键：包括逗号（,）、句号（。）、分号（;）、引号（''""）、问号（?）等。

➢ 特殊字符键：如连字符（-）、等号（=）、方括号（[ ]）、反斜杠（\）等。

➢ 空格键：键盘最长的键，用于输入空格。

➢ 回车键（Enter）：用来开始换行或执行命令。

➢ 退格键（Backspace）：删除光标左侧字符或空格。

➢ Tab 键：用于插入制表符，或者在表单间切换焦点。

➢ 修饰键：如 Shift（输入大写字母或其他符号），CapsLock（切换大小写）等按键。

2）功能键区。功能键区位于键盘的最上方，主要用来完成一些特殊的任务和工作，包括 16 个按键。

➢ Esc 键：可以用来结束和退出程序，也可以取消正在执行的命令。

➢ F1～F12 键：软功能键，按不同的功能键可以实现相应的功能。

➢ PrintScreen 键：又称截屏键，按下该键将会截取全屏幕画面。

➢ ScrollLock 键：又称滚动锁定键，在阅读文档时，使用该键能方便地翻滚页面。

➢ PauseBreak 键：又称中断暂停键，计算机在有软件运行的时候按下该键会让打开的程序关闭，这种方式属于强制退出，与任务管理器相类似。

3）编辑键区。

➢ PrintScreen 键：拷屏键，按该键可以将当前屏幕内容以图像形式复制到剪贴板中。

➢ ScrollLock 键：屏幕锁定键，在 DOS 操作系统中按该键可以使屏幕停止滚动。

➢ Pause Break 键：也称暂停键，可以暂停当前执行的命令，再次按即可恢复。

➢ Insert 键：也称插入键，在文档编辑时，可以在插入和改写两种状态中互相转换。

➢ Home 键：也称起始键，可以将光标定位在光标所在行的行首。

➢ PageUp 键：上一页键，可以向上翻一页。

➢ Delete 键：也称删除键，可以删除光标所在位置右侧的字符。

➢ PageDown 键：下一页键，可以向下翻一页。

4）数字键区，也称作小键盘区。

➢ 类似于传统计算器的布局，包括数字 0～9、小数点、加减乘除等运算符号。

➢ NumLock 键：也称数字锁定键，当按该键时，键盘提示区中第一个指示灯亮，表明此时为数字状态；当再次按该键时，指示灯将熄灭，同时切换为光标控制状态。

➤ Enter 键：在数字小键盘区的 Enter，与主键盘区的 Enter 基本相同。

5）状态指示灯区。

➤ NumLock 指示灯：控制输入数字键的状态，当指示灯亮起时，表示当前输入的是数字状态；反之，表示当前输入的是编辑状态。

➤ CapsLock 指示灯：控制输入字母大小写的状态，当指示灯亮起时，表示当前输入的是字母大写状态；反之，则是小写状态。

➤ ScrollLock 指示灯：控制 DOS 状态下的锁定屏幕，当指示灯亮起时，表示当前屏幕为锁定状态；反之，当前屏幕为正常状态。

（2）键盘的正确使用方法

1）认识基准键位。基准键位是打字时手指所处的基准位置，敲击其他任何键手指都是从这里出发，而且敲击完后又须立即退回到基准键位。基准键位由 8 个按键组成，分别是 A、S、D、F、J、K、L 和；（分号）键，依次对应左手的小指、中指、食指和右手的食指、中指、无名指、小指，双手的大拇指放在空格上。

从基准键位出发，每个手指负责按其相邻区域的键。例如，左手的食指除了按 F 键，还会按 G、R 和 T 键，以及下方的 V 和 B 键。类似地，右手的食指会按 H、U、Y、N 和 M 键。这种布局的目的是最大限度地减少手指移动，提高打字速度和准确性。大多数键盘上的 F 和 J 键有一个小凸起或点，以便在不看键盘的情况下通过触摸来找到基准位置，帮助用户快速定位手指放置的位置。

2）键盘快捷键。通过键盘可以实现 Windows 10 操作系统提供的操作功能，利用键盘的快捷键可以大大提高工作效率。常用的键盘快捷键如表 2.2 所示。

表 2.2　Windows 10 常用快捷键

快捷键	说明	快捷键	说明
F1	打开帮助	Ctrl+C	复制
F2	重命名文件（夹）	Ctrl+X	剪切
F3	搜索文件或文件夹	Ctrl+V	粘贴
F5	刷新当前窗口	Ctrl+Z	撤销
Delete	删除	Ctrl+A	选定全部内容
Shift+Delete	永久删除所选项	Ctrl+Esc	打开开始菜单
Alt+Tab	在打开项目间切换	Ctrl+Alt+Delete	打开任务管理器
Alt+Esc	以项目打开顺序切换	Alt+F4	退出当前程序

3）鼠标、键盘组合快捷键。

① 鼠标左键+Shift 键：在文件资源管理器或其他支持的应用程序中，按住 Shift 键并同时单击鼠标左键，然后拖动鼠标，可以选择多个连续的项目。

② 鼠标左键+Ctrl 键：在文件资源管理器或其他支持的应用程序中，按住 Ctrl 键并

同时单击鼠标左键，然后拖动鼠标，可以选择多个非连续的项目。用此快捷组合键可以在不相邻的项目之间进行选择，每次单击一个项目，该项目将被选中或取消选中。

7. 选择与切换输入法

在 Windows 10 操作系统中，选择添加和切换输入法是一个相对简单的过程。这个功能尤其对那些需要使用多种语言输入的用户来说非常有用。以下是如何选择和切换输入法的操作步骤。

（1）添加输入法

1）进入设置：单击开始菜单（或使用快捷键 Win+I），然后选择"设置"选项。

2）进入语言：在"设置"窗口中，单击"时间和语言"按钮，选择左侧的"语言"选项。

3）添加语言：在"首选语言"下选择"添加语言"选项。

4）选择语言：在弹出的列表中，找到并选择需要的语言，如"中文（简体）"。

（2）切换输入法

1）任务栏切换：在任务栏右下角找到语言栏（显示当前输入语言的缩写，比如"ENG"代表英语），单击它会弹出输入法列表，然后选择想要切换到的输入法。

2）快捷键切换：默认情况下，可以使用 Alt+Shift 或 Ctrl+Shift 组合键来在不同的输入法间切换。当按下这些快捷键时，当前输入法会切换到下一个输入法。

3）另一个常用的快捷键是 Win+Space 键，这个快捷键会显示一个输入法列表，并且可以持续按 Space 键来选择想要的输入法。

2.2.3　文件与文件夹的概念

文件是计算机中信息的存在形式，文件夹是为了更好地管理文件而设计的。文件与文件夹的操作是 Windows 10 操作系统的核心操作。Windows 10 操作系统具有很强的文件组织和管理能力，借助于 Windows 10 操作系统，用户可以方便地对文件进行管理和控制。

1. 文件

文件是保存在存储介质上的一组相关信息的集合，通常包括程序和文档。文件是操作系统用来存储和管理信息的基本单位，可以用来存放各种信息。

任何文件都有文件名，文件名是存取文件的依据。Windows 操作系统的文件名通常由主文件名和扩展名两部分组成，它们之间以点号"."分隔。格式是：〈主文件名〉.〈扩展名〉。

1）主文件名是文件的标识，不可缺少。Windows 10 系统支持长文件名，最多可达255 个字符，可以使用英文字母、数字、汉字和一些特殊符号，且可以包含空格和多个点号，但不能出现以下字符：\ / : * ? " 〈 〉 | 。

2）扩展名主要用于表示文件的类型，是可选的。若有多个点号，以最后一个点号后的字符作为扩展名；扩展名通常不超过 3 个字符。

3）通配符。当查找文件或文件夹时，可以使用通配符"*"和"？"。其中，星号"*"代表任意多个字符，问号"？"代表一个任意字符。

例如：*.txt 表示所有扩展名为 txt 的文件。

例如：A?.*表示主文件名由两个字符组成，且第一个字符是"A"或"a"的文件。

2. 文件类型

根据存储内容，可以把文件分成各种不同的类型。不同的类型通常用文件的扩展名来表示。Windows 10 操作系统中常用文件类型及对应的扩展名如表 2.3 所示。

表 2.3　常用文件类型及对应的扩展名

文件类型	扩展名	文件类型	扩展名
系统文件	.sys	声音文件	.wav
可执行程序文件	.exe 或.com	位图文件	.bmp
纯文本文件	.txt	Word 文档文件	.doc
系统配置文件	.ini	Excel 文件	.xls
Web 页文件	.htm 或 html	帮助文件	.hlp
动态链接库文件	.dll	数据库文件	.dbf

3. 文件属性

除了文件名，还有文件大小、占用空间、所有者信息等，这些信息统称为文件的属性信息。在 Windows 10 操作系统中，选定一个文件，右击，在弹出的快捷菜单中执行"属性"命令，就可以打开文件的属性窗口。在文件的属性窗口，可以查看文件的类型、描述信息、位置、大小、占用空间、创建、修改、访问时间等信息，还可以查看和设置文件的只读、隐藏和存档等属性。

4. 文件夹

文件夹是 Windows 10 操作系统中保存文件的基本单元，利用文件夹系统可将不同类型、不同用途、不同时间的文件归类保存。文件夹也可以理解为存放文件的容器，便于用户使用和管理文件。

2.2.4　文件资源管理器

Windows 10 操作系统中"此电脑"与"Windows 资源管理器"都是 Windows 10 操作系统提供的用于管理文件和文件夹的工具，两者的功能类似，其原因是它们调用的都是同一个应用程序 Explorer.exe。这里以"Windows 资源管理器"为例介绍。

1. 资源管理器窗口

Windows 资源管理器是 Windows 10 操作系统提供给用户的一个强大的资源管理工具。通过它可以管理硬盘，映射网络驱动器、外围驱动器，查看控制面板，并浏览网页等。

（1）启动方法

1）使用任务栏：在任务栏上通常会有一个图标，代表资源管理器。单击任务栏上的"文件资源管理器"图标即可启动资源管理器。

2）使用快捷键：按下键盘上的 Win+E 快捷键，即可立即打开资源管理器。

3）使用开始菜单：单击屏幕左下角的"开始"按钮，然后在开始菜单中找到并单击"Windows 操作系统"文件夹，再单击其中的"文件资源管理器"即可启动资源管理器。

4）使用运行对话框：按下键盘上的 Win+R 组合键，打开"运行"对话框，然后输入"explorer"并按下回车键。这也将启动资源管理器。

（2）导航栏

Windows 10 操作系统的资源管理器左侧的导航栏显示了计算机上的常用文件夹，如桌面、文档、下载和音乐等。单击这些文件夹可以快速访问它们，也可以通过导航栏上的"快速访问"部分添加和管理自定义文件夹。

（3）文件搜索

Windows 10 操作系统的资源管理器为我们提供了一个内置的搜索功能，方便快速找到特定的文件或文件夹。用户可以在资源管理器中的搜索框中输入关键词，并通过过滤选项来缩小搜索范围。

（4）快速访问工具栏

位于资源管理器顶部的快速访问工具栏提供了一些方便的功能，如快速访问最近访问的文件夹、添加收藏夹、创建新文件夹等。

（5）文件夹标识

如果需要使用的文件或文件夹包含在一个主文件夹中，那么必须将其主文件夹打开，然后将所需的文件夹打开。

如果文件夹图标前面有"▶"标记，则表示该文件夹下面还包括子文件夹，可以直接通过单击这一标记来展开这一文件夹。

如果文件夹图标前面有"▼"标记，则表示该文件夹下面的子文件夹已经展开。如果一次打开的文件夹太多，资源管理器窗口会显得特别杂乱，因此使用后的文件夹最好单击文件夹前面或上面的三角箭头标记将其折叠。

2. 显示方式

在"Windows 资源管理器"中，可以使用两种方法重新选择项目图标的显示方式。

1）选择"资源管理器"窗口菜单栏上的"查看"菜单，显示查看下拉式菜单。根据个人的习惯和实际需要，在"查看"菜单"布局"选项中可以对项目图标的排列方式进行选择，包括：超大图标、大图标、中等图标、小图标、列表、详细信息、平铺和内容八种方式。

2）使用"查看"选项，选择文件列表窗口中的项目图标显示方式。选择工具栏中的"查看"选项，显示列表菜单，如图 2.19 所示。在现实的查看方式列表菜单中，可以根据实际需要选择项目图标的显示方式。

图 2.19　显示方式

3. 排列图标

同"计算机"窗口一样，在"Windows 资源管理器"窗口中，可以按选择的排列方式重新排列图标。Windows 10 系统排列图标主要有以下四种方式，每种方式都可以选择递增或递减排列，如图 2.20 所示。

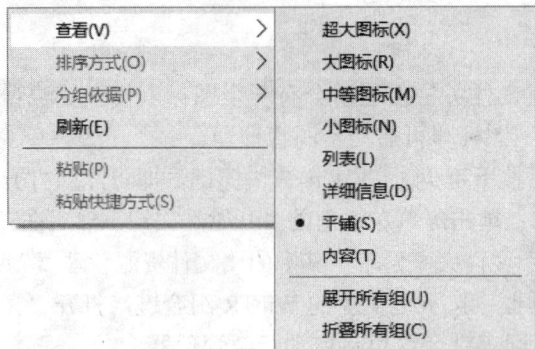

名称	修改日期	类型	大小
∨ 常用文件夹 (6)			
■ 桌面	2024/3/6 7:57	系统文件夹	
↓ 下载	2024/2/21 20:51	系统文件夹	
📄 文档	2024/2/21 20:51	系统文件夹	
🖼 图片	2024/2/21 20:51	系统文件夹	

图 2.20　排列图标

1）名称：按名称排列图标是将文件和文件夹按照字母顺序进行排序，可以更方便地找到所需的项目。

2）修改日期：按修改日期排列图标是将文件和文件夹按照最近的修改日期进行排序。资源管理器将根据文件和文件夹的修改日期，最新的会显示在最上面，以帮助查找最近修改的文件或文件夹。

3）类型：按类型排列图标是将文件和文件夹按照它们的文件类型进行分类和排序。资源管理器将根据文件的扩展名或文件夹的属性来确定它们的类型，并按照类型进行排序，以便更好地组织和查找文件。

4）大小：按大小排列图标是将文件和文件夹按照它们的大小进行排序。资源管理器会根据文件的大小，按从最大到最小或从最小到最大进行排序，以帮助查找占用磁盘空间较大或较小的文件。

2.2.5　文件与文件夹的操作

在 Windows 10 操作系统中，常用的文件和文件夹管理操作包括新建、选定、移动、复制、删除、重命名等。

1. 新建文件夹

在 Windows 10 操作系统中，用户可以创建自己的文件夹。创建文件夹的方法如下。

（1）在桌面创建文件夹

在桌面空白处右击，在弹出的快捷菜单中执行"新建"→"文件夹"命令，将在桌面上新建一个名为"新建文件夹"的文件夹。此时，新建文件夹的名字为"新建文件夹"，其文字处于选中状态，用户可以根据需要输入新的文件夹名，输入后按键盘上 Enter 键或单击鼠标，完成文件夹的创建和命名。

（2）通过"计算机"或"Windows 资源管理器"创建文件夹

打开"计算机"（或"Windows 资源管理器"）窗口，选择创建文件夹的位置。例如：要在 D 盘上新建一个文件夹，双击 D 盘将其打开，然后执行"文件"→"新建"→"文件夹"命令；或在 D 盘文件列表窗口的空白处右击，在弹出的快捷菜单中执行"新建"→"文件夹"命令，创建并命名文件夹。

2. 选定文件或文件夹

在 Windows 10 操作系统中，对文件或文件夹进行管理操作都有一个前提，就是要先选定要操作的文件或文件夹对象，因此文件或文件夹的选定操作是其他操作的基础。

（1）选择一个文件或文件夹

直接单击要选定的文件或文件夹。

（2）选择多个连续的文件或文件夹

1）按住 Shift 键选择多个连续的文件或文件夹。单击第一个要选择的文件或文件夹图标，然后按住 Shift 键，单击最后一个要选择的文件或文件夹，则多个连续的文件或文件夹对象一起被选中。

2）使用鼠标框选多个连续的文件或文件夹。在第一个或最后一个要选择的文件或文件夹外侧按住鼠标左键，然后拖动出一个虚线框，将要选择的文件或文件夹框住，松开鼠标，所需文件或文件夹即被选中。

（3）选择多个不连续的文件或文件夹

按住 Ctrl 键不放，依次单击要选择的文件或文件夹。将需要选择的文件或文件夹全部选中后，松开 Ctrl 键即可。

3. 移动文件或文件夹

为了合理有效地管理文件，经常需要调整某些文件或文件夹的位置，将其从一个磁盘（或文件夹）移动到另一个磁盘（或文件夹）。常用的移动文件或文件夹的方法如下。

（1）使用"剪贴板"

选中需要移动的文件或文件夹，在菜单栏中执行"剪切板"→"剪切"命令，将选中的文件或文件夹剪切到剪贴板上。然后打开目标文件夹，在菜单栏中执行"剪切板"→"粘贴"命令，将所剪切的文件或文件夹移动到打开的文件夹中。

（2）用鼠标左键拖曳

按下 Shift 键的同时按住鼠标左键拖动所要移动的文件或文件夹到要移动到的目标
处，松开鼠标即可。

（3）用鼠标右键

按住鼠标右键拖动所要移动的文件或文件夹到要移动到的目标处，松开鼠标，选择
快捷菜单中的"移动到当前位置"命令即可。

（4）使用菜单选项移动文件或文件夹

选择要移动的文件或文件夹，执行菜单栏上的"主页"→"组织"→"移动到"命
令，如图 2.21 所示，在弹出的对话框中打开目标文件夹，单击"移动"按钮即可。

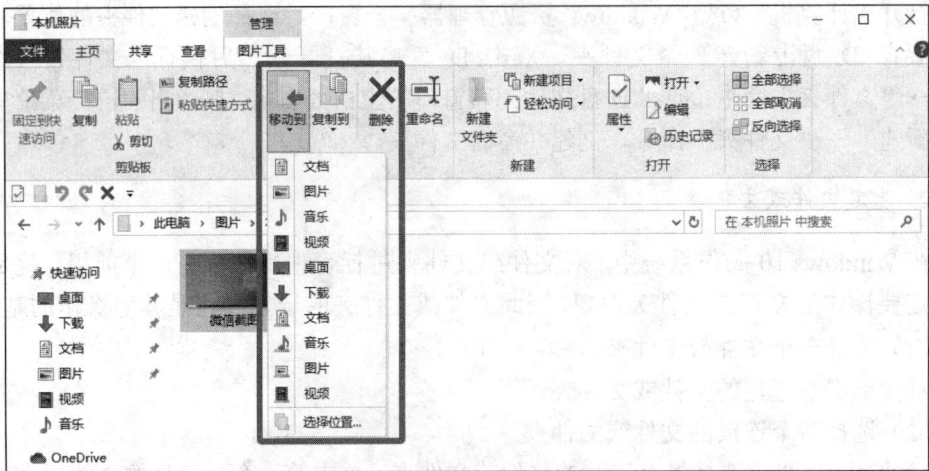

图 2.21　执行"移动到"命令

4. 复制文件或文件夹

对于一些重要的文件，有时为了避免其数据丢失，要将一个文件从一个磁盘（或文
件夹）复制到另一个磁盘（或文件夹）中，以作为备份。同移动文件类似，常用的复制方
法如下。

（1）使用"剪贴板"

选中需要复制的文件或文件夹，执行菜单栏上的"剪贴板"→"复制"命令，将选
中的文件或文件夹复制到剪贴板上，然后将其目标文件夹打开，执行菜单栏上的"剪贴
板"→"粘贴"命令，将所复制的文件或文件夹复制到打开的文件夹中。

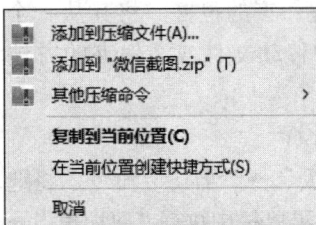

图 2.22　快捷菜单

（2）使用鼠标左键

按下 Ctrl 键的同时按住鼠标左键拖动所要复制文件
或文件夹到目标位置，松开鼠标即可。

（3）使用鼠标右键

按住鼠标右键拖动所要复制的文件或文件夹到目标
位置，松开鼠标，执行快捷菜单中的"复制到当前位置"
命令即可（图 2.22）。

（4）使用菜单选项复制文件或文件夹

选定要复制的文件或文件夹，执行菜单栏上的"主页"→"组织"→"复制到"命令，在弹出的"复制项目"对话框中打开目标文件夹，单击"复制"按钮即可。

5. 删除文件或文件夹

在 Windows 10 操作系统中，一些无用的文件或文件夹应及时删除，以提高磁盘空间的利用率。常用的删除方法如下。

（1）使用菜单栏删除

先选定要删除的文件或文件夹，然后在"Windows 资源管理器"或"计算机"窗口的菜单栏中执行"主页"→"组织"→"删除"命令即可。

（2）使用键盘删除

先选定要删除的文件或文件夹，然后按下键盘上的 Delete 键即可。

（3）直接拖入回收站

选定要删除的文件或文件夹，在"回收站"图标可见的情况下，直接拖动到回收站即可。

（4）使用快捷菜单删除文件或文件夹

先选定要删除的文件或文件夹，在其上右击，然后在弹出的快捷菜单中执行"删除"命令即可。

（5）彻底删除文件或文件夹

以上删除方式都是将被删除的对象放入回收站，需要时还可以还原。彻底删除是将被删除的对象直接删除而不放入回收站，因此无法还原。具体方法是：选中将要删除的文件或文件夹，按下 Shift+Delete 组合键，单击"是"按钮即可。

6. 恢复被删除的文件或文件夹

在管理文件或文件夹时，借助于回收站可以将被删除的文件或文件夹恢复，其操作步骤如下。

1）在"Windows 资源管理器"左窗格中选中"回收站"文件夹，被删除的文件或文件夹将显示在右窗口。

2）选择要恢复的文件或文件夹。

3）在文件菜单或快捷菜单中执行"还原"命令，即可完成恢复操作。

7. 重命名文件或文件夹

在 Windows 10 操作系统对文件或文件夹的管理中，常用的重命名方法如下。

（1）使用文件菜单

选择需要重命名的文件或文件夹，执行菜单栏中"主页"→"组织"→"重命名"命令，所选文件或文件夹被选中，在文本框中输入新名称，按下回车键或单击文件列表其他位置即可。

（2）使用快捷菜单

在需要重命名的文件或文件夹上右击，在弹出的快捷菜单中执行"重命名"命令，在文件名的文本框中输入新名称，然后按下回车键即可。

（3）两次单击鼠标

单击需要重命名的文件或文件夹，然后再次单击此文件或文件夹的名称，此时所选文件被选中，在文本框中输入新名称，然后按下回车键即可。

8. 更改文件或文件夹属性

在 Windows 10 操作系统中，在文件或文件夹上右击，在弹出的快捷菜单中执行"属性"命令，弹出如图 2.23 所示的"文档 属性"对话框。该对话框提供了该对象的属性信息，如文件类型、位置、大小、占用空间、创建时间、文件的属性等。

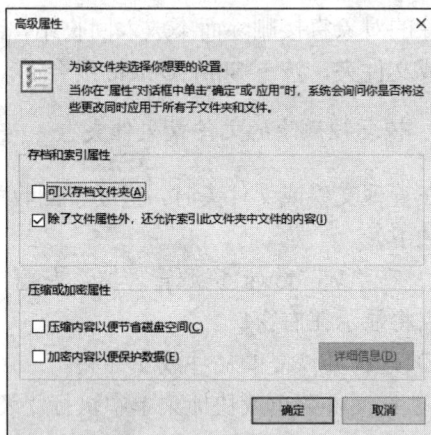

1）"只读"：文件只允许读操作，即只能运行不能被修改或删除。

2）"隐藏"：设置为隐藏属性的文件的文件名不在窗口中显示。

3）"高级"：为该文件夹选择用户想要的设置，如图 2.24 所示。

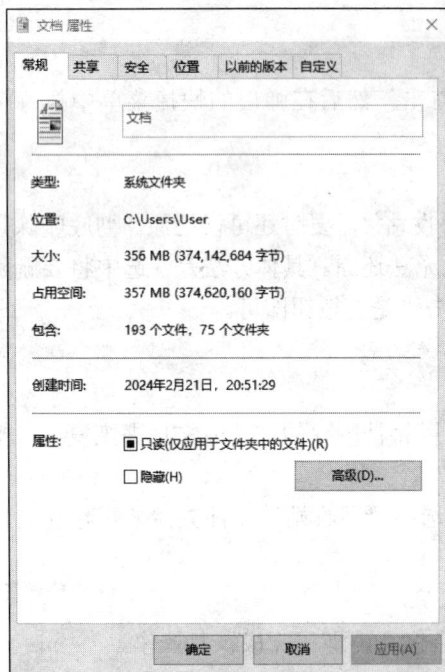

图 2.23　"文档 属性"对话框　　　　图 2.24　"高级属性"对话框

9. 搜索文件或文件夹

在实际操作中，搜索文件或文件夹是常用的操作。Windows 10 操作系统为用户提供了强大的搜索功能，常用方法如下。

（1）使用任务栏的搜索按钮

单击"搜索"按钮，在"搜索程序和文件"文本框中输入想要查找的信息。

例如，想要查找所有图片，在搜索的文本框中输入".png"，输入后与所输入文本相匹配的选项都会显示在开始菜单上，如图 2.25 所示。

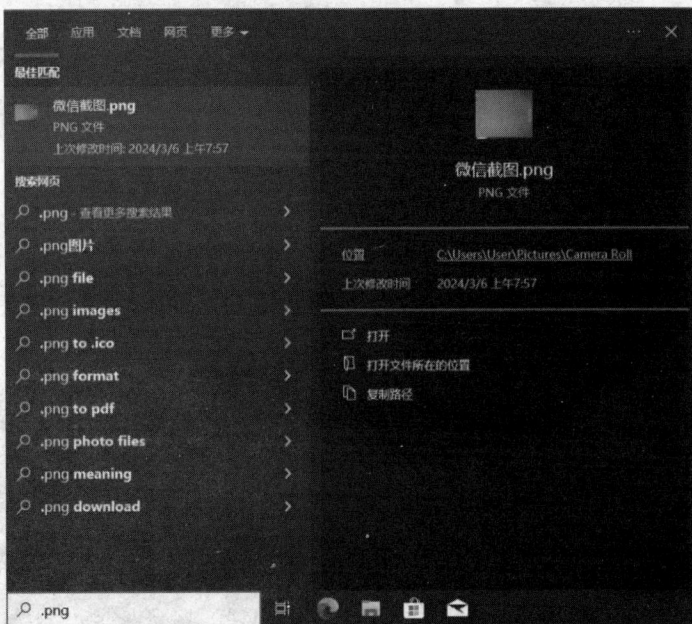

图 2.25　"搜索"按钮上的搜索结果

（2）使用文件夹或库中的搜索框

若已知所需文件或文件夹位于某个特定的文件夹或库中，可使用位于每个文件夹或库窗口的顶部的"搜索"文本框进行搜索，如图 2.26 所示。

例如，要在 C 盘中查找所有 Word 文件。首先打开 C 盘窗口，在其窗口中的"搜索"文本框中输入".doc"，则开始搜索。

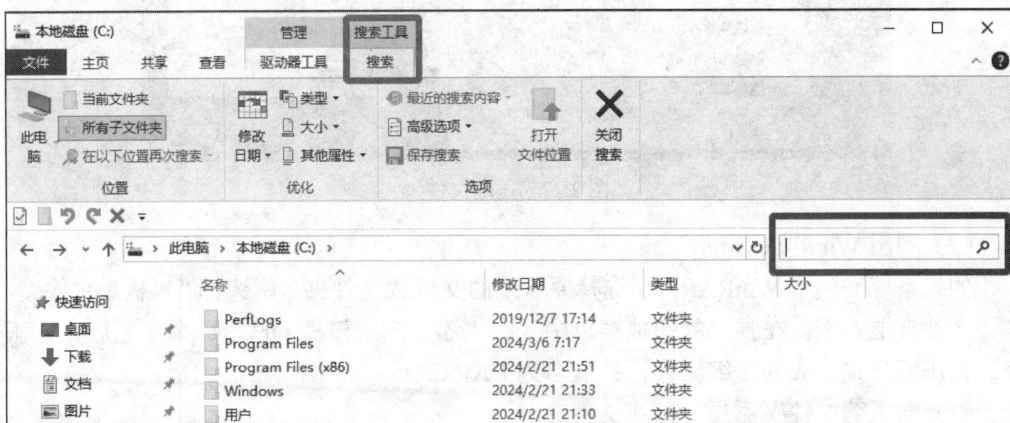

图 2.26　文件搜索

如果用户想要基于一个或多个属性来搜索文件，则搜索时可在文件夹或库的"搜索"文本框中使用"搜索筛选器"指定属性，从而更加快速地查找指定的文件或文件夹。

例如，在上例中按照"修改日期"来查找符合条件的文件，则需要单击"搜索"文本框，搜索筛选器，选择"修改日期"选项，进行关于日期的设置。

10. 压缩文件或文件夹

为了节省磁盘空间，用户可以对一些文件或文件夹进行压缩，压缩文件节省存储空间，提高传输速度，以实现不同用户之间的共享。Windows 10 操作系统置入了压缩文件程序。

（1）利用 Windows 10 操作系统自带的压缩程序

确定待压缩的文件或文件夹，在其上右击，在弹出的快捷菜单中执行"发送到"→"压缩（zipped）文件夹"命令，如图 2.27 所示，之后执行压缩。该压缩方式生成的压缩文件，扩展名为.ZIP。

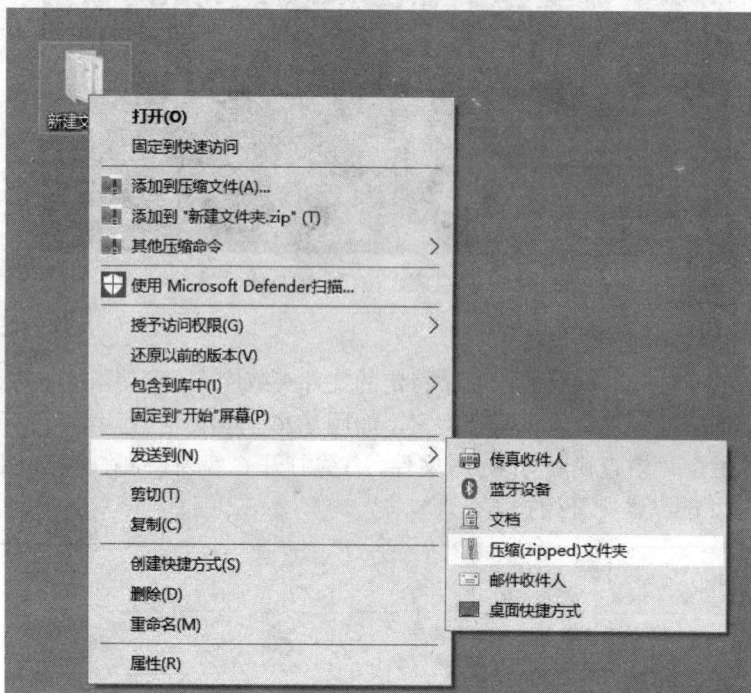

图 2.27　压缩文件

（2）利用 WinRAR 压缩

如果系统安装了 WinRAR，则选择要压缩的文件或文件夹，如选择"模板"文件夹，在该文件夹上右击，在弹出的快捷菜单中执行"添加到'模板.rar'"命令，之后执行压缩。该压缩方式生成的压缩文件，扩展名为.RAR。

（3）向压缩文件夹添加文件或文件夹

压缩文件创建后，可直接向其中添加新的文件或文件夹。具体方法是：将待添加的文件或文件夹放到压缩文件夹所在的目录下，选择要添加的文件或文件夹，按住鼠标左键，将其拖至压缩文件，松开鼠标，弹出"正在压缩"对话框，执行压缩后，文件自动加入压缩文件，双击查看即可。

11. 解压缩文件或文件夹

解压缩文件或文件夹就是从压缩文件中提取文件或文件夹，Windows 10 操作系统置入了解压缩文件程序。

（1）利用 Windows 10 操作系统自带的解压缩程序对文件或文件夹进行解压缩

在要解压的文件上右击，从弹出的快捷菜单中选择"打开方式"→"Windows 资源管理器"选项，在弹出的对话框中执行"提取"→"解压缩到"命令，设置解压缩文件或文件夹的存放位置，单击即可，如图 2.28 所示。

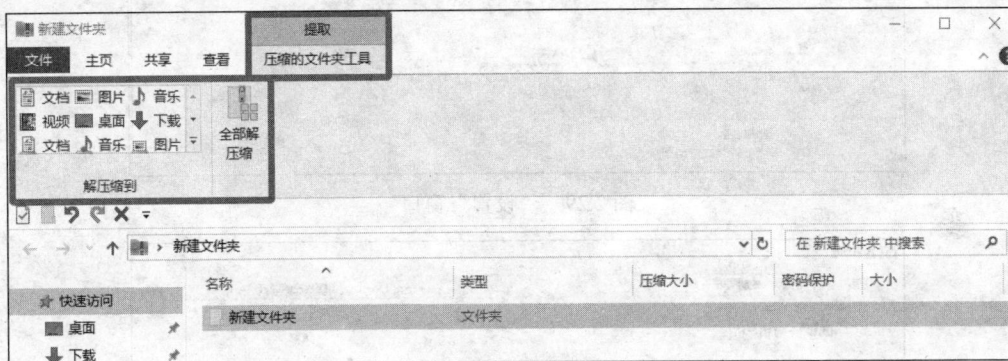

图 2.28　解压缩文件

（2）利用 WinRAR 解压缩程序对文件或文件夹进行解压缩

如果系统安装了 WinRAR，则选择要解压缩的文件或文件夹，如这里选择"模板.rar"，在该文件上右击，弹出的快捷菜单中选择"解压到当前文件夹"选项即可。

任务 2.3　Windows 10 系统设置

知识要点

● Windows 10 的个性化设置。

2.3.1　控制面板

Windows 10 操作系统允许用户按照自己的需求和喜好对系统进行一些设置，如桌面背景、键盘和鼠标的属性、输入法等。这些设置都可以在"设置"或"控制面板"窗口中完成。当用户更改了设置以后，信息将保存在 Windows 10 操作系统注册表中，以后每次启动系统时都将按修改后的设置运行。

在推出 Windows 10 操作系统时，微软公司曾宣布要放弃经典的"控制面板"，将所有选项都迁移到"设置"中，但为了使从早期版本的 Windows 操作系统升级而来的用户能够顺畅使用 Windows 10，在 Windows 10 操作系统的历次更新中，"控制面板"仍一直存在。"设置"窗口和"控制面板"窗口如图 2.29 和图 2.30 所示。

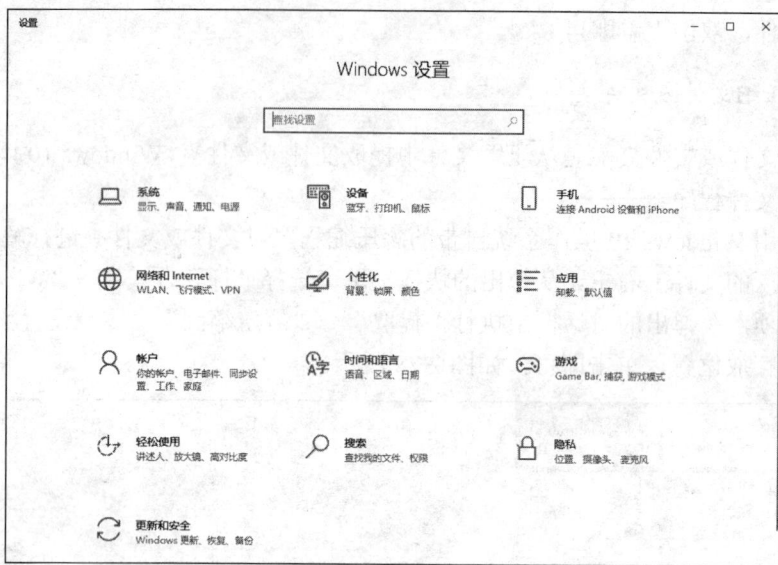

图 2.29 "设置"窗口

图 2.30 "控制面板"窗口

打开"设置"窗口的方法主要有以下四种。

➤ 单击"开始"→"设置"按钮。

➤ 右击"开始"按钮，在弹出的快捷菜单中执行"设置"命令。

➤ 单击任务栏右侧系统栏的"通知"按钮，在弹出的菜单中执行"所有设置"命令。

➤ 按 Windows+I 组合键。

打开"控制面板"窗口的方法主要有以下三种。

➤ 选择"开始"→"Windows 系统"→"控制面板"选项。

➤ 在任务栏的搜索框中搜索"控制面板"，在搜索结果中选择并打开。

➤ 在桌面图标设置中，选择将"控制面板"图标显示在桌面上，即可单击该图标打开"控制面板"窗口。

2.3.2　系统设置

在 Windows 10 操作系统中，系统设置提供了许多选项，允许用户对操作系统进行配置，如图 2.31 所示。下面是一些常见的系统设置选项及其功能。

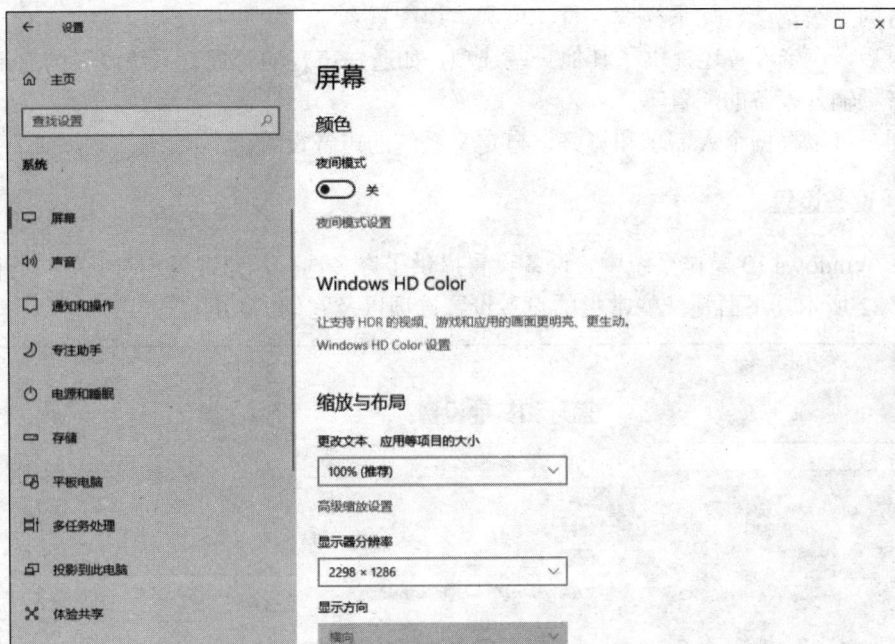

图 2.31　系统设置窗口

1. 屏幕设置

首先，用户可以调整屏幕分辨率。较高的分辨率可以提供更清晰和更详细的图像，而较低的分辨率可以使元素更大和更易于读取。通过在设置中选择合适的分辨率，用户可以根据个人偏好和屏幕大小来平衡图像质量和显示元素的大小。

其次，用户可以调整屏幕亮度。亮度控制屏幕的整体明亮程度，用户可以根据环境光线的变化或个人喜好来调整亮度。通过滑动亮度滑块或使用亮度快捷键，可以轻松地增加或减少屏幕的亮度。

再次，用户还可以调整屏幕的颜色设置。在颜色设置中，可以选择不同的颜色模式，如深色、浅色或自定义模式。此外，用户还可以调整色彩饱和度和温度，以创建适合自己喜好的颜色配置。

最后，屏幕设置还提供了其他一些选项，如调整显示方向、调整显示缩放比例、设置多显示器配置等。

用户可以根据自己的需求和使用习惯，自定义屏幕的外观和设置。

2. 声音设置

首先，声音设置允许用户调整系统的音量。通过滑动音量滑条或使用音量快捷键，用户可以增加或减少系统的音量。此外，用户还可以调整应用程序、媒体、通知等不同声音源的音量，以满足个人需求。

其次，用户可以选择系统的默认音频输出设备。在声音设置中，用户可以浏览并选择不同的音频输出设备，如扬声器、耳机、蓝牙音箱等。此外，用户还可以配置音频输出设备的高级选项，如采样率、位深度和声道配置。

最后，声音设置还提供了其他一些选项，如通知声音的管理、系统声音的启用或禁用、音频输入设备的配置等。

用户可以根据个人需求和喜好，自定义系统的声音设置。

2.3.3　设备设置

在 Windows 10 操作系统中，设备设置提供了许多选项，允许用户对系统进行配置，如图 2.32 所示。下面是一些常见的设备设置选项以及它们的功能。

图 2.32　设备设置窗口

1. 蓝牙和其他设备

首先，用户可以使用蓝牙和其他设备选项来添加新的蓝牙设备。通过单击"添加蓝牙或其他设备"按钮，用户可以搜索并连接可用的蓝牙设备，如无线耳机、音箱、键盘、鼠标等。用户只需按照提示选择相应的设备类型，并按照设备的配对方法进行操作即可连接设备。

其次，用户可以在蓝牙和其他设备设置中管理已连接的蓝牙设备。用户可以查看已连接的设备列表，以及控制设备的连接状态。用户可以选择断开连接、重新连接或删除设备。

最后，蓝牙和其他设备设置还提供了其他一些功能，如查找其他设备、配置打印机、连接外部显示器等。

用户可以根据需要使用这些功能来扩展和管理设备连接。

2. 打印机和扫描仪

用户可以使用打印机和扫描仪选项来添加和管理打印机设备。通过单击"添加打印机或扫描仪"按钮，Windows 10 操作系统会自动搜索并列出可用的打印机或扫描仪设备。用户可以选择相应的打印机或扫描仪，然后按照指示进行安装和配置。一旦打印机成功添加，用户可以在设备设置中查看和管理已连接的打印机设备，包括更改默认打印机、打开打印队列等操作。一旦扫描仪成功添加，用户可以在设备设置中查看和管理已连接的扫描仪设备，包括进行扫描操作、调整扫描设置等。

2.3.4　网络和 Internet 设置

在 Windows 10 操作系统中，网络和 Internet 设置提供了许多选项，允许用户对系统进行配置，如图 2.33 所示。下面是一些常见的网络和 Internet 设置选项以及它们的功能。

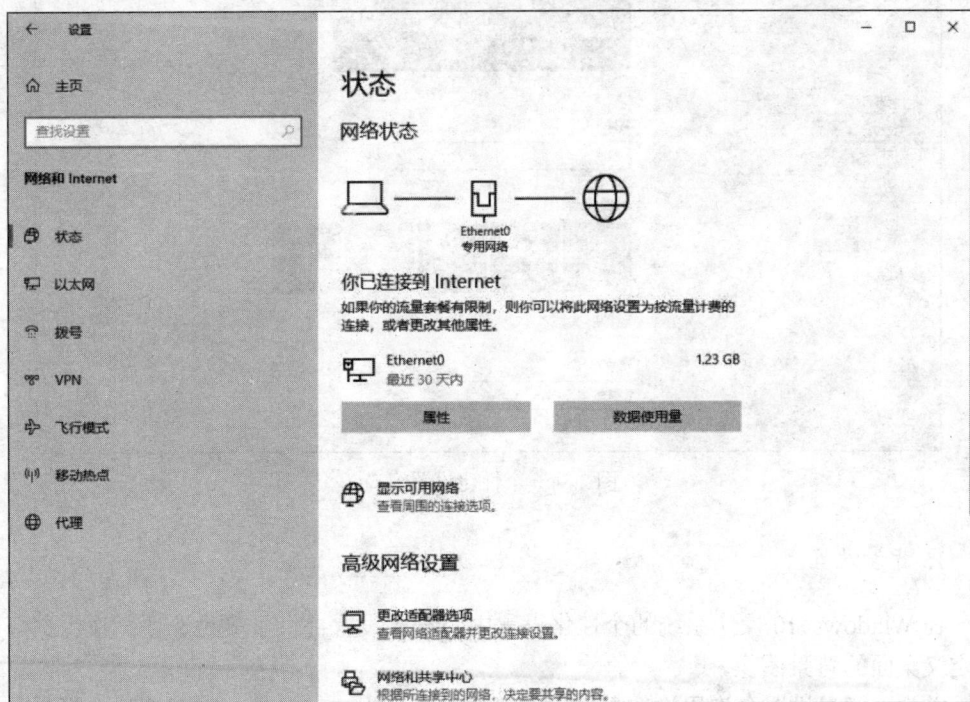

图 2.33　网络和 Internet 设置窗口

首先，网络和 Internet 设置允许用户管理 Wi-Fi 连接。用户可以查看可用的 Wi-Fi 网络列表，并选择要连接的网络。用户还可以配置自动连接、忘记网络或手动添加网络等选项。此外，"设置"窗口还提供了一些高级选项，如代理设置、IP 设置等，以更精确地配置网络连接。

其次，用户可以在网络和 Internet 设置中管理以太网连接。用户可以查看已连接的以太网网络，以及配置自动获取 IP 地址或手动设置 IP 地址等选项，并且用户还可以查看网络使用情况、调整带宽限制等。

最后，网络和 Internet 设置还提供了其他一些功能，如 VPN 设置、移动热点、数据使用情况、网络状态和共享中心等。

用户可以根据需要使用这些功能来管理和配置网络连接和 Internet 功能。

2.3.5　个性化设置

在 Windows 10 操作系统中，个性化设置提供了许多选项，允许用户对系统进行配置，如图 2.34 所示。下面是一些常见的个性化设置选项及其功能。

图 2.34　个性化设置窗口

1. 背景设置

在 Windows 10 操作系统的个性化设置中，背景设置提供了多种选项，让用户可以自定义桌面的背景图像。

首先，背景设置允许用户选择桌面背景的类型。用户可以选择使用图片、颜色或幻灯片作为桌面背景。如果选择图片，用户可以从计算机中的图片库中选择图片或上传自己的图片。如果选择颜色，用户可以选择自定义的颜色作为背景。如果选择幻灯片，则可以设置多个图片轮播显示。

其次，用户可以调整桌面背景图片的显示方式。背景设置提供了"填充""居中""适应""拉伸"等不同的显示模式。用户可以根据图片大小和个人喜好选择适当的显示模式。

最后，背景设置还提供了其他一些选项，如调整透明度、锁屏背景设置、动态主题等。

用户可以根据自己的喜好和需求，自定义桌面的背景设置。

2. 主题设置

用户可以选择不同的主题样式，如浅色主题、深色主题或自定义主题。选择不同的主题样式可以改变窗口、任务栏和应用程序的整体颜色和外观，如图 2.35 所示。

图 2.35　主题设置窗口

2.3.6　应用设置

在 Windows 10 操作系统中，应用设置提供了许多选项，允许用户对系统进行配置，如图 2.36 所示。下面是一些常见的应用设置选项及其功能。

首先，应用设置允许用户管理应用的安装来源。用户可以选择允许来自 Microsoft Store 的应用安装，或允许来自第三方来源的应用安装。如果需要安装某些应用程序，用户可以在此设置中进行相应的更改。

其次，用户可以在应用设置中管理应用的权限。用户可以选择允许或拒绝应用对特定功能或个人信息的访问权限。例如，用户可以控制应用对摄像头、麦克风、定位和通知等的访问权限。

最后，应用设置还提供了其他一些选项，如默认应用程序的设置。

用户可以选择特定应用作为默认的 Web 浏览器、邮件客户端、音乐播放器等。

图 2.36　应用设置窗口

2.3.7　账户设置

在 Windows 10 操作系统中，账户设置提供了许多选项，允许用户对系统进行配置，如图 2.37 所示。下面是一些常见的账户设置选项及其功能。

图 2.37　账户设置窗口

用户账户：在这个选项卡中，用户可以添加、修改或删除用户账户。可以为每个用户账户设置不同的权限和访问控制。

电子邮件和账户：用户可以在这个选项卡中添加和管理其他电子邮件、社交媒体和云服务账户，如 Outlook、Gmail、Facebook 和 OneDrive 等。

登录选项：在这个选项卡中，用户可以更改登录方式，如使用密码、PIN 码、图案等作为登录凭证。用户还可以设置 Windows Hello 面部识别、指纹识别等快速登录功能。

家庭和其他用户：用户可以将家庭成员和其他用户添加到其设备上。家庭成员可以在同一设备上共享应用、游戏和其他资源，同时保留各自的个人设置和文件。临时用户可以在设备上登录并访问其被分配的权限和设置。

2.3.8　时间和语言设置

在 Windows 10 操作系统中，时间和语言设置提供了许多选项，允许用户对系统进行配置。

1. 日期和时间设置

"日期和时间"选项是用于管理系统的日期、时间和时区设置，如图 2.38 所示。"日期和时间"选项的主要功能如下。

图 2.38　日期和时间设置窗口

自动设置：在这个选项中，用户可以选择是否启用系统的自动日期和时间设置。当此功能启用时，系统会自动从互联网服务器上获取当前的日期、时间和时区信息。

手动更改：如果用户选择禁用自动设置，可以通过单击"更改"按钮来手动更改日期、时间和时区。用户可以根据需要选择所需的日期、时间和时区。

　　格式设置：在这个选项中，用户可以选择所需的日期和时间格式。用户可以选择使用 12 小时制或者 24 小时制来显示时间，以及自定义日期的格式。

　　预览：在这个选项中，用户可以预览当前的日期和时间格式设置。这样用户可以在进行设置之前查看结果，确保满足其需求。

2. 语言设置

　　"语言"选项是用于管理系统的显示语言和输入语言，如图 2.39 所示。用户可以选择系统显示和菜单的语言，添加或移除不同的语言，选择不同的显示语言可以改变操作系统的整体界面语言。也可以设置系统的首选输入语言。首选语言决定了键盘布局和输入法的默认设置。用户可以添加或移除不同的首选语言，以便在多语言环境下进行输入切换。

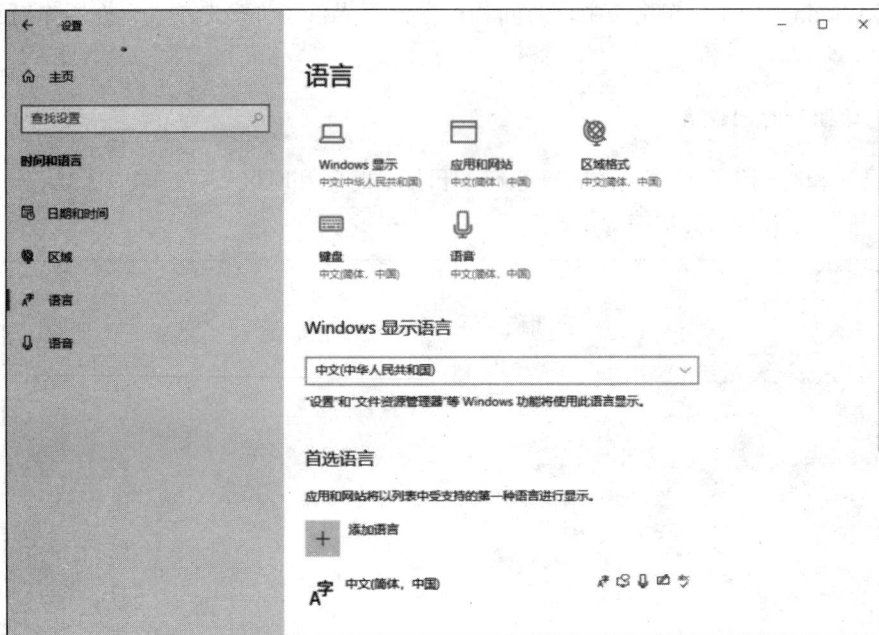

图 2.39　语言设置窗口

2.3.9　更新和安全设置

　　在 Windows 10 操作系统中，"更新与安全"是一个重要的功能选项。以下是更新与安全选项的主要功能。

1. Windows 更新

　　"Windows 更新"选项可以管理和配置系统的 Windows 更新。用户可以选择自动下载和安装更新，或手动控制更新的安装。此选项还提供了检查更新、安装可用更新和设置更新时间等功能，如图 2.40 所示。

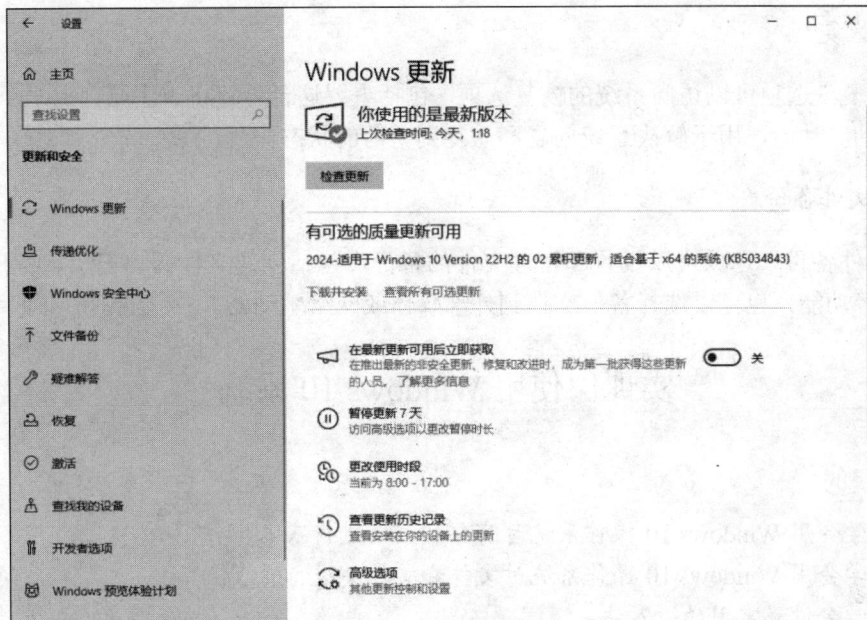

图 2.40 Windows 更新窗口

2. Windows 安全中心

"Windows 安全中心"选项可以访问和管理系统的安全设置和功能,包括 Windows Defender 杀毒软件、防火墙设置、应用和浏览器控制、设备健康状况等,如图 2.41 所示。

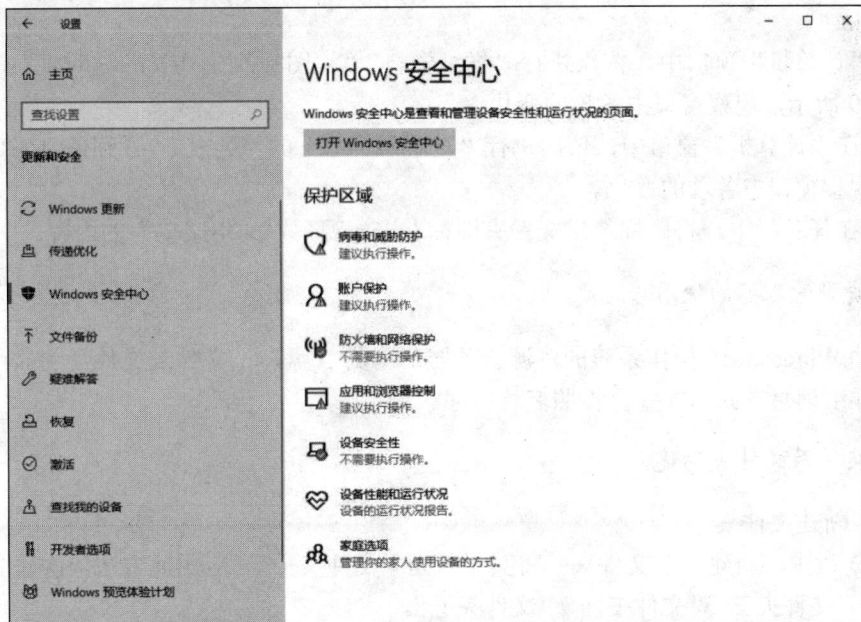

图 2.41 Windows 安全中心窗口

3. 恢复

"恢复"选项可以访问系统的恢复选项，包括重置这台计算机、还原到上一个版本、高级启动等功能，用于解决系统问题和恢复到先前的状态。

4. 文件备份

"文件备份"选项可以设置和管理文件的备份，包括创建文件历史记录、备份和恢复文件等功能，也可以选择备份文件到外部媒体或网络驱动器。

实训　使用 Windows 10 系统

实训目的

- 学会用 Windows 10 操作系统对窗口和菜单进行基本操作。
- 学会用 Windows 10 操作系统对文件和文件夹进行管理。
- 学会设置常用的输入法。
- 学会用 Windows 10 操作系统进行显示设置。

实训内容

1. 菜单的操作

1）打开"此电脑"窗口，通过单击"▼"和"▶"按钮，观察其子菜单的展开和收起。

2）"计算机"窗口中，依次执行"详细资料""大图标""小图标""列表"命令，如图 2.19 所示，观察窗口中各项的变化。

3）在"计算机"窗口中，依次执行"查看"菜单下的"列表""详细信息""平铺"命令，观察窗口中各项的变化。

4）在任务栏中，将鼠标选定文件夹图标右击，观察"弹出菜单"的内容。

2. 资源管理器的使用

启动 Windows 10 操作系统的资源管理器，浏览 D 盘，把文件及文件夹的显示方式改为"详细信息方式"，并且按照名称排序。

3. 文件及文件夹的建立

（1）新建文件夹

在 D 盘中，新建一个文件夹并将其命名为"文件夹一"。应用此方法依次建立"文件夹二""文件夹三""文件夹四""文件夹五"。

（2）新建文件

在 D 盘中，新建一个文本文件，即建立一个文件名为"student.txt"的记事本文件。

4. 文件及文件夹的操作

1）将"文件夹一"复制并粘贴到"文件夹二"中。

2）将"文件夹一"剪切并粘贴到"文件夹三"中。

3）同时选择"文件夹二""文件夹三"并将它们复制到"文件夹四"中。

4）同时选择"文件夹二"、"student"文件，复制到"文件夹三"中。

5）将"文件夹一"改名为"test1"。

6）删除"文件夹五"，然后再删除文件 student。

7）从回收站中恢复删除的文件"文件夹五"和文件"student"。

5. 文件及文件夹的属性

1）查看文件"student.txt"的属性，了解该文件的类型、位置、大小、打开方式、创建时间以及属性等基本信息。

2）查看"文件夹二"的属性，了解该文件夹的位置、大小、包含文件及子文件夹数、创建时间等基本信息，将其属性设置为"隐藏"和"只读"，将其隐藏，然后再恢复显示"文件夹一"。

6. 查找文件

在 C 盘中，查找所有 txt 类型文件，即查找所有后缀名为". txt"的文本文件。

7. 系统外观和个性化设置

在控制面板中打开外观和个性化对话框。完成以下有关操作：

1）更改主题。

2）更改桌面背景图片为自定义图片。分别使用"填充""适应""拉伸""平铺""居中"效果。

3）调整桌面图标的大小。

4）更改锁屏界面的背景图像。

8. 计算器使用

1）利用计算器计算 15、25、35、45 的平均值。

2）把二进制数 11101010 转换成十进制数。

9. 画板的使用

利用 Windows 10 中的画图附件打开"C\图片\图片示例\企鹅. JPG"文件。

10. 截图工具的使用

利用 Windows 10 中的截图工具截取"企鹅"图片，并对该企鹅图片进行编辑。

单元测试 2

一、单项选择题

1. 资源管理器可用来（　　）。
   A. 管理文件夹
   B. 浏览网页
   C. 收发电子邮件
   D. 恢复被删除的文件

2. Windows 10 操作系统窗口式操作是为了（　　）。
   A. 方便用户
   B. 提高系统可靠性
   C. 提高系统的响应速度
   D. 保证用户数据信息的安全

3. Windows 10 的"回收站"是（　　）。
   A. 内存中的一块区域
   B. 硬盘上的一块区域
   C. 软盘上的一块区域
   D. 高速缓存上的一块区域

4. Windows 10 的桌面上，任务栏的作用是（　　）。
   A. 记录已经执行完毕的任务，并报给用户，已经准备好执行新的任务
   B. 记录正在运行的应用软件并可控制多个任务、多个窗口之间的切换
   C. 列出用户计划执行的任务，供计算机执行
   D. 列出计算机可以执行的任务，供用户选择，以方便在不同任务之间的切换

5. Windows 10 的整个显示屏幕称为（　　）。
   A. 窗口
   B. 操作台
   C. 工作台
   D. 桌面

6. Windows 10 是由（　　）公司推出的一种基于图形界面的操作系统。
   A. IBM
   B. Microsoft
   C. Apple
   D. Intel

7. Windows 10 中，下列叙述正确的是（　　）。
   A. 鼠标拖动对话框的边框无法对对话框的大小进行改变
   B. 利用鼠标拖动窗口边框可以移动对话框
   C. 一个窗口在最大化状态下，会占据整个屏幕或工作区域
   D. 一个窗口最小化之后不能还原

8. Windows 中任务栏上任务按钮对应的是（　　）。
   A. 系统正在运行的程序
   B. 系统中保存的程序
   C. 系统前台运行的程序
   D. 系统后台运行的程序

9. Windows 10 中文件名中不能包括的符号是（　　）。
   A. #
   B. 〉
   C. ~
   D. ;

10. Windows 10 中用于管理磁盘上的文件和目录以及内部的有关资源的是（　　）。
    A. 程序管理器
    B. 资源管理器
    C. 控制面板
    D. 剪贴板

11. Windows 10 中自带的网络浏览器是（　　）。
    A. NETSCAPE
    B. Internet Explorer

C. CUTFTP　　　　　　　　　D. HOT-MAIL

12. 操作系统的主要功能是（　　　）。
　　A. 实现软、硬件转换　　　　　B. 管理系统所有的软、硬件资源
　　C. 把源程序转换为目标程序　　D. 进行数据处理

13. 通常说文件的名字是由（　　　）两部分组成。
　　A. 文件名和扩展名　　　　　　B. 文件名和基本名
　　C. 扩展名和后缀　　　　　　　D. 后缀和名称

14. 文件的含义是（　　　）。
　　A. 记录在磁盘上的一组相关命令的集合
　　B. 记录在磁盘上的一组相关程序的集合
　　C. 记录在内存上的一组相关数据的集合
　　D. 记录在外存上的一组相关信息的集合

15. 下列说法中，（　　　）是关于图标的错误描述。
　　A. 图标可以表示被组合在一起的多个程序
　　B. 图标既可以代表程序也可以代表文件夹
　　C. 图标可以代表仍在运行，但窗口已经最小化了的应用程序
　　D. 图标只能代表一个应用程序

16. 下列叙述中，正确的是（　　　）。
　　A. 对话框只能移动位置，不可以改变大小
　　B. 对话框只能改变大小，不能移动位置
　　C. 对话框可以改变大小，可以移动位置
　　D. 对话框既不可以移动位置，也不能改变大小

17. 下列有关回收站的说法中，正确的是（　　　）。
　　A. 被删除到回收站里的文件不能再恢复
　　B. 回收站不占用磁盘空间
　　C. 当回收站的空间被用空时，被删除的文件将不经过回收站而直接从磁盘上
　　　 删除
　　D. 执行"清空回收站"命令后，文件还可以被还原

18. 下面关于 Windows 10 的说法中，正确的是（　　　）。
　　A. 桌面上所有的文件夹都可以删除
　　B. 桌面上所有的文件夹都可以改名
　　C. 桌面上的图标不能放到任务栏上的开始菜单中
　　D. 桌面上的图标可以放到任务栏上的开始菜单中

19. 以下关于 Windows 10 快捷方式的说法中，正确的是（　　　）。
　　A. 一个快捷方式可指向多个目标对象
　　B. 一个对象可有多个快捷方式
　　C. 只有文件和文件夹对象可建立快捷方式
　　D. 不允许为快捷方式建立快捷方式

20. 以下关于 Windows 10 文件命名的叙述中，不正确的是（　　）。

    A. 文件名中可以使用汉字，空格等字符

    B. 文件名中允许使用多个圆点分隔符

    C. 扩展名的概念已经不存在了

    D. 文件名可长达 255 个字符

21. 以下关于文件的描述中，正确的是（　　）。

    A. 保存在 Windows 文件夹中的项目就是文件

    B. 文件是命名的相关信息的集合

    C. 文件就是正式的文档

    D. 文件就是能打开看内容的那些图标

22. 以下有关 Windows 10 删除操作的说法中，不正确的是（　　）。

    A. 从网络位置删除的项目不能被恢复

    B. 从 3.5 英寸磁盘上删除的项目不能被恢复

    C. 超过回收站存储容量的项目不能被恢复

    D. 直接用鼠标将项目拖到回收站的项目不能被恢复

23. 以下查找功能：①查找文件夹和文件；②查找网络上的计算机；③查找网络上的文件；④查找某一时间段内的文件和文件夹。Windows 10 具有的功能是（　　）。

    A. ①②③④　　　　B. ①②③　　　　　C. ①②④　　　　D. ④

24. 在 Windows 10 中，下列叙述正确的是（　　）。

    A. 只能打开一个窗口

    B. 应用程序窗口最小化成图标后，该应用程序将终止运行

    C. 关闭应用程序窗口后，程序可能会在后台继续运行一些进程或服务

    D. 代表应用程序的窗口大小不能改变

25. 在 Windows 10 的中文输入法选择操作中，不正确的是（　　）。

    A. Ctrl+Space 可以切换中/英文输入法

    B. Shift+Space 可以切换全/半角输入状态

    C. Ctrl+Shift 可以切换其他已安装的输入法

    D. 右 Shift 可以关闭汉字输入法

26. 在 Windows 系统中，"剪切"操作是指（　　）。

    A. 删除所选定的数据

    B. 删除所选定的数据并将其放置到剪贴板上

    C. 不删除选定的数据，只把它放置到剪贴板上

    D. 等同于"撤销"操作

27. 在 Windows 中，对同时打开的多个窗口进行层叠式排列，这些窗口的显著特点是（　　）。

    A. 每个窗口的内容全部可见　　　　　B. 每个窗口的标题栏全部可见

    C. 部分窗口的标题栏不可见　　　　　D. 每个窗口的部分标题栏可见

28. 复制操作的快捷键是（　　）。

A. Ctrl+C　　　　B. Ctrl+V　　　　C. Ctrl+X　　　　D. Ctrl+A

29. 关闭应用程序可以使用快捷键（　　）。

A. Alt+F4　　　　B. Ctrl+F4　　　　C. Shift+F4　　　　D. 空格键+F4

30. 将一个应用程序窗口最小化，表示（　　）。

A. 终止该应用程序的运行

B. 该应用程序转入后台但不再运行

C. 该应用程序转入后台并继续运行

D. 该应用程序窗口缩小为桌面上(不在任务栏中)的一个图标按钮

二、判断题

1. Windows 操作系统中的图形用户界面使用窗口显示正在运行的应用程序的状态。（　　）

2. Windows 10 的桌面是不可以调整的。（　　）

3. Windows 10 环境中可以同时运行多个应用程序。（　　）

4. Windows 10 是一种多用户多任务的操作系统。（　　）

5. 鼠标器在屏幕上产生的标记符号变为一个沙漏状，表明 Windows 正在执行某一处理任务，请用户稍等。（　　）

6. 在 Windows 10 中可以没有键盘，但不能没有鼠标。（　　）

7. Windows 10 操作必须先选择操作对象，再选择操作项。（　　）

8. Windows 10 中，窗口大小的改变可通过对窗口的边框操作来实现。（　　）

9. 利用回收站可以恢复被删除的文件，但须在回收站没有清空之前。（　　）

10. 删除桌面上的快捷方式，它所指向的项目同时也被删除。（　　）

11. 退出 Windows 10 时，直接关闭微机电源可能产生的后果有：可能破坏某些程序的数据、可能造成下次启动时故障等后果。（　　）

12. 在 Windows 10 操作系统中，任何一个打开的窗口都有滚动条。（　　）

13. Windows 10 中的文件属性有只读、隐藏、存档和系统四种。（　　）

14. Windows 10 中文件扩展名的长度最多可达 255 个。（　　）

15. Windows 10 中桌面上的图标能自动排列。（　　）

16. 在 Windows 10 中，若要一次选择不连续的几个文件或文件夹，可单击第一个文件或文件夹，然后按住 Shift 键单击最后一个文件或文件夹。（　　）

17. 在 Windows 10 中，通过回收站可以恢复所有被误删除的文件。（　　）

18. 在 Windows 10 中，文件夹或文件的重命名只有一种方法。（　　）

19. Windows 10 的任务栏不能修改文件属性。（　　）

20. 在 Windows 10 中，要更改文件名可用鼠标左键双击文件名，然后再执行"重命名"命令，输入新文件名后按回车键。（　　）

单元 3 计算机网络与信息安全基础

训练目标

- 掌握计算机网络基础知识。
- 学会搭建小型计算机局域网。
- 掌握信息安全基本知识。

计算机网络是现代计算机技术与通信技术密切结合的产物,在当今的信息时代,社会对信息共享和信息传递的需求日益增强,网络已成为信息社会的命脉,计算机网络日益成为现代社会中各行业不可或缺的一部分。计算机网络技术为信息的获取和利用提供了越来越先进的手段,同时也为好奇者和入侵者打开了方便之门,于是信息安全问题也越来越受关注。目前的网络和信息传播途径中潜伏着诸多不安全因素,信息文明还面临着诸多威胁和风险。个人担心隐私泄露,企业和组织担心商业秘密被窃取或重要数据被盗,政府部门担心国家机密信息泄露。信息系统的安全性不仅关系到金融、商业、政府部门的正常运作,更关系到军事和国家的安全。信息安全已成为国家、政府、部门、组织、个人都必须重视的问题。

本单元首先介绍计算机网络的基础知识,再介绍计算机局域网的关键技术,最后介绍信息安全基本知识。

任务 3.1 了解计算机网络

知识要点

- 计算机网络的定义。
- 计算机网络的产生与发展。
- 计算机网络的分类。
- 计算机网络的组成。

3.1.1 计算机网络的基本概念

1. 计算机网络的定义

计算机网络涉及将多台地理位置分散、具备独立工作能力的计算机及其外围设备,通过传输线路连接起来。在网络操作系统、管理软件以及通信协议的协同作用下,这些设备能够实现资源共享和信息的交换与传递。

计算机网络的基础构成涵盖几种关键要素:计算机设备、网络操作系

计算机网络

统、传输介质（可以是实体介质如光纤，或者是无形介质如无线电波）以及相应的应用程序。

2. 计算机网络的功能

计算机网络使计算机的作用超越了时间和空间的限制，对人们的生活产生着越来越深远的影响。当前计算机网络主要有以下功能。

（1）计算机通信

不同地区的网络用户可通过网络进行对话，实现终端与计算机、计算机与计算机之间互相交换数据和信息。

（2）资源共享

凡是入网用户均能享受网络中各个计算机系统的全部或部分软件、硬件和数据资源，是计算机网络最本质的功能。

（3）分布式处理

将一个复杂的任务分解，然后放在多台计算机上进行处理，降低软件设计的复杂性，提高效率，降低成本。

（4）负载分担

当网络中某一局部负荷过重时，可将某些任务传送给其他的计算机去处理，以均匀负载。

（5）集中管理

对地理位置上分散的组织和部门，通过计算机网络实现集中管理。

3.1.2　计算机网络的产生与发展

计算机网络从形成、发展到广泛应用经历数十年，是由简单到复杂、由低级到高级的发展过程。

纵观计算机网络的发展历史，大致可以划分为以下四个阶段。

第一阶段是面向终端的计算机通信网络。1954 年，伴随着终端的出现，人们将地理位置分散的多个终端通信线路连接到一台中心计算机上，用户可以在自己办公室的终端上输入程序和数据，通过通信线路传送到中心计算机，通过分时访问技术使用资源进行信息处理，处理结果再通过通信线路回送到用户终端显示或通过打印机打印。

第二阶段是以通信子网为中心的计算机网络。1968 年 12 月，美国国防部高级研究计划署（Advanced Research Projects Agency，ARPA）的计算机分组交换网 ARPANET 投入运行，它标志着计算机网络的发展进入了一个新纪元。ARPANET 也使得计算机网络的概念发生了根本性的变化。用户不但能共享通信子网资源，而且还可以共享用户资源子网丰富的硬件和软件资源。

第三阶段是网络体系结构和网络协议的开放式标准化阶段。国际标准化组织（International Standard Organization，ISO）的计算机与信息处理标准化技术委员会 TC87 成立了一个专门研究此问题的分委员会，以研究网络体系结构和网络协议国际标准化问题。

第四阶段是 Internet 时代。进入 20 世纪 80 年代，计算机技术、通信技术以及建立在计算机和网络技术基础上的计算机网络技术得到了迅猛发展，因特网作为覆盖全球的信息基础设施之一，已经成为人类最重要的、最大的知识宝库。互连、高速、智能计算机网络正成为最新一代计算机网络的发展方向。

3.1.3　计算机网络的分类

计算机网络类型的划分方法有许多种，IEEE（Institute of Electrical and Electronics Engineers，电气与电子工程师学会）根据计算机网络覆盖区域大小，将其划分为局域网（local area network，LAN）、城域网（metropolitan area network，MAN）和广域网（wide area network，WAN）三种。

1. 局域网

局域网是指覆盖在较小的局部区域范围内，将内部的计算机、外部设备互联构成的计算机网络。一般比较常见于一个房间、一个办公室、一幢大楼、一个小区、一个学校或者一个企业园区等。总之，它所覆盖的范围相对较小。局域网有以太网（Ethernet）、令牌环网、光纤分布式接口网络几种类型，目前极为常见的局域网大多是采用以太网标准的以太网。以太网的传输速率为 10Mb/s～10Gb/s。

2. 城域网

城域网的规模局限在一座城市的范围内，一般是一个城市内部的计算机互联构成的城市地区网络。城域网比局域网覆盖的范围更广，连接的计算机更多，可以说是局域网在城市范围内的延伸。在一个城市区域，城域网通常由多个局域网构成。这种网络的连接距离在 10～100km 的区域。

3. 广域网

广域网覆盖的地理范围更广，它一般是由不同城市和不同国家的局域网、城域网互联构成。网络覆盖跨越国界、洲界，甚至遍及全球范围。局域网是组成其他两种类型网络的基础，城域网一般都加入了广域网。广域网的典型代表是因特网。

3.1.4　计算机网络的组成与体系结构

计算机网络的主要目标在于确保数据的传输和资源的共享，其中，数据传输是实现所有网络相关功能的核心。鉴于信息种类、用途、应用环境和方式的多样性，通信子网所需提供的服务也各有不同，这要求我们运用各种技术手段来满足这些差异化的需求。那么，如何构建一个能够实现不同系统，特别是异构计算机系统之间通信的网络系统呢？这是网络架构需要解决的问题。网络架构通常通过分层的模式来规范网络协议、功能和服务。

1. 网络体系结构的概念

网络架构的设计旨在实现计算机网络中设备间的通信协作，通过将计算机互联的功能细分为多个层次，每个层次都有明确的职责。这一设计明确了同一层次实体之间通信的规则，以及相邻层次之间的接口服务。这些规则和服务共同构成了网络体系结构。

2. 网络协议

数据传输在网络中是一个复杂的过程，为确保计算机间数据交换的可靠性，需要进行多项协调工作，包括定义信号的数据格式、通信协议和错误处理机制、信号编码和电平参数设置以及实现传输速率的匹配等。

由于不同厂商可能采用不同的技术实现方法，导致其设备之间可能存在兼容性问题，这会阻碍网络中设备的识别和通信。为了解决这个问题，网络中采用了制定统一标准的通信协议方法。协议是一套定义好的规则和标准，它规定了数据如何在网络中从一个设备传输到另一个设备。这些规则包括数据的格式、传输的顺序、错误检测和纠正机制、路由选择等。通过遵守相同的协议，即使来自不同厂商的设备也能够相互识别和通信，因为它们都按照相同的规则进行数据交换。例如，互联网广泛使用的协议是标准的网络通信协议即 TCP/IP，它使得不同操作系统、不同硬件架构的设备都能够连接到互联网并进行数据交换。HTTP（hypertext transfer protocol，超文本传输协议）、FTP（file transfer protocol，文件传输协议）、SMTP（simple mail transfer protocol，简单邮件传送协议）等协议也是基于 TCP/IP 之上的应用层协议，它们定义了网页浏览、文件传输和电子邮件等服务的具体通信方式。通过采用这些标准化的协议，网络互联和数据通信变得可能，这也促进了现代互联网的发展和普及。

为了使通过设备和线路互联的计算机系统能够有序地传递信息，它们需要共享一套统一的交流规范。这种规范涵盖了交流的内容、交流的方式以及交流的时机，它是通过预先设定或广泛认可的一组规则来实现的。在网络环境中，这些规则、标准或约定的集合被称作网络协议，它们是确保数据在网络中顺利传输的关键。

语法、语义和同步是网络协议的三要素。语法主要对数据和控制信息的组织方式进行定义，以确保信息的可识别和清晰性；语义是对控制信息的含义做规定，其中包含确定采取恰当的动作和合适的响应；同步即确定事件发生的顺序，确保各方能够协调一致地执行协议。这三要素共同构成了网络协议的基础，保证了网络中设备之间的有效通信。

3. ISO/OSI 体系结构

早期计算机网络刚刚出现时，很多大型的公司拥有了网络技术，公司内部计算机可以相互连接。可是却不能与其他公司连接，因为没有一个统一的规范。计算机之间传输的信息相互不能理解。为了解决不同厂家生产的计算机互联的问题，国际标准化组织（International Standards Organization，ISO）于 1978 年提出了一个网络体系结构模型，即开放系统互联（open system interconnection，OSI）参考模型。OSI 参考模型将计算机网络划分为七层，由下至上依次是物理层、数据链路层、网络层、传输层、会话层、表示层和应用层，如图 3.1 所示。

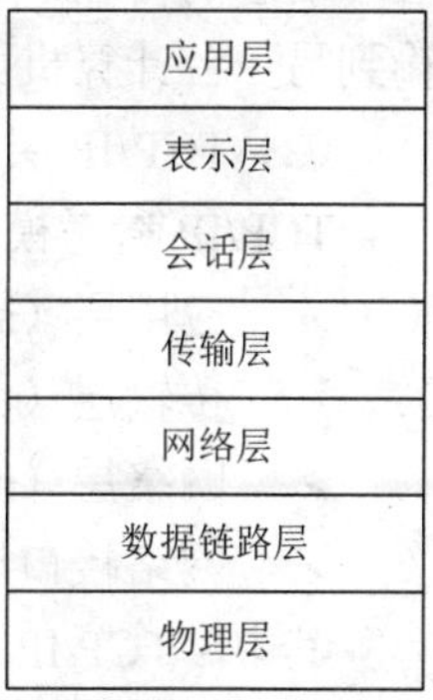

图 3.1　OSI 参考模型

OSI 参考模型各个层次划分遵循原则如下。

1）网络中各节点都有相同的层次。

2）不同节点的同等层具有相同的功能。

3）同一节点内相邻层之间通过接口通信。

4）每一层使用下层提供的服务，并向其上层提供服务。

5）不同节点的同等层按照协议实现对等层之间的通信。

4. TCP/IP 体系结构

TCP/IP 是全世界计算机赖以相互通信的基础，它有点像是人类交流用的语法规则，为不同操作系统和不同硬件体系结构的互联网络提供通信支持。TCP/IP 实际上就是指一个完整的数据通信协议集（大概 100 多个，包括 Telnet 和 FTP 等）。所谓协议（protocol），就是一组规则，其技术术语描述如何完成某件事情。

（1）TCP/IP 简介

TCP/IP 也就是 transmission control protocol/internet protocol，一般将其翻译为传输控制协议/互联网协议。这个术语不仅指代 TCP 和 IP 这两个核心协议，还包括了许多与 TCP/IP 相关的其他通信协议，如 SMTP（简单邮件传送协议）、DNS（domain name system，域名系统）、ICMP（internet control message protocol，互联网控制报文协议）、POP（post-office protocol，邮局协议）、FTP（文件传输协议）、Telnet（远程终端协议）等。在日常交流中，当我们提到 TCP/IP 时，通常指的是这个由多个协议组成的完整集合，而不是仅仅指 TCP 和 IP 这两个协议。用这种表述方式的原因在于 TCP 和 IP 是较为知名的协议，因此用 TCP/IP 来代表整个协议族。

在互联网上，数据传输不是以连续的方式从一台主机传送到另一台主机，而是将信息划分为独立的包进行发送。TCP（传输控制协议）负责将数据分割成这些小的数据包，并为每个数据包分配一个序列号和目标地址，同时还包含控制信息。随后，这些数据包被发送通过网络。TCP 的主要任务是确保这些数据包能够正确地送达远程主机。在接收端，TCP 检查数据包是否存在谬误。一旦发现谬误，TCP 将会重新请求发送该数据包。在数据包都被正确无误接收后，TCP 根据序列号将这些数据包重新组装成原始的信息序列。简而言之，TCP/IP 是一组协议，它们用于在网络中的计算机和通信设备之间组织和管理信息的传输。在互联网上，TCP/IP 的工作就是确保数据能够从一台计算机安全地传输到另一台计算机。

（2）TCP/IP 层次结构

TCP/IP 参考模型可分为以下四个层次。

➤ 应用层（application layer）。

➤ 传输层（transport layer）。

➤ 网络层（network layer）。

➤ 网络接口层（network interface layer）。

其中，TCP/IP 模型的应用层和传统 OSI 模型的会话层、表示层以及应用层是对应关系；TCP/IP 模型的传输层和传统 OSI 模型的传输层，TCP/IP 模型的网络层与传统 OSI 模型的网络层，TCP/IP 模型的网络接口层和传统 OSI 模型的数据链路层和物理层，都是一一对应关系。

5. IP 地址

通过 TCP/IP 进行通信的计算机之间，为了确保计算机在网络中能相互识别，网络中的每台计算机都必须有一个唯一的标识，即 IP 地址。按照 TCP/IP 规定，IP 地址长 32bit，平均分成四段，每段由 8 位二进制数组成，为了便于书写，将每段 8 位二进制数用十进制数表示，中间用小数点分开，每组数字介于 0～255 之间，如 192.168.0.1、10.0.0.1 等。IP 地址按网络规模的大小主要可分成三类：A 类 IP 地址、B 类 IP 地址、C 类 IP 地址。

（1）A 类 IP 地址

一个 A 类 IP 地址由 1 个字节的网络地址和 3 个字节的主机地址组成，网络地址的最高位必须是 "0"，地址范围从 1.0.0.0 到 126.0.0.0。可用的 A 类网络有 126 个，每个网络能容纳 1 亿多台主机。

（2）B 类 IP 地址

一个 B 类 IP 地址由 2 个字节的网络地址和 2 个字节的主机地址组成，网络地址的最高位必须是 "10"，地址范围从 128.0.0.0 到 191.255.255.255。可用的 B 类网络有 16384 个，每个 B 类网络最多可以容纳 65534 台主机。

（3）C 类 IP 地址

一个 C 类 IP 地址由 3 个字节的网络地址和 1 个字节的主机地址组成，网络地址的最高位是 "110"。范围从 192.0.0.0 到 223.255.255.255。C 类网络可达 2097152 个，每个网络能容纳 254 台主机。

6. 域名

域名（domain name），是由一串用点分隔的名字组成的 Internet 上某一台计算机或计算机组的名称，用于在数据传输时标识计算机的电子方位（有时也指地理位置，地理上的域名，指代有行政自主权的一个地方区域）。域名是一个 IP 地址上的 "面具"。一个域名的目的是便于记忆和沟通的一组服务器的地址（如网站、电子邮件、FTP 等）。

由于网络是基于 TCP/IP 通信和连接的，每一台主机都有一个唯一的标识固定的 IP 地址，由于 IP 地址是数字标识，使用时难以记忆和书写，因此在 IP 地址的基础上又发展出一种符号化的地址方案，以代替数字型的 IP 地址。每一个符号化的地址都与特定的 IP 地址对应，这样网络上的资源访问起来就容易得多了。这个与网络上的数字型 IP 地址相对应的字符型地址，就被称为域名。以 "百度" 域名为例，标号 "baidu" 是这个域名的主域名体，而最后的标号 "com" 则是该域名的后缀，代表的这是一个 com 国际域名，是顶级域名。

任务 3.2　计算机局域网

知识要点
- 局域网的概念。

- 局域网的主要技术。
- 网络互联设备。

3.2.1 局域网概述

1. 局域网的概念

局域网（local area network，LAN）是指在某一区域内由多台计算机互联成的计算机组。一般是方圆几千米以内。局域网可以实现文件管理、应用软件共享、打印机共享、工作组内的日程安排、电子邮件和传真通信服务等功能。局域网由网络硬件（包括网络服务器、网络工作站、网络打印机、网卡、网络互联设备等）和网络传输介质，以及网络软件所组成。

局域网

2. 局域网的特点

除了基本特征如结构简单、数据传输率高、可行性强、投资少且技术迅速发展等，局域网还具有以下特点。

1）数据传输速率可达 10Mb/s～1Gb/s，未来甚至可达 10Gb/s，分别为 1Mb/s、10Mb/s、155Mb/s 和 622Mb/s，确保了较高的传输效率。

2）传输质量优良，确保数据传输的稳定性和可靠性。

3）适应能力强，可接纳低速或高速设备，确保了系统的灵活性和通用性。

4）具备良好的兼容性和可操作性，不同厂商、不同型号的设备均可互联互通。

5）支持包括光纤、无线、同轴电缆和双绞线等多种传输介质，可以满足多种场景下的需要。

6）网络覆盖范围有限制，通常在 0.1～10km 范围内，适用于局部区域内的数据传输需求。

3.2.2 局域网的主要技术

决定局域网特征的主要技术有拓扑结构、传输介质等。

1. 拓扑结构

网络的拓扑结构是抛开网络物理连接来讨论网络系统的连接形式，它反映了网络的整体结构及各模块间的关系，网络中各站点相互连接的方法和形式称为网络拓扑。拓扑图给出网络服务器、工作站的网络配置和相互间的连接，它的结构主要有星形拓扑结构、环形拓扑结构、总线型拓扑结构、树形拓扑结构、网状拓扑结构等。

（1）星形拓扑结构

星形拓扑结构是通过中心转发设备向四周连接的链路结构，任何两个普通节点之间都只能通过中心转发设备进行转接。它具有如下特点：结构简单，便于管理；控制简单，便于建网。网络延迟时间较小，传输误差较低。但缺点也是明显的：通信线材消耗较多，成本高，中央节点负载较重，中心转发设备出故障会引起全网瘫痪，如图 3.2 所示。

（2）环形拓扑结构

环形拓扑结构由网络中所有节点通过点到点的链路首尾相连形成一个闭合的环，所有的链路都按同一方向围绕着环进行循环传输，信息从一个节点传到另一个节点。特点是：信息流在网络中是沿着固定方向流动的，其传输控制简单，实时性强，但是可靠性差，不便于网络扩充，某个节点出故障就可以破坏全网的通信，如图 3.3 所示。

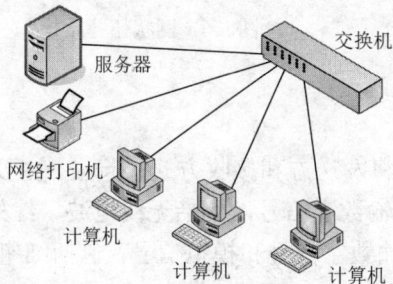

图 3.2   星形拓扑结构   图 3.3   环形拓扑结构

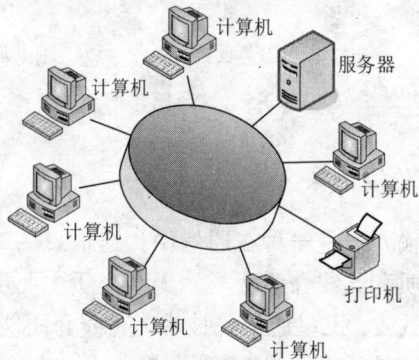

（3）总线型拓扑结构

总线型拓扑结构是指所有接入网络的设备均连接在一条公用通信传输线路，传输线路上的信息传递总是从发送信息的节点开始向两端扩散。为了防止信号在线路终端发生反射，需要在两端安装终结器。总线型拓扑结构的特点是结构简单、可充性好、用的电缆少、安装容易。缺点是当其中任何一个节点发生故障，都会造成全线的瘫痪；故障诊断困难、故障隔离困难。总线型拓扑结构一般只用于计算机数量很少的网络，如图 3.4 所示。

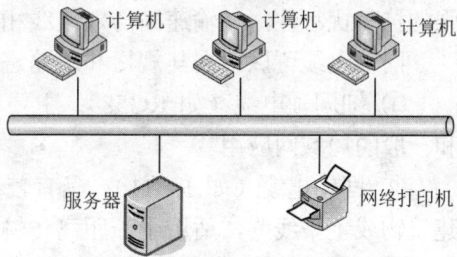

图 3.4   总线型拓扑结构

（4）树形拓扑结构

树形拓扑结构是分级的集中控制式网络，与星形拓扑结构相比，它的通信线路总长度短，成本较低，节点易于扩充，寻找路径比较方便，但除了叶子节点及其相连的线路外，任意节点或其相连的线路故障都会使系统受到影响，如图 3.5 所示。

（5）网状拓扑结构

在网状拓扑结构中，网络的每台设备之间均有点到点的链路连接。这种连接安装复杂，成本较高，但系统可靠性高，容错能力强。互联网就是这种网状拓扑结构，它将各种结构的局域网连接起来，组成一个大的网络，如图 3.6 所示。

以上各种拓扑结构都有其实用价值，对不同的需求采用不同拓扑结构，一个大的网络往往是几种拓扑结构的组合使用。

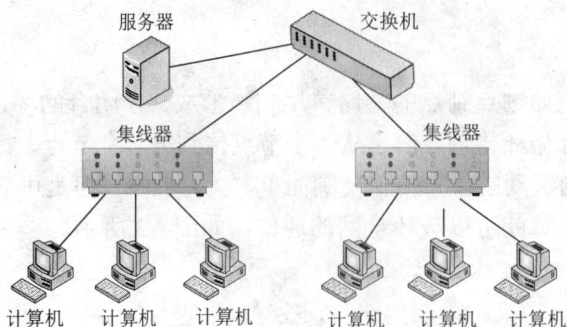

图 3.5　树形拓扑结构　　　　　　　图 3.6　网状拓扑结构

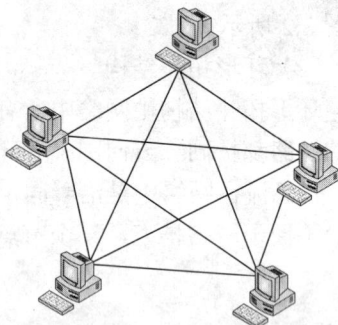

2. 传输介质

传输介质是一种在通信中传送信息的载体，将发送方和接收方连接起来。主要分为有线介质和无线介质两类。无线介质主要用于传输数字信号，包括无线电波、红外线、激光、微波、卫星通信等技术。有线介质能够传输数字信号和模拟信号，包括细/粗同轴电缆、双绞线以及光缆等。

（1）有线介质

1）同轴电缆。同轴电缆由一根导线组成，其核心部分被一层塑性绝缘材料包裹，外部使用一层金属网来屏蔽外界干扰，最外层使用塑性外套用于保护。同轴电缆具有较强的抗干扰特性，传输速率与双绞线相近，但价格通常是双绞线的 2 倍。

同轴电缆可以根据其规格和用途进行分类，具体如下。

① 细同轴电缆（如 RG58）：主要用于建筑物内部的网络连接，适用于短距离传输和一般的局域网应用。

② 同轴电缆（如 RG11）：具有较高的传输性能和更大的传输距离，通常用来连接建筑物或主干线路，适用于长距离传输和对信号质量要求较高的应用场景。

2）双绞线。为了保护数据和信息在传输过程中的完整性，双绞线中的两对或四对相互绝缘的导线通常按一定距离绞合多次，在一定程度上降低了来自外部的电磁干扰。

相较于同轴电缆，双绞线的应用稍晚，但是双绞线在性价比和网络组建方式上都具有优势，目前已成为应用最广泛的传输介质。然而，作为代价，双绞线的传输距离受到了一定限制。

双绞线主要分为屏蔽双绞线（shielded twisted pair，STP）和非屏蔽双绞线（unshielded twisted pair，UTP）两种。

通过在保护套中掺杂金属成分，屏蔽双绞线有效降低了电磁辐射并提升了防窃听能力，相较于非屏蔽双绞线表现更佳。由于屏蔽双绞线的成本较高，安装也更为烦琐，通常在构建局域网时更倾向于使用非屏蔽双绞线。不过，在户外环境下屏蔽双绞线更具优势。

目前总共有六类双绞线，每类双绞线均为 8 芯电缆，单位长度内的绞合次数确定其类型。

3）光缆。光缆是由多根光纤组成的细长、柔软的传输介质，它利用光波进行数据传输。与其他传输介质相比，光缆有卓越的电磁隔离、低信号衰减、宽频带和长传输距离等特点，使其特别适用于长距离和特殊布线环境的网络主干连接。在光缆通信系统中，光发射器将电信号转换为光信号，该光信号随后通过光纤传输至另一端，由光接收器捕获并转换回电信号，最后进行解码以恢复原始数据。光缆能够实现长距离和高速率的传输，是效率极高的数据传输介质，因此在局域网得到了广泛的应用，并被视为首选的传输介质。

（2）无线介质

无线传输涉及使用无线电波、红外线或激光等手段来发送信息，与电缆相比，它有着更大的灵活性，因为它不依赖于固定的位置，能够实现全方位的三维空间内以及移动环境中的通信。

目前，常见的无线传输手段包括无线电波、微波、红外线和激光。在计算机网络领域，无线通信通常是指使用微波技术，这包括地面微波通信和卫星微波通信两种方式。

无线局域网（wireless local area network，WLAN）通常利用无线电波和红外线来进行数据传输。红外线传输速率可达 1Mb/s，但主要适用于短距离通信且需要精确的对准。相比之下，无线电波能够覆盖更广泛的区域，应用更为广泛，因此它是 WLAN 中常用的传输手段。在中国，WLAN 通常使用 2.4～2.4835GHz 的无线电波进行数据传输。

3.2.3　常用的网络互联设备

网络连接设备把不同网络或多个网络的网段连接起来（如局域网到局域网、广域网到广域网、局域网到广域网）联结成一个互联网络。常见的连接设备包括网络接口卡、中继器、集线器和交换机。

1. 网络接口卡

网络接口卡（network interface card，NIC），也称为网络适配器，是计算机连接局域网的关键设备，充当计算机与网络之间的桥梁。无论是个人电脑还是高性能服务器，要接入局域网，都需配备网卡。在某些情况下，一台计算机可能需要安装两块或多块网卡，以满足特定的网络连接需求。在计算机间的通信过程中，数据不是直接以连续流的形式传输，而是被封装成帧的形式。帧可以被视为携带数据的信息包，其中不仅包括数据本身，还包括发送方和接收方的标识信息以及用于验证数据完整性的校验信息。随着技术的进步，网卡出现了多种不同的型号。然而，它们都共享一个特性：每块网卡都配备了一个全球独一无二的标识符，这个标识符通常被称作物理地址或 MAC（media access control，媒体访问控制）地址。MAC 地址是永久性地存储在网卡的只读存储器（ROM）中的，确保了其全球唯一性。MAC 地址的作用是在网络中识别每一台计算机，以促进网络内计算机间的通信和数据交换。

2. 中继器

中继器是局域网中用来扩展网络距离的一种基础和成本较低的互联设备，其工作在

OSI 参考模型的物理层。中继器的主要功能是放大和重建传输线路上的信号，以此来延伸局域网段落的距离，它主要用于将相同的局域网网段连接起来。

作为一种网络连接设备，中继器通常在两个网络节点之间进行物理信号的双向转发。作为网络互联的最基本设备，中继器主要负责在物理层上传递信息，包括信号的复制、调整和放大，以扩展网络的覆盖范围。由于信号在传输过程中会逐渐减弱，可能会导致信号失真，中继器的设计目的就是解决这一问题，通过对信号的放大来保持数据传输的准确性。中继器通常连接着相同类型的传输媒体，但也有中继器能够实现不同媒体之间的转换。尽管理论上中继器的使用是无限的，但网络标准对信号的延迟有一定的限制，因此中继器只能在特定的延迟范围内有效工作，超出这一范围可能会导致网络故障。

3．集线器

集线器（hub）在网络技术中是指一个中心的节点，它用于将多个计算机或其他网络设备连接在一起，构成星形拓扑结构的网络。在这个星形网络中，所有设备都通过电缆连接到集线器，集线器则作为中央设备，管理和转发数据信号。集线器作为网络拓扑结构的中心节点，其优点主要体现在以下几方面：克服了介质单一通道的限制，提高了网络的可靠性和稳定性；如果网络系统中有节点或通路发生故障时，集线器能够保证其他节点正常工作、不受影响。

4．交换机

交换机是一种广泛使用的网络设备，用于建立星形拓扑结构的网络。交换机的外观与集线器相似，由于使用了交换技术，性能上更优越。

在计算机网络中，交换机代表了对于共享工作模式的性能提升。集线器因无法识别数据包的目标地址，因此在其连接的网络中，数据帧是以广播的形式发送的。网络中的每个终端都会检查数据包头的地址信息，以确定是否应接收该数据包。这就意味着在任意时刻网络中只能有一组数据包被传输，一旦发生碰撞，就需要重新尝试，从而导致网络带宽的共享使用。与集线器这类共享设备不同，交换机是一种工作在数据链路层的网络互联设备，通过重新生成信息并进行内部处理，将数据包独立地从源端口送至目的端口，从而避免了与其他端口的碰撞。因此，交换机具有自动寻址能力和交换功能，能够更有效地利用网络带宽。

任务 3.3　了解信息安全知识

知识要点

- 信息安全的基本概念。
- 信息安全防御。
- 网络安全发展。
- 网络安全相关技术。

3.3.1　信息安全概述

1.　信息安全的基本概念

从技术角度看，计算机信息安全是一个涉及计算机科学、网络技术、通信技术、密码技术、信息安全技术等多种学科的边缘性综合学科。

信息安全包括两个方面：一是信息本身的安全，即在信息传输过程中是否有人截获信息，尤其是重要文件的截获，造成泄密，此方面偏重于静态信息保护；二是信息系统或网络系统本身的安全，一些人出于恶意或好奇进入系统使系统瘫痪，或者在网上传播病毒，此方面着重于动态意义描述。

综上分析，信息安全可以定义为：信息安全是研究在特定应用环境下，依据特定的安全策略，对信息及信息系统实施防护、检测和恢复的科学。

2.　信息安全的要素

计算机信息安全包括物理安全、运行安全、数据安全、内容安全四方面。

（1）物理安全

物理安全主要是指因为主机、计算机网络的硬件设备、各种通信线路和信息存储设备等物理介质造成的信息泄露、丢失或服务中断等不安全因素。主要涉及网络与信息系统的机密性、可用性、完整性、生存性、稳定性、可靠性等基本属性。

所面对的威胁主要包括电源故障、通信干扰、信号注入、人为破坏、自然灾害、设备故障等；主要的保护方式有加扰处理、电磁屏蔽、数据检验、容错、冗余、系统备份等。

（2）运行安全

运行安全是指对网络与信息系统的运行过程和运行状态的保护。主要涉及网络与信息系统的真实性、可控性、可用性、合法性、唯一性、可追溯性、占有性、生存性、稳定性、可靠性等。

所面对的威胁包括非法使用资源、系统安全漏洞利用、网络阻塞、网络病毒、越权访问、非法控制系统、黑客攻击、拒绝服务攻击、软件质量差、系统崩溃等；主要的保护方式有防火墙与物理隔离、风险分析与漏洞扫描、应急响应、病毒防治、访问控制、安全审计、入侵检测、源路由过滤、降级使用、数据备份等。

（3）数据安全

数据安全是指对信息在数据收集、处理、存储、检索、传输、交换、显示、扩散等过程中的保护，使得在数据处理层面保障信息依据授权使用，不被非法冒充、窃取、篡改、抵赖。主要涉及信息的机密性、真实性、实用性、完整性、唯一性、不可否认性、生存性等。

所面对的威胁包括窃取、伪造、密钥截获、篡改、冒充、抵赖、攻击密钥等；主要的保护方式有加密、认证、非对称密钥、完整性验证、鉴别、数字签名、秘密共享等。

（4）内容安全

内容安全是指对信息在网络内流动中的选择性阻断，以保证信息流动的可控能力。在此，被阻断的对象为：通过内容能够判断的会对系统造成威胁的脚本病毒；因无限制扩散而导致消耗用户资源的垃圾类邮件；导致社会不稳定的有害信息；等等。主要涉及信息的机密性、真实性、可控性、可用性、完整性、可靠性等。

所面对的难题包括信息不可识别（因加密）、信息不可更改、信息不可阻断、信息不可替换、信息不可选择、系统不可控等；主要的处置手段是密文解析或形态解析、流动信息的裁剪、信息的阻断、信息的替换、信息的过滤、系统的控制等。

3.3.2　信息安全防御

网络安全是一项动态、综合的系统工程。实现信息网络的安全除了基本的网络安全设备，还需要严格的网络安全管理。随着技术的发展和时间、网络环境的变化，信息网络的安全程度也会不断改变。因此，过去的网络安全策略可能会随着时间推移和环境变化而失效。因此，我们需要不断调整安全策略，以适应不断变化的网络环境和技术发展。网络安全是一个综合性的领域，它包括管理安全、设备安全、系统安全等多个维度。从技术上讲，确保网络安全涉及操作系统的安全、应用程序的安全、防火墙的设置、网络活动的监控、信息的审计、通信内容的加密、灾难恢复计划以及安全扫描等多个安全要素。没有一个单独的组件能够完全保证信息网络的安全，只有构建一个全面的安全体系才能有效保护网络的安全。

信息安全纵深防御体系包括应用安全、系统安全、网络安全、物理安全、安全管理、法律规范等几个防御体系。

为确保信息的可审查性、可控性、安全性、完整性和可用性，必须建立安全可靠的应用软件系统，如网站、电子邮件、电子政务等。保障以上系统应用的安全性需要安全可靠的计算机系统支持，包括操作系统、数据库、软件和硬件等；必须有安全可靠的网络环境，包括数据传输的加密与解密、身份认证、防病毒和访问控制等；上述安全的基础是物理安全，因为如果发生被水淹火烧、机器被盗等情况，以上的安全工作将无法发挥作用。有一句俗语说得好，"三分技术，七分管理"，这充分说明了安全管理的重要性。即使有再好的技术，如果没有良好的安全管理策略和制度，那么技术也只是空谈。此外，要以法律法规为准则，约束个人行为，提高每个人的安全意识，共同营造良好的信息安全环境，促进信息化的高速发展。

3.3.3　网络安全发展现状及趋势

1. 网络安全发展现状

虽然起步较晚，但我国高度重视网络安全建设。网络安全建设的发展主要表现在以下六个方面。

（1）提升网络安全维护能力

持续增强并优化网络安全相关的法律、标准、规则、计划、政策、制度、保障体系、管理技术、流程、手段以及安全管理人员团队等。

（2）安全风险评估分析

强调网络安全的重要性，需要执行安全风险的评估与分析工作，以保证所制订的安全策略和计划能够得到有效实施。同时，对在运行中的网络系统，也应定期进行安全风险的评估与分析，并实施有效的安全控制措施以维护网络的安全。

（3）网络安全技术研究

我国已将网络安全技术研究纳入国家重大高新技术研究项目，并取得了重大成果，采用一系列安全手段保证系统具有高安全性的防护。

（4）安全测试与评估

不断完善测试评估标准，加强了自动化工具和技术手段，提高了渗透性测试技术，进一步提高了网络整体安全性的评估。

（5）应急响应与系统恢复

提升应急处理能力，解决了系统稳定性和完整性问题，并增强了在检测系统漏洞、非法入侵行为以及安全事件响应等方面的研究。在系统恢复方面，主要依赖于磁盘镜像和数据备份，尽管如此，系统恢复和数据恢复技术的研究也仍需进一步加强。

（6）网络安全检测技术

持续优化安全检测手段，利用入侵检测、漏洞扫描等工具，定期对系统进行安全检查和评估，以便及时识别安全缺陷，并进行安全预警和漏洞修复，以防止重大信息安全事故的发生。致力于实现对跨越网络边界的攻击事件的有效检测、追踪和证据收集。

2. 网络安全的发展趋势

网络安全的发展趋势主要包括以下几个方面。

1）网络安全技术持续进步：面对日益增长和多变的网络安全威胁，安全技术不断革新，出现了诸如可信技术、深度包检测、终端安全控制、Web 安全技术等新兴技术。此外，云计算安全、智能检测与防御、加固技术、网络隔离、虚拟化技术等新技术也在不断发展。可信技术作为一项系统工程，致力于打造一个从终端到网络系统全域的安全可信环境。

2）安全管理技术深度融合：网络安全技术实现了深度整合与优化，例如将杀毒软件与防火墙、虚拟专用网络（virtual private network，VPN）与防火墙、入侵检测系统（intrusion detection system，IDS）与防火墙等进行集成，这些融合措施显著提升了安全管理的效率和质量。

3）现代化的网络安全系统：统一威胁管理（unified threat management，UTM）已经变成网络防御的关键工具，它融合了多种安全保护技术，有效减少了操作和保养的费用。这些包括网络安全平台、统一威胁管理工具以及日志审计分析系统等。

4）高水平的人才和服务：网络安全的重要性不断增加，对网络安全人才的需求也更为迫切。网络安全服务必将扩展，包括定期的风险评估、安全加固、安全培训等，高水平的网络安全服务和人才将会更受青睐。

5）专用安全工具：面对广泛威胁可采取网络安全工具，如 AAA（authentication

authorization accounting，认证-授权-计费）认证系统、分布式拒绝服务（distributed denial of service，DDoS）攻击的防御系统、网络安全认证系统、单点登录系统、入侵防御系统、高性能防火墙等，以提高网络安全的防护水平。

3.3.4　网络安全相关技术

随着网络的普及与发展，人们十分关心在网络上交换信息的安全性，普遍认为密码技术是解决信息安全保护的一个最有效方法。事实上，现在网络上应用的保护信息安全的技术（如数据加密技术、数字签名技术、身份认证技术、防火墙技术、计算机病毒防范技术和黑客防范技术）都是以密码技术为基础的。

1. 数据加密技术

数据加密技术是为了提高信息系统及数据的安全性和保密性，防止秘密数据被外部破析所采用的主要技术之一。数据加密的基本思想就是伪装信息，使非法接入者无法理解信息的真正含义。借助加密手段，信息以密文的方式归档存储在计算机中，或通过网络进行传输，即使发生非法截获数据或数据泄露的事件，非授权用户也不能理解数据的真正含义。

（1）加密与解密的概念

用某种方法伪装消息以隐藏它的内容的过程称为加密，加了密的消息称为密文，而把密文转变为明文的过程称为解密，如图 3.7 所示。

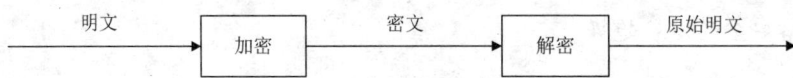

图 3.7　数据的加密、解密过程

（2）数据加密技术的术语

1）明文：需要传输的原文。

2）密文：对原文加密后的信息。

3）加密算法：将明文加密为密文的变换方法。

4）解密算法：将密文解密为明文的变换方法。

5）密钥：控制加密结果的数字或字符串。

发送方用加密密钥，通过加密设备或算法，将信息加密后发送出去。接收方在收到密文后，用解密密钥将密文解密，恢复为明文。如果传输中有人窃取，他只能得到无法理解的密文，从而对信息起到保密作用。

2. 数字签名技术

数字签名的概念最早在 1976 年由美国斯坦福大学的迪菲（Diffie）和海尔曼（Hellman）提出，其目的是使签名者对文件进行签署且无法否认该签名，而签名的验证者无法篡改已被签名的文件。1978 年，麻省理工学院瑞斯特（Rivest）、萨莫尔（Shamir）和艾德曼（Adleman）给出了数字签名的具体应用方案。

数字签名（digital signature）是在数字文档上进行身份认证的技术，类似于纸张上的手写签名，是无法伪造的。它利用数据加密技术，按照某种协议来产生一个反映被签署文件的特征和签署人的特征，以保证文件的真实性和有效性的数字技术。

（1）数字签名的作用

1）信息传输的保密性。交易中的商务信息均有保密的要求。如果信用卡的账号和用户名被别人获悉，就可能被盗用；如果订货和付款的信息被竞争对手获悉，就可能丧失商机，因此在电子商务的信息传播中一般都有加密的要求。

2）交易者身份的可鉴别性。网上交易的双方很可能素昧平生，相隔千里。商家要确认客户端不是骗子，而客户也要相信网上的商店不是一个玩弄欺诈的黑店，因此能方便而可靠地确认对方的身份是网上交易的前提，为了做到安全、保密、可靠地开展服务活动，都需要进行身份认证的工作。

3）数据交换的完整性。交易的文件是不能被修改的，以保障交易的严肃性和公正性。

4）发送信息的不可否认性。由于商情的千变万化，交易一旦达成是不能被否认的，否则必然会损害一方的利益。因此，电子交易通信过程的各个环节都必须是不可否认的。

5）信息传递的不可重放性。在数字签名中，如果采用对签名报文添加流水号、时间戳等技术，则可以防止重放攻击。

（2）数字签名的用途

在网络应用中，数字签名比手工签字更具优越性，数字签名是进行身份鉴别与网上安全交易的通用实施技术。

数字签名的特点如下。

1）签名的比特模式依赖于消息报文。

2）数字签名对发送者来说必须是唯一的，能够防止伪造和抵赖。

3）产生数字签名的算法必须相对简单、易于实现，且能够在存储介质上备份。

4）对数字签名的识别、证实和鉴别也必须相对简单，易于实现。

5）无论攻击者采用何种手法，伪造数字签名在计算上是不可行的。

3. 身份认证技术

在客观现实中，对用户的身份认证有三种基本方法：用户物件认证，如使用身份证、护照等证件进行身份认证，用户信息确认和体貌特征识别。在互联网空间，为了验证网络用户与其声称的操作者相符，必须采用特定的技术措施和方法。

（1）身份认证的概念

认证（authentication）是确认主体身份的过程，解决用户信任和系统访问的问题是网络安全的基本要素之一。

身份验证（identity authentication）即系统对用户身份进行验证的过程，在操作人员进入计算机网络系统或访问受限资源时发生。该过程确认用户身份的真实性、合法性和唯一性，是确保计算机网络系统和信息资源安全的重要措施。

（2）身份认证的方式

在网络系统中主要的身份认证方式有以下五种。

1）静态密码。静态密码认证验证在我们生活中非常常见，用户仅需通过用户名和密码核验自己的身份。用户密码一般是自己自定义的一串字符，用户仅需记住它即可。密码正确系统就认为操作者为合法用户。但是，由于很多用户存在习惯选择简单的密码，像纪念日、号码等，这无疑增加了系统被破解的风险。此外，静态密码核验时需要传输至系统验证，在传输的过程中是极易被他人监听或盗取的。因此，静态密码认证方式的安全性较低。

2）动态口令。动态口令在验证身份方面应用非常广泛，其包括动态短信密码和动态口令牌两种形式。通过这种方式，能够使得每次生成的口令都是独一无二的。系统将动态密码通过短信发送至用户的手机，而动态口令牌则是通过专门的硬件设备发放给用户。许多世界 500 强企业会使用这种方式来增强登录安全性，它在 VPN、网上银行、电子商务等领域应用比较广泛。

3）USB Key。近年来，USB Key 认证方式得到了广泛应用。其主要采用硬件与软件相互配合的方式进行核验，使用一性密码的双因素模式，完美地解决了易用和安全性两者之间的矛盾。通过带有 USB 接口的硬件设备，该设备一般内置单片机或者智能卡芯片，能够保存用户的密钥和数字证书，此外再加上使用内置的密码算法对用户的身份进行核验。USB Key 认证系统通常采用基于挑战/响应和基于 PKI 体系的两种核验模式。

4）生物识别技术。生物识别技术利用能够量化测量的生物信息、行为特征进行身份核实。其通过获得用户的生物特征来进行验证，这些生物特征一般是用户独一无二的生理特征或行为方式。生物特征可以分为两类：身体特征和行为特征。目前可运用的身体特征主要有指纹、掌纹、虹膜、气味、人脸、血管分布以及 DNA 等；而行为特征则包括行走步态、语音和字体等。

5）CA 认证。认证机构（certification authority，CA）的作用主要包括发放、管理以及取消数字证书。通过检查证书拥有者身份是否合法，然后签发相关证书，以此防止证书存在被伪造或篡改的风险。如今网银、电商等应用越发广泛，而且线上支付也在不断完善，因此网络交易的安全性变得越发重要。在这个背景下，网络身份认证已然成为安全发展的重点。我们可以这样理解认证机构，其可以被视为一个具有高度权威的中间人，主要负责验证核实交易各方的身份信息，并且对电子证书进行发放和管理。每个人或机构都应该拥有自己唯一的网络身份证，以此来标记自己在网络中的身份。然而，认证机构的发放、管理和认证过程是复杂的。

4. 防火墙技术

防火墙是为了防止火灾蔓延而设置的防火障碍，网络系统中的防火墙功能与之类似，它是用于防止网络外部恶意攻击的安全防护措施。因此，防火墙（firewall）就是各企业及组织在设置信息安全解决方案中最常被优先考虑的安全控管机制。在计算机网络中，防火墙通过对数据包的筛选和屏蔽，可以防止非法访问进入内部或外部计算机网络。

（1）防火墙的概念

我国公安安全行业标准中对防火墙的定义为："设置在两个或多个网络之间的安全阻隔，用于保证本地网络资源的安全，通常由包含软件部分和硬件部分的一个系统或多个系统的组合"。

防火墙作为网络防护的第一道防线，它由软件和硬件设备组合而成，位于企业或网络群体计算机与外界网络的边界，限制着外界用户对内部网络的访问以及管理内部用户访问外界网络的权限。

防火墙是一种必不可少的安全增强点，它将不可信任网络同可信任网络隔离开，如图 3.8 所示。防火墙筛选两个网络间所有的连接，决定哪些传输应该被允许，而哪些应该被禁止。

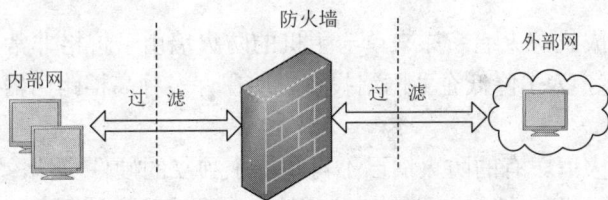

图 3.8　防火墙

（2）防火墙的特性

防火墙是放置在两个网络之间的一些组件，防火墙一般有以下三个特性。

1）所有的通信都经过防火墙。

2）防火墙只放行经过授权的网络流量。

3）防火墙能经受得住对其本身的攻击。

防火墙主要提供以下四种服务。

1）服务控制：确定可以访问的网络服务类型。

2）方向控制：特定服务的方向流控制。

3）用户控制：内部用户、外部用户所需的某种形式的认证机制。

4）行为控制：控制如何使用某种特定的服务。

（3）防火墙的分类

防火墙的分类方法很多，可以从采用的防火墙技术、软/硬件形式等进行划分。

1）按防火墙软/硬件形式分类。

① 软件防火墙。软件防火墙运行于特定的机器上，它需要客户预先安装好的计算机操作系统的支持，一般来说这台计算机就是整个网络的网关，俗称个人防火墙。软件防火墙就像其他的软件产品一样，需要先在计算机上安装并配置才可以使用。

② 硬件防火墙。这里说的硬件防火墙是指"所谓的硬件防火墙"，之所以加上"所谓"二字是针对芯片级防火墙说的，它们最大的差别在于是否基于专用的硬件平台。目前市场上大多数防火墙都是这种"所谓的硬件防火墙"。

③ 芯片级防火墙。芯片级防火墙基于专门的硬件平台，没有操作系统。

2）按防火墙技术分类。

① 包过滤（packet filtering）型防火墙。包过滤防火墙工作在 OSI 参考模型的网络层和传输层，它根据数据包头源地址、目的地址、端口号和协议类型等标志确定是否允许通过。只有满足过滤条件的数据包才被转发到相应的目的地，其余数据包则在数据流中被丢弃。

② 应用代理（application proxy）型防火墙。应用代理型防火墙工作在 OSI 参考模型的最高层，即应用层，其特点是完全"阻隔"了网络通信流，通过对每种应用服务编制专门的代理程序，实现监视和控制应用层通信流的作用。

3）按防火墙结构分类。

① 单一主机防火墙。单一主机防火墙是最为传统的防火墙，独立于其他网络设备，它位于网络边界。

② 路由器集成式防火墙。原来单一主机的防火墙由于价格非常昂贵，仅有少数大型企业才承受得起，为了降低企业网络投资，现在许多种高档路由器中都集成了防火墙功能。

③ 分布式防火墙。有的防火墙已不再是一个独立的硬件实体，而是由多个软、硬件组成的系统，这种防火墙俗称分布式防火墙。分布式防火墙不是只位于网络边界，而是渗透于网络的每一台主机，对整个内部网络的主机实施保护。

（4）防火墙的关键技术

1）实时的连接状态监控功能。包过滤是防火墙中的一项主要安全技术，它通过防火墙对进出网络的数据流进行控制与操作。系统管理员可以设定一系列规则，指定允许哪些类型的数据包流入或流出内部网络，哪些类型的数据包传输应该被拦截。

2）动态过滤技术。动态过滤技术指的是根据实际应用的需要，为合法的访问连接动态地打开其所需要的端口，在访问结束时自动地将打开的端口关闭。这样，在实际应用中事先打开极少数必须打开的端口，在建立合法的访问连接时再适当打开某些需要的端口，当连接结束时，自动地关闭相应的端口。

3）基于网络 IP 和 MAC 地址绑定的包过滤。每一块网络接口都具有一个唯一的物理标识号码，也就是 MAC 地址。IP 与 MAC 捆绑保护了内部网任意一台机器的 IP 地址不被另一台内部机器盗用。防火墙提供了将网络接口的 IP 地址同它的 MAC 地址进行绑定的功能，因此即使某一用户盗用 IP 地址，在通过防火墙时也因接口的 MAC 地址不匹配而拒绝通过。

4）网络地址转换防火墙。利用网络地址转换（network address translation，NAT）技术对内部地址做转换，使外部网络无法了解内部网络的结构，使黑客很难对内部网的一个用户发起攻击。同时，允许内部网络使用自己定制的 IP 地址和专用网络，防火墙能详尽记录每一台主机的通信，确保每个分组送往正确的地址。

5）透明代理（transparent proxy）。防火墙中对 FTP、Telnet、HTTP、SMTP、POP3 和 DNS 等应用实现了代理服务。这些代理服务对用户是透明的，即用户意识不到防火墙的存在，便可完成内外网络的通信。

6）URL 级的信息过滤。某些防火墙提供 URL.级拦截、过滤功能。管理员可以根据用户的需要，建立禁止或仅允许访问的站点列表，防火墙将自动控制用户对这些站点的访问。

7）流量控制管理。基于 IP 地址与用户的流量控制可以对通过防火墙各个网络接口的流量进行控制，监视所有使用 TCP/UDP（user datagram protocol，用户数据报协议）和 ICMP 通过防火墙的数据连接，可以在单位时间内统计任意两个 IP 地址之间的流量以及特定用户的流量，并且可以对用户访问的服务进行流量控制。

5. 计算机病毒防范技术

计算机病毒（computer viruses）是编制者在计算机程序中插入的破坏计算机功能或者数据，能影响计算机使用，能自我复制的一组计算机指令或程序代码。从 1984 年第一个病毒"小球"诞生以来，计算机病毒不断翻新。计算机病毒防治工作的基本任务是在计算机的使用管理中，利用各种行政和技术手段，防止计算机病毒的入侵、存留、蔓延。

（1）计算机病毒的概念

"病毒"一词来源于生物学，计算机病毒与医学上的"病毒"不同，计算机病毒最早是由美国加州大学的弗雷德·科恩（Fred Cohen）提出的。他在 1983 年编写了一个小程序，这个程序可以自我复制，能在计算机中传播。该程序对计算机并无害处，能潜伏于合法的程序当中，传染到计算机上。

计算机病毒有很多种定义，国外最流行的定义为：计算机病毒是一段附着在其他程序上的可以实现自我繁殖的程序代码。在《中华人民共和国计算机信息系统安全保护条例》中的定义是："计算机病毒是指编制或者在计算机程序中插入的破坏计算机功能或者数据，影响计算机使用并且能够自我复制的一组计算机指令或者程序代码。"从广义上说，凡能够引起计算机故障、破坏计算机数据的程序即为计算机病毒。

（2）计算机病毒的特点与分类

目前，关于计算机病毒的数量说法不一，但其数量一直在不断增加，而且它们种类不一，感染目标和破坏行为也不尽相同。对病毒进行分类，研究病毒的特点，是为了更好地了解病毒，找到防治方法，使计算机免遭病毒的侵害。

1）计算机病毒的特点。计算机病毒是一段特殊的程序，除了与其他程序一样可以存储和运行，计算机病毒还有寄生性、传染性、潜伏性、隐藏性、破坏性等特征。

2）病毒类型。计算机病毒的分类方法有很多种。按计算机病毒的寄生方式可分为引导型病毒、文件型病毒和混合型病毒；按计算机病毒的破坏情况可分为良性计算机病毒和恶性计算机病毒；按计算机病毒攻击的系统可分为攻击 DOS 操作系统的病毒和攻击 Windows 操作系统的病毒。

某些病毒结合了诸多病毒的特性。例如，将黑客、木马和蠕虫病毒集于一身，这种新型病毒对计算机网络有着致命的破坏性。甚至有的病毒给全球的计算机网络带来了不可预估的灾难。在病毒发展初期，一些编程高手们只是想要炫耀自己的高超技术，而如今编程高手则想要通过某些病毒来谋取一些非法利益，其中"木马盗号"便是商业用途病毒中极为典型的一个代表，通过木马病毒来盗取用户的银行卡账号、QQ 密码和个人资料等。

（3）计算机病毒的检测

计算机病毒的检测通常采用手工检测和自动检测两种方法。

1）手工检测。它的基本过程是利用工具软件，对易遭病毒攻击和修改的内存及磁盘的有关部分进行检测，通过与在正常情况下的状态进行对比分析，判断是否被病毒感染。用这种方法检测病毒费时费力，但可以检测识别未知病毒，以及检测一些自动检测工具不能识别的新病毒。

2）自动检测。自动检测是指通过病毒诊断软件来识别一个系统是否含有病毒的方法。自动检测相对比较简单，一般用户都可以进行。这种方法可以方便地检测大量的病毒，但是自动检测工具只能识别已知病毒，对未知病毒不能识别。

（4）计算机病毒的清除

1）清除病毒的原理。清除计算机病毒要建立在正确检测病毒的基础之上。清除病毒应做好以下工作。

① 清除内存中的病毒。

② 清除磁盘中的病毒。

③ 病毒发作后的善后处理。

2）清除病毒的方法。由于计算机病毒不仅干扰受感染的计算机的正常工作，更严重的是它会继续传播病毒，泄密和干扰网络的正常运行。通常用人工处理或反病毒软件两种方式进行清除。

① 人工清除法。人工处理的方法有：用正常的文件覆盖被病毒感染的文件；删除被病毒感染的文件；重新格式化磁盘，但这种方法有一定的危险性，容易造成对文件数据的破坏。

② 杀毒软件清除法。杀毒软件是专门用于对病毒的防堵、清除的工具。采用杀毒软件清除法对病毒进行清除是一种较好的方法。对于感染主引导型病毒的机器，可采用事先备份的该硬盘的主引导扇区文件进行恢复。

③ 程序覆盖法。程序覆盖法适用于文件型病毒，一旦发现文件被感染，可将事先保留的无毒备份重新拷入系统即可。

④ 格式化磁盘法。格式化磁盘法不能轻易使用，因为它会破坏磁盘的所有数据，并且格式化对磁盘也有损害，在万不得已的情况下才使用此方法。

6. 黑客防范技术

一般来说，以入侵他人计算机系统为乐趣并进行破坏的人，被称为"黑帽子"，"cracker"指的也是这种人。

（1）黑客的定义

"黑客"一词，源于英文 hacker，原指热衷于计算机技术、水平高超的计算机专家，尤其是程序设计人员，也有人把他们比作"侠客"。黑客是那些检查系统完整性和安全性的人，他们非常精通计算机硬件和软件知识，并有能力通过新的方法剖析系统。黑客通常会去寻找网络中的漏洞，但是往往并不去破坏计算机系统。正是因为黑客的存在，人们才会不断了解计算机系统中存在的安全问题。

入侵者（cracker，有人翻译成"骇客"）是那些利用网络漏洞破坏系统的人，他们往往会通过计算机系统漏洞来入侵。他们具有相应的计算机知识，但与黑客不同的是他们以破坏为目的。真正的黑客应该是一个负责任的人，他们认为破坏计算机系统是不正当的。但是现在 hacker 和 cracker 已经混为一谈，人们通常将入侵计算机系统的人统称为黑客。

（2）黑客的主要行为

黑客利用漏洞来做以下几方面的工作。

1）获取系统信息。有些漏洞可以泄露系统信息，暴露敏感资料（如银行客户账号），黑客们利用系统信息进入系统。

2）入侵系统。通过漏洞进入系统内部，取得服务器上的内部资料，甚至完全掌管服务器。

3）寻找下一个目标。一个胜利意味着下一个目标的出现，黑客会充分利用自己已经掌管的服务器作为工具，寻找并入侵下一个相似的系统。

（3）黑客的预防措施

常用的黑客预防措施有如下几种。

1）防火墙技术。使用防火墙来防止外部网络对内部网络的未经授权访问，建立网络信息系统的对外安全屏障，以便对外部网络与内部网络交流的数据进行检测，符合的予以放行，不符合的则拒之门外。

2）安全监测与扫描工具。经常使用安全监测与扫描工具作为加强内部网络与系统的安全防护性能和抗破坏能力的主要手段，用于发现安全漏洞及薄弱环节。当网络或系统被黑客攻击时，可用该软件及时发现黑客入侵的迹象，并进行处理。

3）网络监控工具。使用有效的控制手段抓住入侵者。经常使用网络监控工具对网络和系统的运行情况进行实时监控，用于发现黑客或入侵者的不良企图及越权使用，及时进行相关处理，防患于未然。

4）备份系统。经常备份系统，以便在被攻击后能及时修复系统，将损失减少到最低程度。

5）防范意识。加强安全防范意识，有效地防止黑客的攻击。

实 训　网 络 组 建

实训目的

- 熟悉无线网络设备的基本功能及基本参数。
- 了解家庭无线网络设置的需求。
- 根据家庭需要组建家庭无线网络。

■ 实训内容

组建家庭无线网络

计算机技术和电子信息技术日渐成熟，电子产品正在以前所未有的速度进入千家万户。随着网络的普及，千家万户对 Internet 的需求也越来越多。大学新生小明打算自己动手组建家里的无线网络，请你根据所学的网络知识，为他设计一下方案。

单元测试 3

单项选择题

1. OSI 参考模型的最低层为（　　）。
   A. 表示层　　　　B. 会话层　　　C. 物理层　　　D. 应用层
2. 不属于网络中硬件组成的是（　　）。
   A. 网卡　　　　B. 网线　　　C. 网络协议　　　D. 调制解调器
3. 常用的网络拓扑结构是（　　）。
   A. 星形和环形　　　　　　　　B. 总线型、星形和树形
   C. 总线型、星形和环形　　　　D. 总线型和树形
4. 个人计算机通过局域网上网的必备设备是（　　）。
   A. 电话机　　　　B. 网卡　　　C. 调制解调器　　D. 光驱
5. 关于局域网的叙述，错误的是（　　）。
   A. 可安装多个服务器　　　　　B. 可共享打印机
   C. 可共享服务器硬盘　　　　　D. 所有的数据都存放在服务器中
6. 计算机连成网络的重要优势是（　　）。
   A. 提高计算机运行速度　　　　B. 可以打网络电话
   C. 提高计算机存储容量　　　　D. 实现各种资源共享
7. 计算机网络的特点是（　　）。
   A. 运算速度快　　B. 精度高　　C. 资源共享　　D. 内存容量大
8. 局域网采用的双绞线为（　　）。
   A. 3 类 UTP　　B. 4 类 UTP　　C. 5 类 UTP　　D. 6 类 UTP
9. 通常所说 OSI 参考模型分为（　　）层。
   A. 六　　　　B. 二　　　C. 四　　　D. 七
10. 下列选项中，（　　）不是网络能实现的功能。
    A. 负荷均衡　　　　　　　　B. 控制其他工作站
    C. 资源共享　　　　　　　　D. 数据通信
11. 下列选项中，不属于 OSI 参考模型分层的是（　　）。
    A. 物理层　　B. 网络层　　C. 网络接口层　　D. 应用层

12. TCP/IP 的基本传输单位是（   ）。

    A. 文件   B. 字节   C. 数据包   D. 帧

13. 数字签名是解决（   ）问题的方法。

    A. 未经授权擅自访问网络   B. 数据被泄露或篡改

    C. 冒名发送数据或发送数据后抵赖   D. 以上三种

14. 下列 IP 地址中，正确的是（   ）。

    A. 202.9.1.12   B. CX.9.23.01

    C. 202.122.202.345.34   D. 202.156.33.D

15. 防火墙能够（   ）。

    A. 防范通过它的恶意连接   B. 防备新的网络安全问题

    C. 防范恶意的知情者   D. 完全防止传送已被病毒感染的文件

单元 4　Word 文档编辑

训练目标

- 会设置文字格式、段落格式对文档内容进行编辑与修饰。
- 会绘制表格并应用公式对表格中数据进行计算。
- 会设置图文对象格式、页面格式对文档进行排版设计。

Office 是一套由微软公司开发的办公软件，它和 Windows 操作系统一起被称为"微软双雄"。Office 2016 是计算机二级考试指定版本，适用于文字编辑、表格处理、幻灯片制作、数据库管理等。它既可以通过 PC 使用，又可以通过 Web 使用，界面比之前的版本更加简洁明快，可以让用户更加方便、自由地表达想法、解决问题以及与他人联系。

任务 4.1　Word 基本操作

知识要点

- Word 2016 软件界面组成。
- 文档的创建、打开和保存。
- 字体设置。
- 段落设置。

4.1.1　字体设置

启动 Word 2016 应用程序之后，系统会默认创建一个文件名为"文档 1"的窗口，如图 4.1 所示。

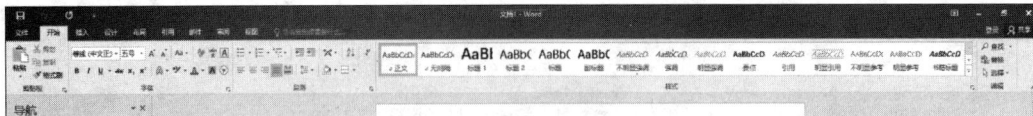

图 4.1　文件窗口

标题栏：显示正在编辑的文档的文件名及所使用的应用程序名称，如"文档 1-Word"。其中，文档 1 是文件名，Word 是应用程序名。

快速访问工具栏：处于窗口左上角，包括常用命令，如"保存""撤消""恢复"等。快速访问工具栏的末尾是一个下拉菜单，允许用户根据自己的需要添加其他经常使用的命令，如图 4.2 所示。

窗口控制按钮：用于控制窗口大小和关闭，分别为"最小化""最大化/向下还原""关闭"按钮，如图 4.3 所示。

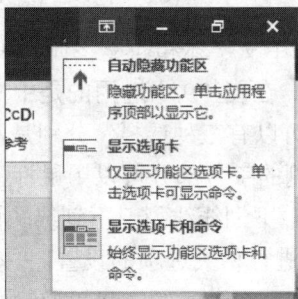

图 4.2　快速访问工具栏　　　　图 4.3　窗口控制按钮

功能区：包括处理文档时需要用到的命令。功能区取代了低版本的菜单和工具栏。功能区中的每个选项卡都有不同的按钮和命令，这些按钮和命令按照不同功能被编排到不同的组中。例如，"开始"选项卡中包含"剪贴板""字体""段落""样式""编辑"五个组，如图 4.4 所示。

图 4.4　功能区

在功能区的选项卡中的右下角有一个向右下方的箭头，叫作扩展栏，单击这个按钮，将会弹出一个带有更多命令的对话框或任务窗格。例如，在 Word 2016 的"开始"选项卡中单击"字体"组的扩展栏，则会弹出"字体"对话框，如图 4.5 所示。

图 4.5　功能区扩展栏

为了拥有更大的可视阅读空间，用户可以通过右击功能区空白的地方，然后选择"功能区最小化"，或者单击右上角的向上箭头，就可以迅速地将功能区收起来。功能区最小化之后，用户只能看到选项卡，如图 4.6 和图 4.7 所示。

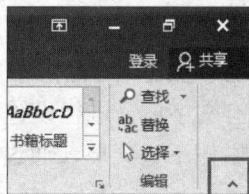

图 4.6　功能区选项卡　　　　图 4.7　最小化功能区按钮

打开 Microsoft Office 2016 应用程序，在文档或演示文稿中选择想要更改字体的文本。这可以通过单击并拖动鼠标来完成，或者通过键盘上的 Shift 键和箭头键来选择多个字符。一旦选定文本，就将看到屏幕顶部的"开始"选项卡。在这里，用户会找到"字体"组，其中包含用于更改字体设置的各种工具，如图 4.8 所示。

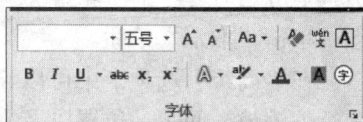

图 4.8　"字体"组

在"字体"组中进行字体和字号的修改，右侧的 $A^{\wedge}$ $A^{\vee}$ 代表字号增大和字号减小，$Aa\cdot$ 用于修改字符的大小写，分别代表清除所有格式、拼音指南以及字符边框。B I $U\cdot$ 用于修改字符的加粗、倾斜以及加下划线。abc x_2 x^2 代表删除线（在文本中间加一条线）、下标和上标。$A\cdot$ 用于修改文本效果和版式（轮廓、映像等）。分别代表文本突出显示颜色、字体颜色、字符底纹以及带圈字符。单击"字体"旁边的扩展栏，将弹出一个包含可用字体列表的对话框。在这一对话框中，字体设置分为两个选项卡，分别是"字体"和"高级"选项卡，如图 4.9 和图 4.10 所示。

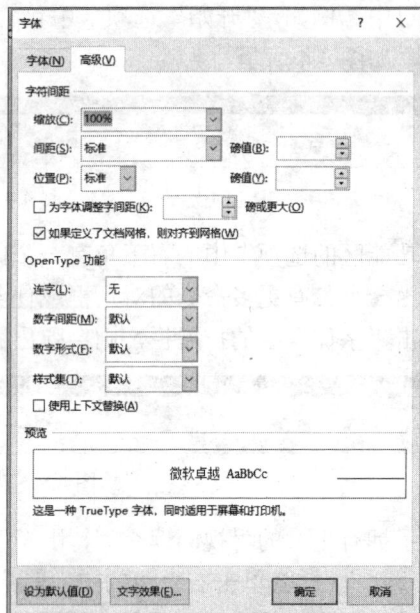

图 4.9　"字体"选项卡　　　　　图 4.10　"高级"选项卡

在"字体"选项卡中可以同时设置文本中的中文字体和西文字体，单击右侧的箭头，鼠标上下滚动可以选择合适的中文和西文字体，在图 4.9 中选用的是中文字体宋体和西文字体 Times New Roman。中间的字形部分，可以有三种选择，分别是常规、倾斜、加粗，鼠标上下滚动可以选择合适的字形。在右侧的字号部分可以用鼠标上下滚动选用合适的字号。在所有文字部分进行设置字体颜色、下划线线型、下划线颜色以及着重号，这四类均可单击右侧下拉菜单，通过鼠标滚动进行相关选项的设置。"效果"区域包括删除线、双删除线、上标、下标、小型大写字母、全部大写字母以及隐藏等七类，均可以按照相应要求选择相应效果，在相应效果前面的正方形框中进行勾选。最下面的部分是预览部分，可以按照上述的选择产生的相应效果。在最下面可以将上述设置设为默认值，单击之后会产生图 4.11 效果。设置完成后可以单击右侧的"确认"按钮，若进行修改可单击"取消"按钮。

在"高级"选项卡中可以设置字符间距和 OpenType 功能。在字符间距中可以设置字符的缩放、间距、位置以及右侧的磅值；在 OpenType 中可以设置连字、数字间距、数字形式、样式集等部分，如图 4.10 中的设置是缩放 100%、标准间距、标准位置、无连字以及默认的数字间距、数字形式和样式集。最下面的部分是预览部分，可以按照上述的选择产生的相应效果。在最下面可以将上述设置设为默认值，单击之后会产生图 4.11 效果。设置完成后可以单击右侧的"确认"按钮，若进行修改可单击"取消"按钮。

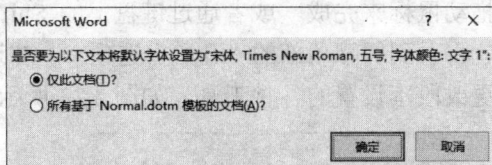

图 4.11　弹窗提示

▌案例 4.1

案例描述

打开文档 4.1.docx，实现图 4.12 的效果。

1）在文本中将所有文字的中文字体设置为"等线"，西文字体设置为 Times New Roman。

2）标题"科比"设置为"二号""红色"，字形"常规"。

3）其他字体设置为"三号"。

案例操作

1）字体设置。用鼠标选中所有的文字，选择"开始"选项卡，单击"字体"组中的扩展按钮，在弹出的"字体"对话框中设置"中文字体"为等线，"西文字体"为 Times New Roman。

2）标题字体设置。用鼠标选中标题"科比"，选择"开始"选项卡，单击"字体"组中的扩展按钮，在弹出的"字体"对话框中设置"字形"为常规，"字号"为二号，"字体颜色"为红色。

3）其他字体设置。用鼠标选中其他文字，选择"开始"选项卡，单击"字体"组中的扩展按钮，在弹出的"字体"对话框中设置"字号"为三号。

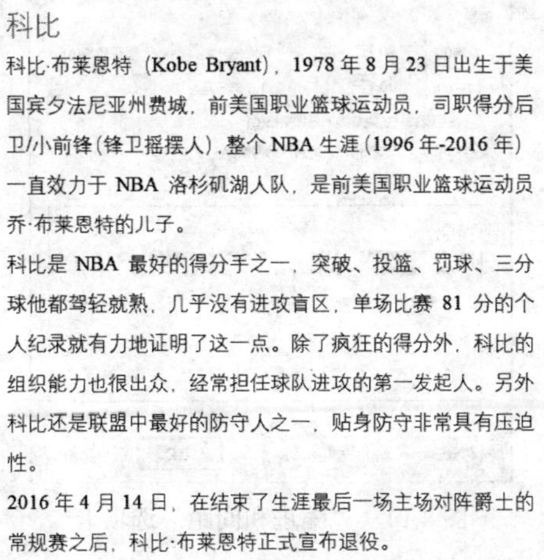

科比

科比·布莱恩特（Kobe Bryant），1978 年 8 月 23 日出生于美国宾夕法尼亚州费城，前美国职业篮球运动员，司职得分后卫/小前锋（锋卫摇摆人），整个 NBA 生涯（1996 年-2016 年）一直效力于 NBA 洛杉矶湖人队，是前美国职业篮球运动员乔·布莱恩特的儿子。

科比是 NBA 最好的得分手之一，突破、投篮、罚球、三分球他都驾轻就熟，几乎没有进攻盲区，单场比赛 81 分的个人纪录就有力地证明了这一点。除了疯狂的得分外，科比的组织能力也很出众，经常担任球队进攻的第一发起人。另外科比还是联盟中最好的防守人之一，贴身防守非常具有压迫性。

2016 年 4 月 14 日，在结束了生涯最后一场主场对阵爵士的常规赛之后，科比·布莱恩特正式宣布退役。

图 4.12　案例 4.1 样张

4.1.2　段落效果设置

打开 Microsoft Office 2016 应用程序，在文档或演示文稿中选择想要更改字体的文本。这可以通过单击并拖动鼠标来完成，或者通过键盘上的 Shift 键和箭头键来选择多个字符。一旦选定文本就将看到屏幕顶部的"开始"选项卡。在这里，用户会找到"段落"组，其中包含用于更改段落设置的各种工具，如图 4.13 所示。

图 4.13　"段落"组

用于设置项目符号、编号以及多级列表。用于减小缩进量和增加缩进量。用于中文版式的修改。用于排序，排序顺序是 A-Z。用于显示或隐藏编辑标记。代表五类对齐方式，分别是左对齐、居中、右对齐、两端对齐以及分散对齐。用于修改行和段落间距。用于修改段落的底纹和边框。

在"段落"组的右下角有一个带箭头的小图标，叫作扩展栏，单击之后打开"段落"对话框，在这个对话框中提供了更多高级设置，包括"缩进和间距""换行和分页""中文版式"三个选项卡，如图 4.14～图 4.16 所示。

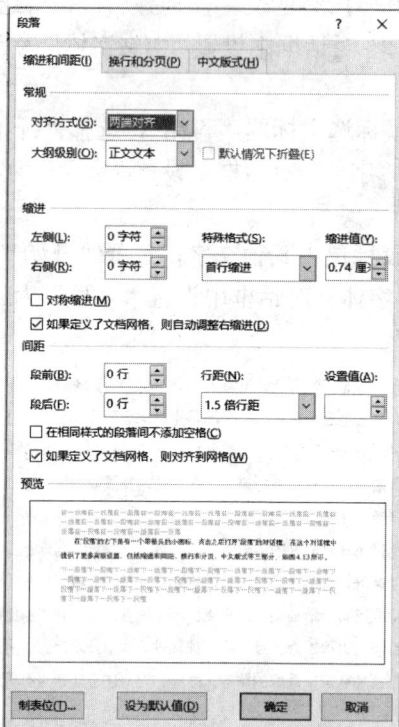

图 4.14　"缩进和间距"选项卡

在"缩进和间距"选项卡中，分为"常规""缩进""间距""预览"四个区域，下面的"预览"是对于上面三部分设置的结果展示。在"常规"区域中可以设置对齐方式和大纲级别，单击右侧下拉菜单通过鼠标滚动进行选择。在"缩进"区域中可以对段落的左侧和右侧进行缩进大小的设置，还可以设置有特殊格式的选择，分别是首行缩进、悬挂缩进以及无缩进，选用无缩进右侧的缩进值默认为空，选择"首行缩进"或"悬挂缩进"可以进行缩进值的设置。在"间距"区域中可以设置段前段后的间距，默认是 0 行，行距可以设置为单倍行距、1.5 倍行距、2 倍行距等，同时也可以自定义设置行距，在右侧的设置值中输入相应间距即可。

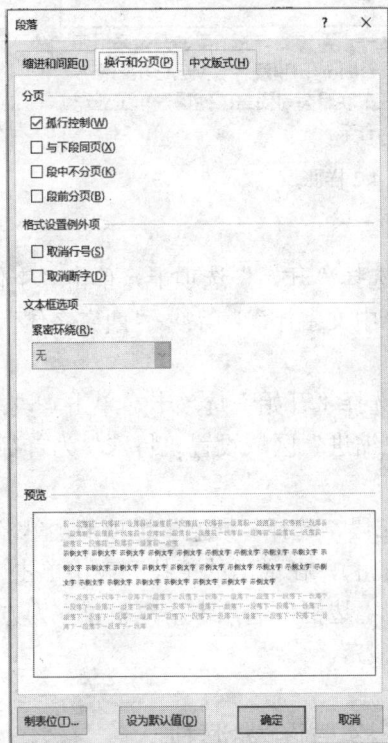

图 4.15　"换行和分页"选项卡　　　图 4.16　"中文版式"选项卡

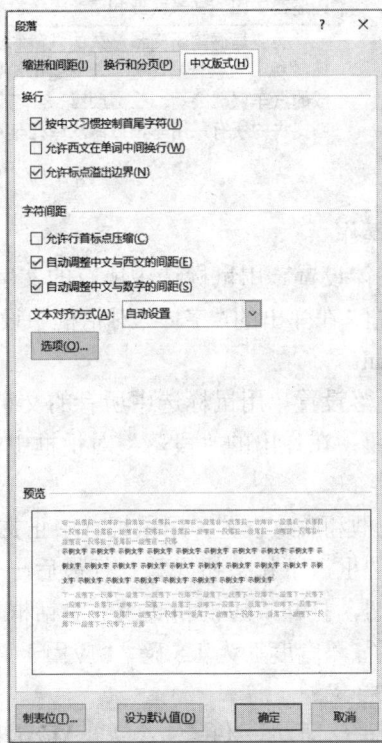

　　在"换行和分页"选项卡中分为"分页""格式设置例外项""文本框选项""预览"四个区域，默认设置为分页是孤行控制，其余位置均不勾选。图 4.15 中为默认选项。

　　在"中文版式"选项卡中可以进行换行和字符间距的设置，主要包括按中文习惯控制首尾字符、允许西文在单词中间换行以及允许标点溢出边界。在"字符间距"区域中可以允许行首标点压缩、自动调整中文与西文的间距以及自动调整中文与数字的间距。图 4.16 中为默认选项。

案例 4.2

案例描述

打开文档 4.2.docx，实现图 4.17 的效果。

1）设置正文所有中文字体为"等线"，西文字体均为 Times New Roman。

2）正文所有文字均首行缩进"2 字符"。

3）为正文第二段添加红色，1.5 磅方框边框。

奥迪是著名的汽车开发商和制造商，其标志为四个圆环相扣。现为德国大众汽车公司的子公司，总部设在德国的英戈尔施塔特，主要车型有 A1、A2、A3、A4、A5、A6、A7、A8、Q1、Q2、[1]　Q3、Q5、Q7、TT、R8 以及 S、RS 性能系列等。

奥迪集团包括母公司及其子公司奥迪匈牙利公司、quattro 有限公司以及兰博基尼汽车公司和 Cosworth 技术公司，奥迪巴西及奥迪塞那利塔。此外，奥迪还在中国、马来西亚和南非等地设有生产厂。

奥迪是德国历史最悠久的汽车制造商之一。从 1932 年起，奥迪开始采用四环徽标，它象征着奥迪与小奇迹(DKW)、霍希(Horch)和漫游者(Wanderer)合并成的汽车联盟公司。在 20 世纪 30 年代，汽车联盟公司涵盖了德国汽车工业能够提供的所有乘用车领域，从摩托车到豪华轿车。

图 4.17　案例 4.2 样张

案例操作

1）字体设置。用鼠标选中所有的文字，选择"开始"选项卡，单击"字体"组中的扩展按钮，在弹出的"字体"对话框中设置"中文字体"为等线，"西文字体"为 Times New Roman。

2）段落设置。用鼠标选中所有的文字，选择"开始"选项卡，单击"段落"组中的扩展按钮，在弹出的"段落"对话框中的"缩进"区域设置"特殊"为首行，"缩进值"为 2 字符。

3）边框和底纹设置。用鼠标选中正文第二段，选择"开始"选项卡，单击"段落"组中的"边框"下拉按钮（第二行最后一个按钮），在弹出的下拉列表中单击"边框和底纹"按钮，打开"边框和底纹"对话框，在"边框"选项卡下"设置"为方框，"颜色"为红色，"宽度"为 1.5 磅，"应用于"为段落。

任务 4.2　Word 表格与图文混排

知识要点
- 表格编辑、公式计算。
- 图形处理。
- 艺术字设置。

4.2.1　表格绘制与编辑

1. 表格绘制

1）插入表格法。选择"插入"选项卡，在"表格"组内单击"表格"下拉按钮，在下拉列表中执行"插入表格"命令，输入列数、行数，单击"确定"按钮。

2）直接拖拽法。选择"插入"选项卡，在"表格"组内单击"表格"下拉按钮，在上面移动鼠标，选择对应的行数、列数，单击即可。

3）绘制表格法。选择"插入"选项卡，在"表格"组内单击"表格"下拉按钮，选择绘制表格，使用笔的图标左键拖动，生成一个表格框，在框内使用笔的图标继续绘制。

4）文本转换成表格法。将文字内容使用空格或其他文本分隔标识分开，在框选文字后，选择"插入"选项卡，在"表格"组内单击"表格"下拉按钮，在弹出的下拉列表中执行"文本转换成表格"命令，文本分隔位置选项选择空格或其他分隔标识，单击"确定"。

5）Excel 电子表格法。选择"插入"选项卡，在"表格"组内单击"表格"下拉按钮，选择"Excel 电子表格"单击。

6）快速表格法。选择"插入"选项卡，在"表格"组内单击"表格"下拉按钮，选择"快速表格"，在下拉列表中选择模板进行编辑。

2. 表格编辑

1）合并、拆分单元格。选中需要合并、拆分的单元格，选择"表格工具/布局"选项卡，在"合并"组内单击"合并单元格"或者"拆分单元格"按钮，在弹出的窗口内设置数量参数。

2）插入行、列。选择插入位置，选择"表格工具/布局"选项卡，在"行和列"组内单击需要插入的位置选项。

3）对齐方式。表格对齐方式，选中表格，选择"表格工具/布局"选项卡，在"表"组内单击"属性"，在对齐方式中设置。单元格内容对齐可在属性单元格垂直对齐方式中设置，或者在"表格工具/布局"选项卡"对齐方式"组内直接设置。也可以选中表格右击，在弹出的对话框中单击"表格属性"进行设置。

4）表格样式。选中表格，选择"表格工具/设计"选项卡，在"表格样式"组内下拉菜单中设置。

5）边框和底纹。选中表格，选择"表格工具/设计"选项卡，在"边框"组内单击"边框"下拉按钮，在下拉列表中单击"边框和底纹"按钮设置边框和底纹。

案例 4.3

案例描述

创建表格，实现图 4.18 的效果。

1）创建一个 5 行 6 列的表格。

2）绘制斜线表头，并输入行标题为"星期"，列标题为"时间"。

3）合并和拆分单元格，样式如图 4.18 所示。

4）在表格最上方插入一行，输入表标题"课程表"，文字格式设置为隶书、小一、加粗。设置表格样式为"网格表 4-着色 1"。

5）将表格的对齐方式设置为"居中"，所有单元格的对齐方式为"水平居中"。

课程表						
星期 时间		一	二	三	四	五
上午	1-2	英语	物理	高数	计算机	英语
	3-4	高数	制图	英语	哲学	高数
下午	5-6	计算机	英语听力		体育	制图
	7-8			物理实验		

图 4.18 案例 4.3 样张

案例操作

1）创建表格。选择“插入”选项卡，单击“表格”组中的“表格”按钮。

2）绘制斜线表头。将光标定位在第 1 行第 1 列的单元格中，选择“表格工具/设计”选项卡，单击“边框”组中的“边框”下拉按钮，在弹出的下拉列表中单击“斜下框线”按钮。

3）合并或拆分单元格。选中要合并或拆分的单元格，选择“表格工具/布局”选项卡，单击“合并”组中的“合并单元格”/“拆分单元格”按钮。

4）插入行。选中第 1 行，选择“表格工具/布局”选项卡，单击“行和列”组中的“在上方插入”按钮。

5）字体格式。在“开始”选项卡“字体”组中设置。

6）设置表格样式。在“表格工具/设计”选项卡“表格样式”组中选择需要的表格样式。

7）表格对齐方式。选中表格，右击，在弹出的快捷菜单中选择“表格属性”，然后打开“表格属性”对话框，在“表格”选项卡中“对齐方式”栏下选择“居中”。

8）单元格对齐方式。选中要设置对齐方式的单元格，在“表格工具/布局”选项卡“对齐方式”组中选择相应的单元格对齐方式。

4.2.2 表格公式计算

1. 排序

选中排序内容，选择“表格工具/布局”选项卡，单击“数据”组中的“排序”按钮进行设置。

2. 公式

选中单元格，选择“表格工具/布局”选项卡，找到“数据”组中的“公式”按钮，弹出“公式”对话框，在英文状态下输入公式，也可以在“粘贴函数”下拉列表中选择所需函数，并设置编号格式。

案例 4.4

案例描述

打开文档 4.4.docx，录入文字（图 4.19），实现图 4.20 的
效果。

1）将录入的文字转换成 5 行 4 列表格。在表格最后增加 2
列，列标题分别为"总分""平均分"。

2）在表格最下面增加 3 行，行标题分别为"最高分""最
低分""平均分"。

姓名	计算机	高数	英语
李芳	85	67	77
张军	66	76	59
赵丽	78	87	83
王鹏	66	78	56

图 4.19　案例 4.4 样张 1

姓名	科目			总分	平均分
	计算机	高数	英语		
李芳	85	67	77	229.00	76.33
赵丽	78	87	83	248.00	82.67
王鹏	66	78	56	200.00	66.67
张军	66	76	59	201.00	67.00
最高分	85.00	87.00	83.00	248.00	82.67
最低分	66.00	67.00	56.00	200.00	66.67
平均分	73.75	77.00	68.75		

图 4.20　案例 4.4 样张 2

3）将表格设置为行高 0.5 厘米、列宽 2.5 厘米。

4）计算每个人的总分、平均分（保留 2 位小数）以及各科的最高分、最低分、平均分。

5）表格以"计算机"为主要关键字递减排序，如果"计算机"成绩相同，则以"高
数"递减排序（不包括最后 3 行）。

6）表格中文字水平居中，数字右下对齐。

7）表格外边框线设置为蓝色 1.5 磅双实线，表格内边框设置为红色 0.5 磅单实线，
并将第 1 行下框线和第 1 列右框线设置为 3 磅单实线。

8）为最后 3 行加橙色底纹。

案例操作

1）文字转换成表格。选择需要转换的文本，选择"插入"选项卡，单击"表格"
组中的"表格"下拉按钮，在弹出的下拉列表中执行"文本转换成表格"命令。

2）增加行数、列数。选中最后 2 列，选择"表格工具/布局"选项卡，单击"行和
列"组中的"在右侧插入"按钮，增加 2 列。选中最后 3 行，然后选择"表格工具/布局"
选项卡，单击"行和列"组中的"在下方插入"按钮，增加 3 行。

3）行高和列宽。选中表格，选择"表格工具/布局"选项卡，在"单元格大小"组
的"高度"和"宽度"数值框中设置值。或者右击选中的表格，在弹出的快捷菜单中选
择"表格属性"，然后在"表格属性"对话框的"行""列"选项卡中进行设置。

4）计算每个人的总分。选择插入位置，选择"表格工具/布局"选项卡，单击"数
据"组中的"公式"按钮。在"公式"文本框中输入公式，如"=SUM(b3:d3)/ =SUM(left)"，

是计算李芳的总分，同样方法计算其他人的总分。

说明：在输入计算公式时，要用到单元格地址。单元格的地址用其所在的列号和行号表示。列号依次用字母 a,b,c,…表示，行号依次用数字 1,2,3,…表示，如 b2 表示第 2 列第 2 行的单元格。此外，要注意公式不能使用全角的标点符号，如"："，否则，系统将显示"语法错误"。

5）计算平均分。选择插入位置，选择"表格工具/布局"选项卡，单击"数据"组中的"公式"按钮，弹出"公式"对话框。在"公式"文本框中输入公式，如"=AVERAGE(b3:d3)"，然后在"数字格式"下拉列表中选择"0.00"格式。同样方法计算其他平均分。

6）计算各科最高分与最低分。选择插入位置，选择"表格工具/布局"选项组，单击"数据"组中的"公式"按钮，弹出"公式"对话框。在"公式"文本框中输入公式，如"=MAX(b3:b6)/ MAX(above)"或"=MIN(b3:b6)"，计算"计算机"的最高分与最低分，其他科目的最高分、最低分计算方法类似。

7）排序。选择表格前 5 行数据，选择"表格工具/布局"选项卡，单击"数据"组中的"排序"按钮。在弹出的"排序"对话框"主要关键字"下拉列表中选择"计算机"选项，并且选中"降序"单选按钮；"次要关键字"下拉列表中选择"高数"选项，并且选中"降序"单选按钮。

8）表格边框线。选择"表格工具/设计"选项卡，单击"边框"组的"边框"下拉按钮，在打开的下拉列表中选择"边框和底纹"按钮，在弹出的"边框和底纹"对话框中进行设置。

9）添加底纹。选中最后三行，选择"表格工具/设计"选项卡，单击"表格样式"组中的"底纹"下拉按钮，在弹出的下拉列表中选择所需底纹颜色。

4.2.3　图形处理

1. 图形插入

选择需要插入的位置，在"插入"选项卡的"插图"组中可插入图片、联机图片、形状、SmartArt、图表、屏幕截图等。

2. 图形编辑

选中已插入图形，在"图片工具/格式"选项卡中可设置图片样式、排列、大小等效果。

▌案例 4.5

案例描述

打开文档 4.5.docx，实现图 4.21 的效果。

1）设置上、下页边距为 3 厘米。

2）设置标题文字华文隶书，二号，橙色；其他文字为华文仿宋，四号；正文段落首行缩进 2 字符。

3）插入素材图片"案例 4.5 图片素材.JPG"，设置图片高度为 7 厘米、宽度 9.33 厘米，四周型环绕，并适当调整图片位置。

4）为文档设置如样张所示边框。

5）将正文倒数第二段内容分为 2 栏，并设置分隔线。

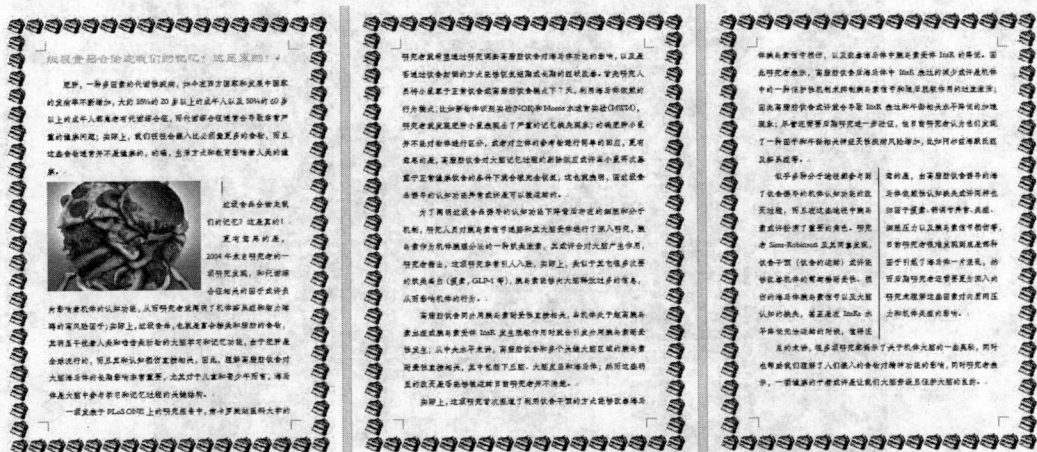

图 4.21　案例 4.5 样张

案例操作

1）设置页边距。选择"布局"选项卡，单击"页面设置"组中"页边距"下拉按钮，在弹出的下拉列表中执行"自定义页边距"命令，打开"页面设置"对话框，在"页边距"选项卡中进行设置。

2）字体、段落格式。在"开始"选项卡的"字体"组中进行字体的相关设置。选择"开始"选项卡，单击"段落"组中的扩展栏，打开"段落"对话框，在"缩进和间距"选项下，设置"特殊"为首行，"缩进值"为 2 字符。

3）插入图片。选择"插入"选项卡，单击"插图"组中的"图片"按钮，在弹出对话框左侧导航窗格内按路径找到插入图片的位置，选择图片单击"插入"按钮即可。选择图片，在"图片/格式"选项卡的"大小"组内可以调整图片的大小，在"排列"组内的"环绕文字"下拉列表中选择"四周型"。

4）页面设置。选择"设计"选项卡，单击"页面背景"组中的"页面边框"按钮，弹出 "边框和底纹"对话框，在"页面边框"选项卡的"艺术型"区域中进行设置。

5）分栏。选中要分栏的文本内容，选择"布局"选项卡，单击"页面设置"组中的"栏"下拉按钮，在下拉列表中选择"更多栏"，可设置栏数和分隔线等。

案例 4.6

案例描述

打开文档 4.6.docx，实现图 4.22 的效果。

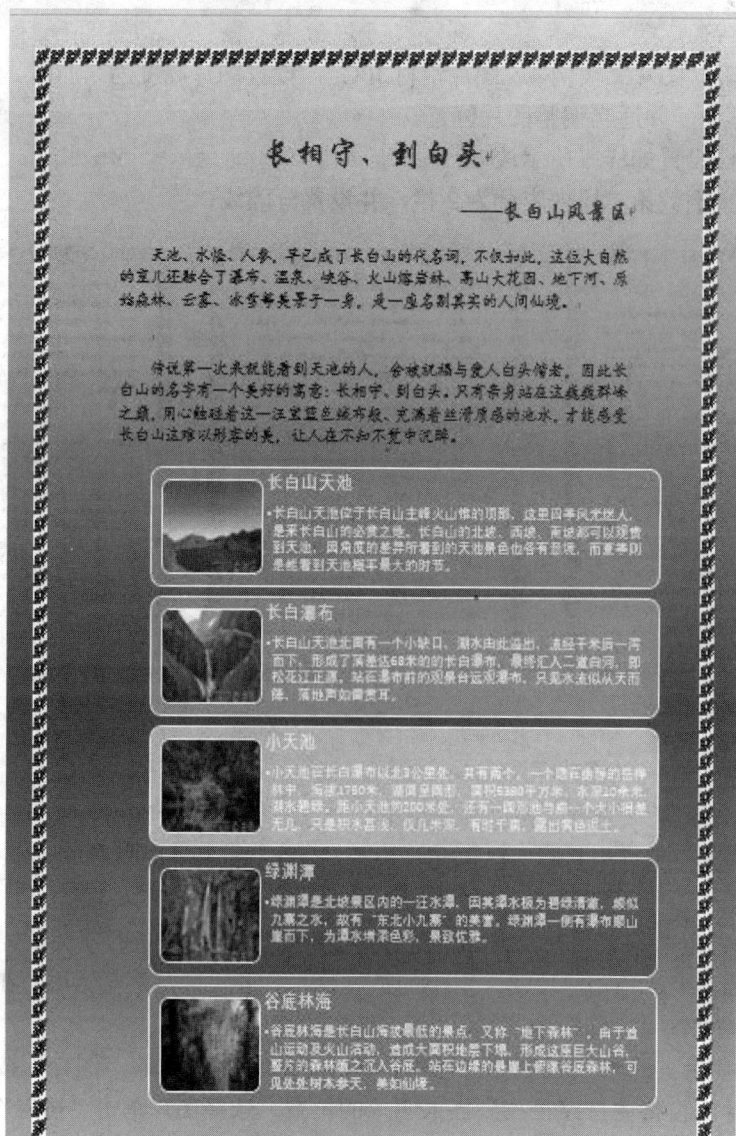

图 4.22　案例 4.6 样张

1）设置纸张宽度为 20 厘米、高度 30 厘米，每页 45 行。

2）设置标题文字"长相守、到白头"字体为华文行楷、小一号，水平居中对齐。设置副标题"——长白山风景区"为"华文行楷"、三号、右对齐。

3）设置正文文字为"楷体"，小四号；正文内容段落设置首行缩进 2 字符，段前、段后间距均为 0.5 行。

4）在文档中插入"垂直图片列表"SmartArt 图形，更改颜色为"彩色，个性色"，参照样张将文本内容和素材文件中的图片填充到 SmartArt 图形中，适当调整 SmartArt 图形大小。

5）设置页面颜色为"茵茵绿原"，参照样张添加页面边框。

案例操作

1）文档网格。选择"布局"选项卡，单击"页面设置"组中的扩展栏，打开"页面设置"对话框，在"文档网格"选项卡的"网格"区选中"只指定行网格"或"指定行和字符网格"，然后在"行"区设置每页的行数。

2）字体格式。在"开始"选项卡的"字体"组中进行字体和字号的设置，对齐方式在"开始"选项卡的"段落"组中进行设置。

3）段落格式。选择"开始"选项卡，单击"段落"组中的扩展栏，打开"段落"对话框，在"缩进和间距"选项卡下，在"缩进"区中设置"特殊"为首行，"缩进值"为 2 字符，在"间距"区中设置段前、段后间距为 0.5 行。

4）SmartArt 图形。选择"插入"选项卡，单击"插入"组中的"SmartArt"按钮，弹出"选择 SmartArt 图形"对话框，选择"列表"中的"垂直图片列表"，插入 SmartArt 图形。选择插入的 SmartArt 图形，在"SmartArt 工具/设计"选项卡"SmartArt 样式"组中单击"更改颜色"下拉按钮，在下拉列表中选择"彩色，个性色"。在"SmartArt 工具/设计"选项卡"创建图形"组中单击"添加形状"按钮可以增加 SmartArt 图形数量。

5）页面颜色与边框。选择"设计"选项卡，单击"页面背景"组中的"页面颜色"下拉按钮，在下拉列表中选择"填充效果"，弹出"填充效果"对话框。在"渐变"选项卡的"颜色"区选中"预设"单选按钮，在右侧的"预设颜色"下拉列表中进行页面颜色设置。选择"设计"选项卡，单击"页面背景"组中的"页面边框"按钮，弹出"边框和底纹"对话框，在"页面边框"选项卡的"艺术型"区中进行页面边框的设置。

4.2.4 艺术字设置

1. 插入艺术字

选择"插入"选项卡，在文本组中单击"艺术字"下拉按钮，在下拉列表中选择所需的艺术字样式单击，在弹出的"编辑艺术字文字"窗口输入文本即可。

2. 艺术字版式

选中艺术字，选择"绘图工具/格式"选项卡，单击"排列"组中的"环绕文字"下拉按钮，在打开的下拉列表中进行设置。

3. 艺术字效果

选中艺术字，在"绘图工具/格式"选项卡中可以设置形状样式、艺术字样式，如设置阴影效果、三维效果，在"大小"组内调整艺术字的位置和大小等。

案例 4.7

案例描述

打开文档 4.7.docx，实现图 4.23 的效果。

1）将标题"满江红"设置为艺术字。艺术样式为"填充—蓝色，着色 1，阴影"，字体为"华文楷体"，加粗，艺术字样式为"V形：倒"。

2）设置艺术字的文本填充颜色为预设"底部聚光灯-个性色2"，三维效果为"等轴右上"，阴影效果为"向右偏移"，棱台效果为"松散嵌入"。

3）设置艺术字版式为"四周型环绕"，艺术字所放位置如样张所示。

4）将副标题"——根据岳飞《满江红》改写的散文"设置为"方正舒体"、小四、右对齐。

5）在文档中插入一个竖排文本框，高度为5厘米，宽度为7厘米，填充颜色为预设中的"中等渐变-个性色6"，版式为"四周型"，文本框位置如图4.23所示。

6）在文本框中添加文字，内容如图4.23所示，并将文字设置为黑体、加粗、黄色。

7）在文档中插入图片"Flower.jpg"，图片高度为7厘米、宽度为5厘米，效果为"冲蚀"，版式为"衬于文字下方"。

8）将"怎能忘记靖康二年的国耻还未洗雪，……欣赏神州大地巨龙般的腾飞！"段分为等宽3栏。

9）在文档中插入自选图形"横卷形"，填充颜色为预设中的"浅色渐变-个性色2"，并添加文字"我爱你，我的祖国！"。同时将文字设置为华文楷体、小三、红色、居中对齐。版式为"四周型"，所放位置如图4.23所示。

10）为"三十功名尘与土，……留取丹心照汗青。（文天祥）"添加项目符号❖。

图4.23　案例4.7样张

案例操作

1）插入艺术字。选择"插入"选项卡，单击"文本"组中的"艺术字"下拉按钮，第 1 行第 2 列即为所需艺术字样式。

2）设置艺术字形状。选中艺术字，选择"绘图工具/格式"选项卡，单击"艺术字样式"组中的"文本效果"下拉按钮，执行"转换"命令，在弹出的下拉列表中选择"弯曲"区域中第 2 行第 1 列的样式。

3）艺术字的文本填充效果设置。选中艺术字，选择"绘图工具/格式"选项卡，单击"艺术字样式"组中的"文本填充"下拉按钮，在下拉列表中选择"渐变"→"其他渐变"。然后在"设置形状格式"窗格中，选择"文本选项"→"文本填充"→"渐变填充"单选按钮，单击"预设渐变"下拉按钮，在打开的下拉列表中选择第 4 行第 2 列的"底部聚光灯-个性色 2"。

4）设置艺术字三维效果、阴影效果和棱台效果。选择"绘图工具/格式"选项卡，单击"艺术字样式"组中的"文本效果"下拉按钮。在打开的下拉列表中，"阴影"命令可以设置艺术字阴影效果；"棱台"命令设置艺术字的棱台效果；"三维旋转"命令可以设置艺术字的三维效果。

5）设置艺术字版式。选中艺术字，选择"绘图工具/格式"选项卡，单击"排列"组中的"环绕文字"下拉按钮，然后从弹出的下拉列表中选择需要的环绕方式。

6）插入竖排文本框。将光标定位到需要插入文本框位置，选择"插入"选项卡，单击"文本"组中的"文本框"下拉按钮，在打开的下拉列表中选择"绘制竖排文本框"。

7）设置文本框大小。选中文本框，在"绘图工具/格式"选项卡的"大小"组中设置文本框的大小。

8）文本框的填充颜色。选中文本框，选择"绘图工具/格式"选项卡，单击"形状样式"组中的"形状填充"下拉按钮，在下拉列表中选择"渐变"→"其他渐变"。然后打开"设置形状格式"窗格，选择"形状选项"→"填充"→"渐变填充"单选按钮，单击"预设渐变"下拉按钮，在打开的下拉列表中选择第 3 行第 6 列的"中等渐变-个性色 6"。

9）设置文本框版式。选中文本框，选择"绘图工具/格式"选项卡，单击"排列"组中的"环绕文字"下拉按钮，在弹出的下拉列表中选择需要的环绕方式即可。

10）插入图片。选择"插入"选项卡，单击"插图"组中的"图片"按钮，浏览图片的存储位置，选择图片，然后单击"插入"按钮。

11）设置图片大小。选中图片，在"绘图工具/格式"选项卡的"大小"组中设置图片的大小。

12）设置图片效果"冲蚀"。选中图片，选择"绘图工具/格式"选项卡，单击"调整"组中的"颜色"下拉按钮。在打开的下拉列表中，在"重新着色"区域下选择"冲蚀"。

13）设置图片版式。选中图片，选择"绘图工具/格式"选项卡，单击"排列"组中的"环绕文字"下拉按钮，在弹出的下拉列表中选择需要的环绕方式。

14）分栏。选中要分栏的段落，选择"布局"选项卡，单击"页面设置"组中的"栏"

下拉按钮，然后从弹出的下拉列表中选择合适的栏数。

15）绘制自选图形。光标定位到需要插入自选图形的位置，选择"插入"选项卡，单击"插图"组中的"形状"下拉按钮，然后从弹出的列表中选择需要的图形。此例中，在"星与旗帜"下选择"横卷形"。

16）设置自选图形的填充颜色。选中图形，选择"绘图工具/格式"选项卡，单击"形状样式"组中的"形状填充"下拉按钮，在下拉列表中选择"渐变"→"其他渐变"。然后在打开的"设置形状格式"窗格中，选中"填充"→"渐变填充"单选按钮，单击"预设渐变"下拉按钮，在打开的列表中选择第 1 行第 2 列的"浅色渐变–个性色 2"。

17）设置自选图形版式。选中自选图形，选择"绘图工具/格式"选项卡，单击"排列"组中的"环绕文字"按钮，然后从弹出的下拉列表中选择需要的环绕方式。

18）添加项目符号。选中要添加项目符号的段落，选择"开始"选项卡，单击"段落"组中的"项目符号"下拉按钮，在下拉列表中选择"定义新项目符号"，在弹出的"定义新项目符号"对话框中选择"符号"→"Wingdings"，然后在列表中选择合适的项目符号。

任务 4.3　Word 长文档编辑

知识要点
- 页面设置。
- 目录生成。
- 邮件合并。

4.3.1　页面设置

1. 页眉、页脚

页眉设置，选择"插入"选项卡，在"页眉和页脚"组内单击"页眉"下拉按钮，在下拉列表中选择"编辑页眉"，输入文本，关闭页眉页脚。当设置不同页面不同页眉时，要先设置分隔符，选择"布局"选项卡，在"页面设置"组内单击"分隔符"下拉按钮，在下拉列表中选择分节符中的"下一页"。然后在编辑页眉中取消"链接到前一节"页眉。可按上面方法设置页脚。

2. 页码

选择"插入"选项卡，在"页眉和页脚"组内单击"页码"下拉按钮，在下拉列表中单击"设置页码格式"，可设置编号格式、页码编号，再次单击"页码"下拉按钮，在下拉列表中选择插入位置，关闭页眉页脚。当从指定页设置页码时，在设置页码格式时，页码编号中选中"起始页码"。

3. 页边距

选择"布局"选项卡，在"页面设置"组内单击"页边距"下拉按钮，在下拉列表中可自定义页边距。

4. 纸张方向与大小

选择"布局"选项卡，在"页面设置"组内单击"纸张方向"下拉按钮，可设置为纵向与横向，在"页面设置"组内单击"纸张大小"下拉按钮，选择"其他纸张大小"，在弹出的对话框内可设置纸张类型、高度与宽度。

5. 页面背景

在"设计"选项卡"页面背景"组内可设置水印、页面颜色、页面边框等效果。

案例4.8

案例描述

打开文档 4.8.docx，实现图 4.24 的效果。

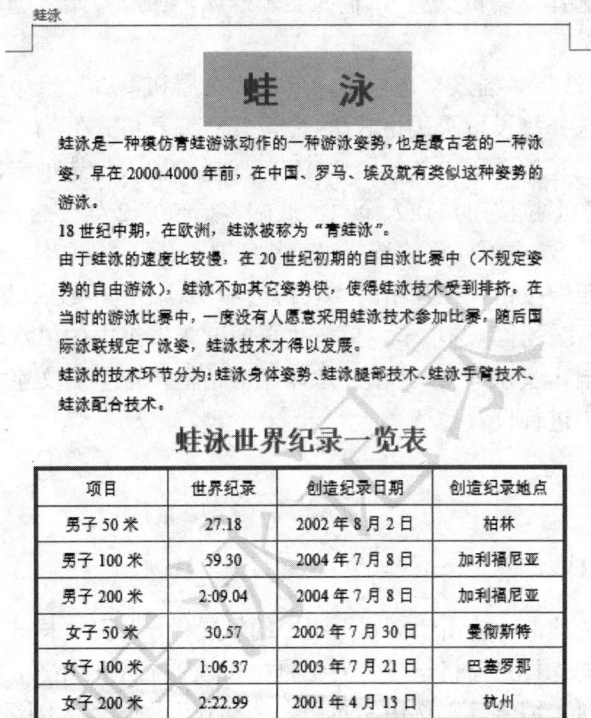

蛙泳

蛙　泳

蛙泳是一种模仿青蛙游泳动作的一种游泳姿势，也是最古老的一种泳姿，早在 2000-4000 年前，在中国、罗马、埃及就有类似这种姿势的游泳。

18 世纪中期，在欧洲，蛙泳被称为"青蛙泳"。

由于蛙泳的速度比较慢，在 20 世纪初期的自由泳比赛中（不规定姿势的自由游泳），蛙泳不如其它姿势快，使得蛙泳技术受到排挤，在当时的游泳比赛中，一度没有人愿意采用蛙泳技术参加比赛，随后国际泳联规定了泳姿，蛙泳技术才得以发展。

蛙泳的技术环节分为：蛙泳身体姿势、蛙泳腿部技术、蛙泳手臂技术、蛙泳配合技术。

蛙泳世界纪录一览表

项目	世界纪录	创造纪录日期	创造纪录地点
男子 50 米	27.18	2002 年 8 月 2 日	柏林
男子 100 米	59.30	2004 年 7 月 8 日	加利福尼亚
男子 200 米	2:09.04	2004 年 7 月 8 日	加利福尼亚
女子 50 米	30.57	2002 年 7 月 30 日	曼彻斯特
女子 100 米	1:06.37	2003 年 7 月 21 日	巴塞罗那
女子 200 米	2:22.99	2001 年 4 月 13 日	杭州

图 4.24　案例 4.8 样张

1）将标题段文字（"蛙泳"）设置为二号红色黑体、加粗、居中、字符间距加宽 20 磅、段后间距 0.5 行。

2）设置正文各段落（"蛙泳是一种……蛙泳配合技术。"）左右各缩进 1.5 字符，行距为 18 磅。

3）在页面顶端左侧插入页眉——蛙泳。

4）在页面底端（页脚）居中位置插入大写罗马数字页码，起始页码设置为"IV"。

5）将文中后 7 行文字转换成一个 7 行 4 列的表格，设置表格居中，设置表格所有文字水平居中。

6）设置表格外框线为 3 磅蓝色单实线、内框线为 1 磅蓝色单实线；设置表格所有单元格上、下边距各为 0.1 厘米。

7）添加文字水印"蛙泳记录"，设置为宋体、斜式。

案例操作

1）字体格式。字体格式可选择"开始"选项卡，单击"字体"组中的扩展栏，在弹出的"字体"对话框中切换到"高级"选项卡，在"字符间距"区的"间距"中设置。

2）段落格式。选择"开始"选项卡，单击"段落"组中的扩展栏，弹出"段落"对话框，在"缩进和间距"选项卡中的"缩进"区中调整左右距离，在"间距"区中设置行距。

3）插入页眉。选择"插入"选项卡，单击"页眉和页脚"组中的"页眉"下拉按钮，在下拉列表中选择"编辑页眉"，输入文本蛙泳，在"开始"选项卡中的"段落"组选择"左对齐"。

4）插入页码。选择"插入"选项卡，单击"页眉和页脚"组中的"页码"下拉按钮，在下拉列表中选择"设置页码格式"，先设置"编号格式"为大写罗马数字页码，再单击页码编号，在起始页码中调整至"IV"。选择"插入"选项卡，单击"页眉和页脚"组中的"页码"下拉按钮，插入至页面底端普通数字 2 处。

5）单元格边距。选中单元格，选择"表格工具/布局"选项卡，单击"对齐方式"组内的"单元格边距"按钮，在弹出的"表格选项"对话框中设置边距参数。

6）水印。选择"设计"选项卡，单击"页面背景"组中的"水印"下拉按钮，在下拉列表中选择"自定义水印"，弹出"水印"对话框，选中"文字水印"单选按钮，然后在其下的区域中进行设置。

4.3.2　目录生成

1. 文本大纲级别

选择"开始"选项卡，单击"样式"组中的扩展栏，打开"样式"窗格，单击"选项"按钮，在弹出的"样式窗格选项"对话框中可设置显示的样式，可修改样式格式，包括字体字号、段落、编号等。选中文本，在"样式"中设置大纲级别。

2. 生成目录

1）插入目录，先设置文本大纲级别，选择"引用"选项卡，在"目录"组内单击"目录"下拉按钮，在下拉列表中选择"自定义目录"，调整显示级别和格式，单击"确定"按钮。

2）更新目录，选择"引用"选项卡，单击"目录"组中的"更新目录"按钮。

案例 4.9

案例描述

打开文档 4.9.docx，实现素材文件夹中样张效果。

1）将正文各段设置首行缩进 2 字符、宋体、五号。

2）将各章名设为标题 1；将各节名设为标题 2；将各节内标题设为标题 3。

3）生成目录，显示级别为 2 级，将文字"目录"设置成加粗、二号、居中对齐。

4）按章分节，在每章后插入分节符，分节符类型为下一页。其中目录为一部分，每一章为一部分，参考文献为一部分。

5）为文档目录页添加页眉"目录"。

6）为第一章奇数页添加页眉为"大学计算机基础"，偶数页添加页眉"第一章计算机系统"。同样为第二章奇数页添加页眉为"大学计算机基础"，偶数页添加页眉"第二章操作系统概述"。

7）在文档页脚中插入页码，格式为"I,II,III,…"，居中对齐。

8）为 II 页 14 行中的"冯·诺依曼计算机"添加批注，内容为"冯·诺依曼理论的要点是：数字计算机的数制采用二进制；计算机应该按照程序顺序执行。人们把冯·诺依曼的这个理论称为冯·诺依曼体系结构"。

9）为"计算机硬件系统必须具备五大基本部件"添加脚注，内容为"计算机硬件系统由五大部分组成：控制器、运算器、存储器、输入设备和输出设备"。

10）将文档上、下边距设置为 2 厘米，左、右边距设置为 3 厘米。

11）将文档纸张大小设置为自定义，宽为 25 厘米，高为 20 厘米。

12）为文档添加文字背景水印"请勿复制"，并设置等线，蓝色，其他选项默认。为文档添加艺术型页面边框，图案为 ，应用于整篇文档。

案例操作

1）文本大纲级别。选择"开始"选项卡，单击"样式"组中的扩展栏，在打开的"样式"窗格中单击"选项"按钮，弹出"样式窗格选项"对话框，在"选择要显示的样式"下拉列表框中选择"所有样式"选项，单击"确定"按钮。选中要应用样式的段落，然后在"样式"窗格的列表框中选择所需样式。

2）插入目录。将光标定位在要插入目录的位置，选择"引用"选项卡，单击"目录"组中的"目录"下拉按钮，在下拉列表中选择"自定义目录"，然后弹出 "目录"对话框，在"显示级别"数值框中设置为 2，单击"确定"按钮。

3）每一章从新页开始。将光标放置"第一章计算机系统"前，选择"布局"选项卡，单击"页面设置"组中的"分隔符"→"下一页"按钮。同样方法，设置"第二章操作系统概述"从新页开始。

4）添加页眉。将光标放置要插入页眉的页上，选择"插入"选项卡，单击"页眉和页脚"组中的"页眉"→"编辑页眉"按钮，随即进入页眉的编辑状态。输入页眉内容。

5）设置页眉奇偶页不同。进入页眉编辑状态，在"页眉和页脚工具/设计"选项卡"选项"组中选中"奇偶页不同"复选框。

6）创建各章不同的页眉和页脚。按章将文档分割成"节"后，进入页眉编辑状态。将光标放置每一章的首个页眉处，断开当前节与前节的页眉或页脚之间的关系。选择"页眉和页脚工具/设计"选项卡，单击"导航"组中的"链接到前一节"按钮。

7）设置页码格式。选择"插入"选项卡，单击"页眉和页脚"组中的"页码"→"设置页码格式"按钮。然后在弹出的"页码格式"对话框中进行设置。

8）插入居中页码。选择"插入"选项卡，在"页眉和页脚"组中选择"页码"→"页面底端"→"普通数字 2"。

9）添加批注。选中要添加批注的文字，选择"审阅"选项卡，单击"批注"组中的"新建批注"按钮，随即进入批注的编辑状态，输入批注的内容即可。

10）添加脚注。将光标定位在要添加脚注的位置，选择"引用"选项卡，单击"脚注"组中的"插入脚注"按钮，输入脚注内容即可。

11）设置页面边距。选择"布局"选项卡，单击"页面设置"组中的"页边距"→"自定义页边距"按钮，弹出"页面设置"对话框，然后在"页边距"选项卡中进行设置。

12）设置纸张大小。选择"布局"选项卡，单击"页面设置"组中的"纸张大小"→"其他纸张大小"按钮，弹出"页面设置"对话框，然后在"纸张大小"选项卡中进行设置。

13）设置水印。选择"设计"选项卡，单击"页面背景"组中的"水印"→"自定义水印"按钮，然后在弹出的"水印"对话框中设置文字水印的文字、字体及字体颜色等。

14）添加艺术型页面边框。选择"设计"选项卡，单击"页面背景"组中的"页面边框"按钮，弹出"边框和底纹"对话框，然后在"页面边框"选项卡的"艺术型"下拉列表中选择需要的样式，在"应用于"下拉列表中选择"整篇文档"。

4.3.3　邮件合并

邮件合并的具体操作如下：打开 Word 文档，选择"邮件"选项卡，单击"开始邮件合并"组中的"开始邮件合并"下拉按钮，在其下拉列表中选择合并类型，在选项中继续设置，然后在"编写与插入域"组中编辑，插入 Excel 表中的信息，最后单击"完成并合并"按钮。

案例 4.10

案例描述

打开文档 4.10.docx，实现图 4.25 的效果。

1）将文档中"会议议程："段落后的 7 行文字转换为 3 列 7 行的表格，并根据窗口大小自动调整表格列宽。

2024 年創新產品展示說明會　邀請函

尊敬的：李辉先生

　　本公司将于 2024 年 6 月 10 日举办 "创新产品展示及说明会"，您将切身体验到新技术、新平台、新应用为您的生活和工作方式所带来的革命性变化。

　　我们已经为您预留了座位，真诚地期待您的光临与参与!

会议时间: 2024 年 6 月 10 日 上午 9 : 00
会议地点: 公司会议报告厅
会议议程:

时间	演讲主题	演讲人
9 : 00-10 : 30	新一代企业业务协作平台	李超
10 : 45-11 : 45	企业社交网络的构建与应用	马健
12 : 00-13 : 30	午餐	
13 : 45-15 : 00	大数据带给企业运营决策的革命性变化	贾彤
15 : 15-17 : 00	设备消费化的 BYOD 理念	朱小路
17 : 00-17 : 30	交流与抽奖	

关于本次活动的任何问题，您可拨打电话 40088808 **与会务组阿健联系。**

销售市场部
2024/3/13

图 4.25　案例 4.10 样张

2）为制作完成的表格套用表格样式 "网格表 6 彩色-着色 4"，使表格更加美观。

3）为了可以在以后的邀请函制作中再利用会议议程内容，将文档中的表格内容保存至 "表格" 部件库，并将其命名为 "会议议程"。

4）将文档末尾处的日期调整为可以根据邀请函生成日期而自动更新的格式，日期格式显示为 "2024 年 1 月 1 日"。

5）在 "尊敬的" 文字后面，插入拟邀请的客户姓名和称谓。拟邀请的客户姓名在 "通讯录.xlsx" 文件中，客户称谓则根据客户性别自动显示为 "先生" 或 "女士"，如 "范俊弟（先生）""黄雅玲（女士）"。

6）每个客户的邀请函占 1 页内容，且每页邀请函中只能包含 1 位客户姓名，所有的邀请函页面另外保存在一个名为 "Word-邀请函.docx" 文件中。如果需要，删除 "Word-邀请函.docx" 文件中的空白页面。

7）将 "Word-邀请函.docx" 中的标题文字内容设置为繁体中文格式。

案例操作

1）设置表格样式。选中表格，选择 "表格工具/设计" 选项卡，在 "表格样式" 组的样式列表中选择 "网格表 6 彩色-着色 4"。

2）保存至 "表格" 部件库。选中所有表格内容，选择 "插入" 选项卡，单击 "文本" 组中的 "文档部件"→"将所选内容保存到文档部件库" 按钮，在弹出的 "新建构建基块"

对话框中将"名称"设置为"会议议程",在"库"下拉列表中选择"表格",单击"确定"按钮。

3)设置日期。选中"2024 年 3 月 13 日",选择"插入"选项卡,单击"文本"组中的"日期和时间"按钮,在弹出的"日期和时间"对话框中将"语言(国家/地区)"设置为"中文(中国)",在"可用格式"中选择"×年×月×日"同样的格式,选中"自动更新"复选框,单击"确定"按钮。

4)邮件合并。

步骤 1:把鼠标定位在"尊敬的:"文字之后,选择"邮件"选项卡,单击"开始邮件合并"组中的"开始邮件合并"→"邮件合并分步向导"按钮。

步骤 2:打开"邮件合并"任务窗格,进入"邮件合并分步向导"的第 1 步。在"选择文档类型"中选中"信函"单选按钮。

步骤 3:单击"下一步:开始文档"超链接,进入"邮件合并分步向导"的第 2 步,在"选择开始文档"中选中"使用当前文档"单选按钮,以当前文档作为邮件合并的主文档。

步骤 4:单击"下一步:选择收件人"超链接,进入"邮件合并分步向导"的第 3 步,在"选择收件人"中选中"使用现有列表"单选按钮。

步骤 5:单击"浏览"超链接,弹出"选取数据源"对话框,选择"通讯录.xlsx"文件后单击"打开"按钮,打开"邮件合并收件人"对话框,单击"确定"按钮完成现有工作表的链接工作。

步骤 6:选择收件人的列表之后,单击"下一步:撰写信函"超链接,进入"邮件合并分步向导"的第 4 步,在"撰写信函"区域中单击"其他项目"超链接,打开"插入合并域"对话框,在"域"列表框中选择"姓名"域,然后单击"插入"按钮。插入完所需的域后,单击"关闭"按钮,关闭"插入合并域"对话框。文档中的相应位置就会出现已插入的域标记。

5)自动显示"先生"或"女士"。选择"邮件"选项卡,单击"编写和插入域"组中的"规则"下拉按钮,在下拉列表中选择"如果... 那么... 否则..."命令,弹出"插入 Word 域:IF"对话框,在"域名"下拉列表框中选择"性别",在"比较条件"下拉列表框中选择"等于",在"比较对象"文本框中输入"男",在"则插入此文字"文本框中输入"(先生)",在"否则插入此文字"文本框中输入"(女士)"。最后单击"确定"按钮,即可使被邀请人的称谓与性别建立关联。

6)生成邀请函。

步骤 1:在"邮件合并"任务窗格单击"下一步:预览信函"超链接,进入"邮件合并分步向导"的第 5 步,在"预览信函"区域中选中"<<"或">>"按钮,可查看具有不同邀请人的姓名和称谓的信函。

步骤 2:预览并处理输出文档后,单击"下一步:完成合并"超链接,进入"邮件合并分步向导"的最后一步。此处单击"编辑单个信函"超链接,打开"合并到新文档"对话框,在"合并记录"选项区域中选中"全部"单选按钮。

步骤 3:设置完后单击"确定"按钮,即可在文中看到,每页邀请函中只包含 1 位被邀请人的姓名和称谓。单击“文件”选项卡下的“另存为”按钮，保存文件名为“Word-邀请函.docx”。

7）标题文字设置为繁体中文格式。选中“Word-邀请函.docx”中的标题内容，选择“审阅”选项卡，单击“中文简繁转换”组中的“简转繁”按钮，将标题文字转换为繁体文字。

实训 4.1　Word 基本操作

实训目的

- 掌握 Word 文档的建立、保存与打开。
- 掌握文档的输入、编辑等基本操作。
- 掌握文本的段落修饰与文本的修饰。
- 掌握文档的查找与替换。

实训内容

1. 段落效果编辑

打开实训 4.1-1.docx，实现图 4.26 的效果。

1）题目：隶书二号字加粗并居中；作者：宋体小三号字并右对齐。

2）正文各段首行缩进 2 个字符；第一段宋体五号字，左、右缩进 5 个字符，底纹为白色，背景 1，深色 15%；其他各段宋体小四号字。

实训 4.1-1

3）将“不以物喜，……，则忧其君。”部分文字设置为红色、加粗；将“先天下……而乐乎！”部分文字添加着重号。

4）最后一段设置为右对齐。

岳阳楼记

[北宋]范仲淹

庆历四年春，滕子京谪守巴陵郡。越明年，政通人和，百废俱兴，乃重修岳阳楼，增其旧制，刻唐贤今人诗赋于其上，属予作文以记之。

予观夫巴陵胜状，在洞庭一湖。衔远山，吞长江，浩浩汤汤，横无际涯；朝晖夕阴，气象万千；此则岳阳楼之大观也，前人之述备矣。

然则北通巫峡，南极潇湘，迁客骚人，多会于此，览物之情，得无异乎？

若夫霪雨霏霏，连月不开；阴风怒号，浊浪排空；日星隐耀，山岳潜形；商旅不行，樯倾楫摧；薄暮冥冥，虎啸猿啼；登斯楼也，则有去国怀乡，忧谗畏讥，满目萧然，感极而悲者矣。

至若春和景明，波澜不惊，上下天光，一碧万顷；沙鸥翔集，锦鳞游泳，岸芷汀兰，郁郁青青。而或长烟一空，皓月千里，浮光跃金，静影沉璧，渔歌互答，此乐何极！登斯楼也，则有心旷神怡，宠辱皆忘，把酒临风，其喜洋洋者矣。

嗟夫！予尝求古仁人之心，或异二者之为，何哉？**不以物喜，不以己悲，居庙堂之高，则忧其民；处江湖之远，则忧其君。**是进亦忧，退亦忧；然则何时而乐耶？其必曰：“先天下之忧而忧，后天下之乐而乐”乎！

噫！微斯人，吾谁与归！

时六年九月十五日。

图 4.26　实训 4.1-1 样张

2. 页码设置

打开实训 4.1-2.docx，实现图 4.27 的效果。

关于青瓷的感人故事

在英语词汇中，有一个单词 celadon，专门指称中国青瓷。其词源来自于法语"雪拉同"。这里有一个真实而动人的故事。

十六世纪晚期，法国巴黎盛行罗可可艺术，非常讲究新艺术的别致精美风格。这时，一个阿拉伯商人从中国购买了一批龙泉青瓷来到巴黎。阿拉伯商人与巴黎市长是好朋友。这一天，市长在官邸为女儿举行婚礼。婚礼非常华丽、热烈、隆重，巴黎的达官贵人、名流淑女，群贤毕至。随着优美的音乐，台上演着舞剧《牧羊女亚司泰来》。

阿拉伯商人提着一只精致的皮箱来到市长官邸，向市长、新娘、新郎道喜。他打开皮箱，取出一件龙泉青瓷摆在市长面前，说："先生，这是我送给新娘的结婚礼物。"

市长面露喜色，捧起青瓷，仔细观赏。瓷器通体流青滴翠，玲珑剔透，幽雅静穆。市长眉色飞扬，啧啧称奇："美极了！美极了！美得无与伦比！"

新娘十分喜爱，问道："尊敬的先生，这么漂亮的宝贝从哪里来的啊？"

"东方的古国中国。"

"太美了！它叫什么名字？"

图 4.27　实训 4.1-2 样张

1）设置正文内容为"华文中宋""四号"；标题设置"黑体""二号"，并居中。

2）设置正文段落，"特殊"为"首行"，"缩进值"为"2 字符"，"行距"为"最小值"。

3）为文档底端添加"普通数字 3"样式的页码。

3. 页面设置

打开实训 4.1-3.docx，实现图 4.28 的效果。

1）将标题文字设置为 18 磅红色仿宋、加粗、居中，并添加蓝色双波浪下划线。

2）设置正文各段落左、右各缩进 1 字符、1.2 倍行距、段前间距 0.5 行；设置整篇文档左、右页边距各为 3 厘米。

为爱奔跑

一、活动背景

当代大学生严重缺乏体育锻炼，尽管有很多人已经意识到了锻炼身体的重要性，但是还没有付诸实践。校园内尽管有很多公益活动，但是大家的积极性不是很高，如果能将体育锻炼与公益事业结合起来，既可以锻炼身体，又可以让大家参与到公益事业中。

二、活动目的

1.加强当代大学生的体育锻炼，提高当代大学生的身体素质，并且提升大家对体育活动的热情和参与程度。

2.提高当代大学生对公益事业的关注程度。

3.为爱奔跑，团队合作，提高当代大学生的团队协作意识，增进老师同学间的交流和感情。

三、活动内容

1.活动主题：为爱奔跑

2.活动时间：4月份

3.活动地点：大学校园内

4.活动概况：活动采取线上报名和线下报名两种方式，以 36 人为一组的小组协作方式进行。若小组全部成员按照校内指定线路跑完全程，时间不限，协会就会以参赛者团体的名义为活动中的西部儿童捐出一份爱心助学款，根据团队完成情况确定助学金额。

5.活动流程：

图 4.28　实训 4.1-3 样张

4. 页眉设置

打开实训 4.1-4.docx，实现图 4.29 的效果。

实训 4.1-4

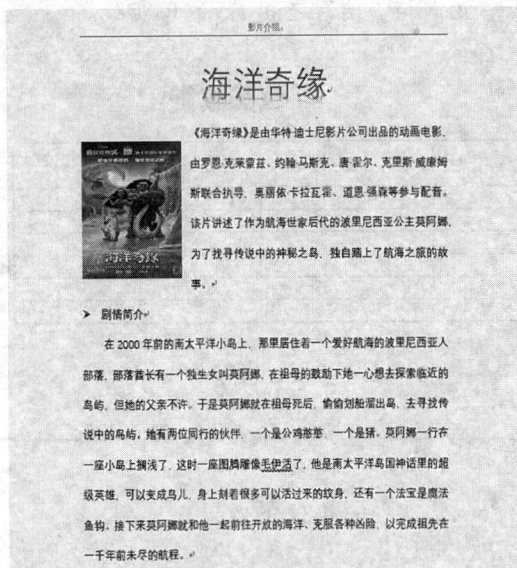

图 4.29　实训 4.1-4 样张

1）设置标题为 2 行 2 列样式艺术字，设置为居中对齐，上下型环绕。

2）设置正文字体为"等线"，字号为"小四号"，第三段首行缩进 2 字符。

3）在适当位置插入当前实训文件下的图片"海洋奇缘.jpg"，设置图片高 5 厘米、宽 4 厘米，四周型环绕。

4）为"剧情简介："段落添加样张所示项目符号。

5）设置页眉为"影片介绍"，均居中对齐。

6）设置页面颜色为"羊皮纸"纹理效果。

实训 4.2　Word 表格与图文混排

实训目的

- 掌握表格的插入与编辑、表格内容的编辑与修饰。
- 掌握计算表格数据的方法。
- 掌握图片、SmartArt、自选图形的插入与编辑。
- 掌握艺术字的插入与编辑。

实训 4.2-1

实训内容

1. 制作收费收据表

打开实训 4.2-1.docx，实现图 4.30 的效果。

1）表标题为华文琥珀、二号、居中，如图样张所示。

2）表内文字五号、宋体，水平居中，其中"结算方式"为分散对齐。

3）表格外框为 1.5 磅单实线，内边框为 0.5 磅单实线。

4）"仟"与"佰"、"元"与"角"之间 1.5 磅单实线。

图 4.30　实训 4.2-1 样张

2. 制作个人简历表

1）打开实训 4.2-2.docx，实现图 4.31 的效果。

2）表标题"个人简历"为宋体、四号；"个人基本信息、个人能力……"
为宋体，小四号。

实训 4.2-2

个人简历

个人基本信息					
姓　　名		性　　别			
籍　　贯		民　　族			
出生年月		健康状况		照片	
政治面貌		英语水平			
计算机水平		学　　历			
毕业院校		专　　业			
联系方式					
个人能力					
主要获奖经历					
实践经历					
主修课程					
自我评价					
求职意向					

图 4.31　实训 4.2-2 样张

3）为样张所示的单元格添加"白色，背景 1，深色 25%"底纹。

3. 表格绘制

打开实训 4.2-3.docx，实现图 4.32 的效果。

蛙泳世界纪录一览表

项目	世界纪录	创造纪录日期	创造纪录地点
男子 50 米	27.18	2002 年 8 月 2 日	柏林
男子 100 米	59.30	2004 年 7 月 8 日	加利福尼亚
男子 200 米	2:09.04	2004 年 7 月 8 日	加利福尼亚
女子 50 米	30.57	2002 年 7 月 30 日	曼彻斯特
女子 100 米	1:06.37	2003 年 7 月 21 日	巴塞罗那
女子 200 米	2:22.99	2001 年 4 月 13 日	杭州

实训 4.2-3

图 4.32　实训 4.2-3 样张

1）将文中后 7 行文字转换成一个 7 行 4 列的表格，设置表格居中，并以"根据内容调整表格"选项自动调整表格，设置表格所有文字中部居中。

2）设置表格外框线为 1.5 磅蓝色双窄实线、内框线为 0.5 磅蓝色单实线；设置表格第 1 行为黄色底纹；设置表格所有单元格上、下边距各为 0.1 厘米。

4. 表格编辑

打开实训 4.2-4.docx，实现图 4.33 的效果。

实训 4.2-4

1）设置表格居中，表格行高 0.6 厘米；表格中第 1、2 行文字水平居中，其余各行文字中，第 1 列文字中部两端对齐，其余各列文字中部右对齐。

2）在"合计（万台）"列的相应单元格中，计算并填入左侧 4 列的合计数量，将表格后 4 行内容按"列 6"列降序排序；设置外框线为 1.5 磅红色单实线，内框线为 0.75 磅蓝色（标准色）单实线，第 2、3 行间的内框线为 0.75 磅蓝色（标准色）双窄线。

产品名称	产量（万台）				合计（万台）
	一季度	二季度	三季度	四季度	
空调机	14.6	25.8	20.1	18.6	79.1
电视机	15.8	16.4	16.9	17.2	66.3
洗衣机	10.1	10.3	12.9	14.6	47.9
DVD	8.2	9.1	9.6	10.7	37.6

图 4.33　实训 4.2-4 样张

5. 图文混排

打开实训 4.2-5.docx，实现图 4.34 的效果。

实训 4.2-5

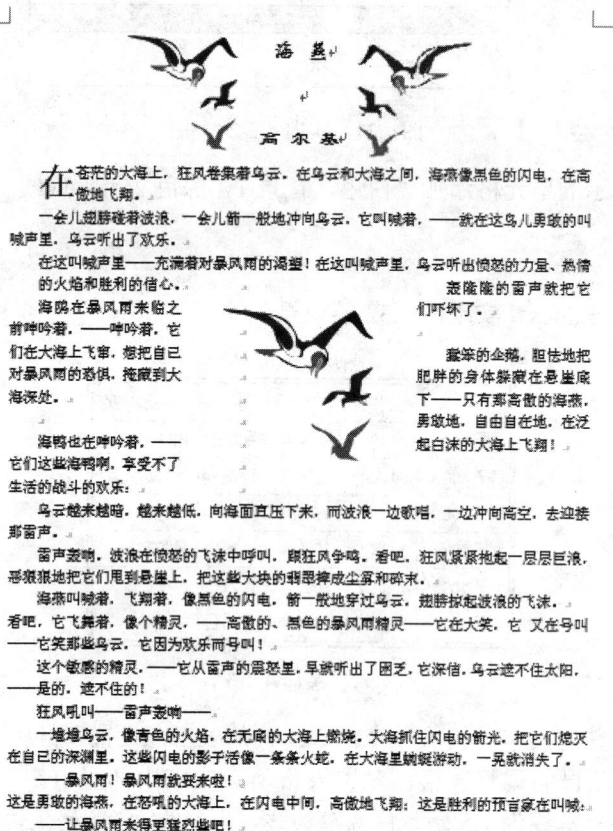

图 4.34　实训 4.2-5 样张

1）题目：方正舒体，三号字并居中；作者：隶书四号字并居中。

2）正文各段首行缩进 2 个字符、宋体五号字，第一段首字下沉 2 行。

3）添加所提供的相关图片并做相应处理。

6. 封面设计

打开实训 4.2-6.docx，实现图 4.35 的效果。

实训 4.2-6

1）在文档中插入图片"梅花.jpg"，并改变图片大小，如图 4.35 所示。

2）插入艺术字"个人简历"，艺术字样式为"填充-红色，圆形棱台"。

3）在文档中插入文本框，并输入内容，如图 4.35 所示，并将文字的文本效果设置为"填充–蓝色"。

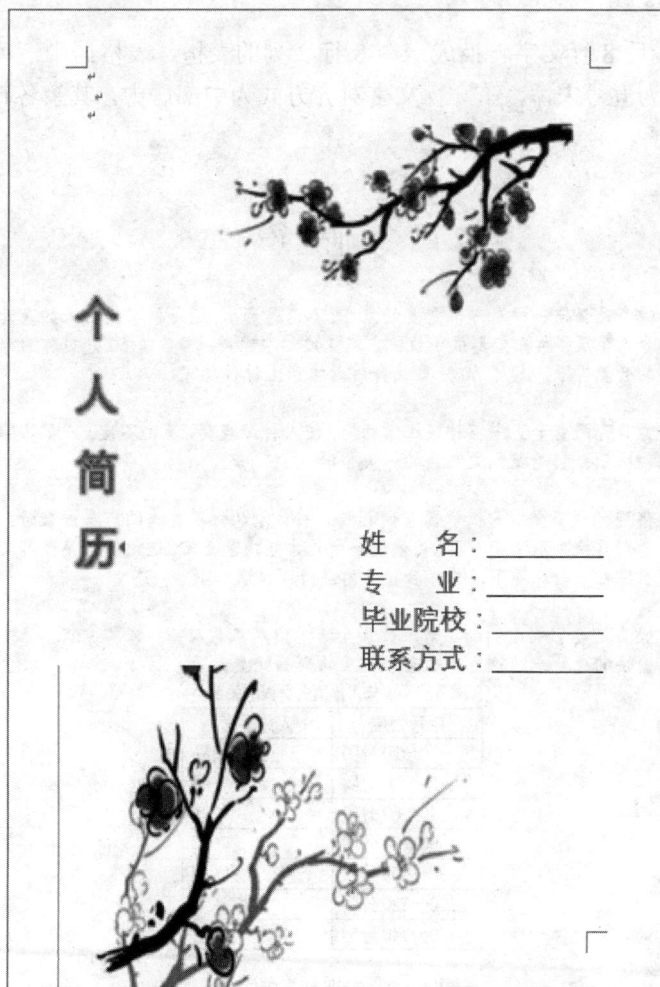

图 4.35　实训 4.2-6 样张

7. 图表编辑

打开实训 4.2-7.docx，实现图 4.36 的效果。

实训 4.2-7

1）将文中所有错词"燥声"替换为"噪声"。

2）将标题段落（"噪声的危害"）设置为三号红色宋体、居中、加段落黄色底纹。

3）正文文字（"噪声是任何一种……影响就更大了。"）设置为小四号楷体，各段落首行缩进 2 字符，段前间距 1 行。将第三段（"噪声会严重干扰……的一大根源"）移至第二段（"强烈的噪声……听力显著下降"）之前，使之成为第二段。

4）将表的标题段（"声音的强度与人体感受之间的关系"）设置为小五号宋体、红色、加粗、居中。

5）将文中最后 8 行文字转换成一个 8 行 2 列的表格，表格居中，列宽 3 厘米，表格中的文字设置为五号宋体，第一行文字对齐方式为中部居中，其余各行文字对齐方式为靠下右对齐。

噪声的危害

噪声是任何一种人都不需要的声音，不论是音乐，还是机器发出来的声音，只要令人生厌，对人们形成干扰，它们就被称为噪声。一般将 60 分贝作为令人烦恼的音量界限，超过 60 分贝就会对人体产生种种危害。

噪声会严重干扰中枢神经正常功能，使人神经衰弱、消化不良，以至恶心、呕吐、头痛，它是现代文明病的一大根源。

强烈的噪声会引起听觉器官的损伤。当你刚从机器轰鸣的厂房出来时，可能会感到耳朵听不清声音了，必须过一会儿才能恢复正常，这便是噪声性耳聋。如果长期在这种环境下工作，会使听力显著下降。

噪声还会影响人们的正常工作和生活，使人不易入睡，容易惊醒，产生各种不愉快的感觉，对脑力劳动者和病人的影响就更大了。

声音的强度与人体感受之间的关系

声音强度	人体感受
0～20 分贝	很静
20～40 分贝	安静
40～60 分贝	一般
60～80 分贝	吵闹
80～100 分贝	很吵闹
100～120 分贝	难以忍受
120～140 分贝	痛苦

图 4.36　实训 4.2-7 样张

8. 图文编辑

打开实训 4.2-8.docx，实现图 4.37 的效果。

1）将标题段文字（"赵州桥"）设置为二号红色黑体、加粗、居中、字符间距加宽 4 磅，并添加黄色底纹，底纹图案样式为"20%"、颜色为"自动"。

2）将正文各段文字（"在河北省赵县……宝贵的历史遗产。"）设置为五号、仿宋；各段落左、右各缩进 2 字符、首行缩进 2 字符、行距设置为 1.25 倍行距；将正文第三段（"这座桥不但……真像活的一样。"）分为等宽的两栏、栏间距为 1.5 字符；栏间加分隔线。正文中所有"赵州桥"一词添加波浪下划线。

3）设置页面颜色为"茶色，背景 2，深色 10%"，"赵州桥.jpg"图片为页面设置图片水印。在页面底端插入"普通数字 3"样式页码，设置页码编号格式为"i，ii，iii，…"。

实训 4.2-8

图 4.37　实训 4.2-8 样张

9. 图表绘制

打开实训 4.2-9.docx，实现图 4.38 的效果。

实训 4.2-9

1）将文中所有错词"气车"替换为"汽车"。

2）将标题段文字（"入世半年中国汽车市场发展变化出现五大特点"）设置为三号

黑体，并添加黄色底纹、居中。

3）将正文各段文字（"在中国加入 WTO……更为深刻的诠释。"）设置为五号蓝色楷体；设置正文各段左、右缩进 2 字符、行距为 1.1 倍行距。为正文第二段至第六段（"产品由单一型……更为深刻的诠释。"）添加编号，编号式样为汉字数字，字体为五号蓝色楷体，起始编号为"一、"。

4）将文中最后 6 行文字转换成一个 6 行 5 列的表格；设置表格列宽为 2 厘米，行高为 0.5 厘米、表格居中；设置表格中所有文字中部居中。

5）表格外框线设置为 1.5 磅蓝色单实线、内框线设置为 1.0 磅蓝色单实线。

入世半年中国汽车市场发展变化出现五大特点

在中国加入WTO半年多的时间里，中国汽车市场发生了深刻的变化，这种变化呈现出五大特点：

一、产品由单一型向产品密集型、多元化转变。主要体现在品种多样化上，无论从产品的排量，还是从产品的价位，都形成了鲜明的级别与层次。

二、产品开发、上市周期大大缩短。各厂家都加大了产品的开发力度和对市场的支撑力度。产品与产品间的衔接更为紧密，所以使得产品开发和上市的周期大大缩短。

三、产品向高档未迈进。单纯降价的产品促销方式已被市场否定。在增加产品技术含量的同时，找到合理的市场定位，成为目前汽车生产厂家的共同走向。

四、消费者由感性购买向理性购买过渡。消费者已摆脱从众心理，开始关注产品的性价比和二次消费，对品牌度的忠诚度提高。

五、从单纯的销售服务，向以服务为中心的四位一体的销售服务方式迈进。以服务拉动市场，满足需求，已成为新的价值取向。商家和用户共同为"服务"的内涵注入了更为深刻的诠释。

北京亚运村车市销售量排行榜
（2002.07.15-2002.07.21）

名次	品牌	销售量	市场占有率	个人比例
1	夏利	165 辆	14.18%	97.58%
2	捷达	117 辆	10.05%	93.16%
3	宝来	70 辆	6.01%	90.00%
4	奇瑞	56 辆	4.81%	98.21%
5	金杯	51 辆	4.38%	56.86%

图 4.38　实训 4.2-9 样张

实训 4.3　Word 长文档编辑

实训目的

- 掌握文档的分节、分页设置。
- 掌握设置页眉、页码方法。
- 掌握文档样式编辑、目录的生成方法。
- 掌握邮件合并等操作。

实训内容

1. 目录生成

打开实训 4.3-1.docx，实现图 4.39 的效果。

实训 4.3-1

1）页边距：上、下、左、右各 2 厘米。装订线：0.5 厘米。装订线位置：左。方向：纵向。纸张：自定义大小。宽：22 厘米，高：30 厘米。页眉距边界距离为 1 厘米，页脚距边界距离为 1.5 厘米。

2）设置论文的中文题目"论文题目：印鉴识别系统的研究"为宋体，小一号，加粗并居中显示，英文题目"Studies on Seal Identification System"为 Times New Roman，大小为二号，并居中显示。

3）设置文档的标题样式，设置诸如"第 1 章　绪　论"……的标题为标题 1 样式，诸如"1.1 课题的研究目的及现实意义"……为标题 2 样式，诸如"3.2.1　RGB 色彩空间向 HSI 色彩空间转换"……为标题 3 样式，设置"参考文献"为标题 1 样式，并设置章标题居中对齐。

图 4.39　实训 4.3-1 样张

4）在论文题目下方插入"目录"两个字，设置为标题 1 样式，居中对齐，然后生成文档的目录。

5）为每部分插入分节符，分节符类型为下一页。如论文题目为一部分，目录为一部分，每一章为一部分，参考文献为一部分。

6）为文档添加页眉和页脚。要求第一节的页眉显示"大学计算机基础"，其他各节的页眉引用每节的标题，页眉的对齐方式为居中对齐，小五号，宋体；在除第一页之外的所有页的页脚插入页码，对齐方式为居中对齐，起始页为 1，2，…。

2. 简介制作

打开实训 4.3-2.docx，实现图 4.40 的效果。

实训 4.3-2

1）将正文中所有的"女排警示"更换为"女排精神"。

2）参考样张，在正文合适位置插入图形"女排夺冠.jpg"，缩放 120%，环绕方式为上下型。

3）参考样张，在页面底端为正文第一段首个"里约"插入脚注，编号格式为"①，②，③，…"，注释内容为"里约热内卢，巴西第二大工业基地"。

4）参考样张，在正文最后插入艺术字"坚持不懈，永不言弃"。艺术字样式采用第 3 行第 4 列的样式；字体为隶书、小初号字体；形状样式采用第 4 行第 3 列的样式（即细微效果-橙色，强调文字颜色 2）。

图 4.40　实训 4.3-2 样张

5）将正文倒数第 2 段分为等宽两栏，有分隔线。

6）设置奇数页眉为"女排精神"，偶数页眉为"永不言弃"，页脚为"第 X 页共 Y 页"格式，页眉页脚均为宋体小五号，居中对齐。

7）添加页面边框：方框，边框颜色为浅蓝，3 磅。

8）将制作好的 Word 文档保存，关闭 Word 程序。

3. 统计报告

打开实训 4.3-3.docx，实现图 4.41 的效果。

1）设置页边距为上、下、左、右各 2.7 厘米，装订线在左侧。

2）设置文字水印页面背景，文字为"中国互联网信息中心"，水印版式为斜式。

实训 4.3-3

中国经济网北京1月15日讯 中国互联网信息中心今日发布《第 31 次中国互联网络发展状况统计报告》。

中国网民规模达 5.64 亿

互联网普及率为 42.1%

《报告》显示，截至 2012 年 12 月底，我国网民规模达 5.64 亿，全年共计新增网民 5090 万人。互联网普及率为 42.1%，较 2011 年底提升 3.8 个百分点，普及率的增长幅度相比上年继续缩小。

《报告》显示，未来网民的增长动力将主要来自自身生活习惯(没时间上网)和硬件条件(没有上网设备、当地无法连网)的限制的非网民(即潜在网民)。而对于未来没有上网意向的非网民，多是因为不懂电脑和网络，以及年龄太大。要解决这类人群走向网络，不仅仅是依靠单纯的基础设施建设、费用下调等手段，而且需要互联网应用形式的创新、针对不同人群有更为细致的服务模式、网络世界与线下生活更密切的结合、以及上网硬件设备智能化和易操作化。

《报告》表示，去年，中国政府针对这些技术的研发和应用制定了一系列政策方针：2 月，中国 IPv6 发展路线和时间表确定；3 月工信部组织召开宽带普及提速动员会议，提出"宽带中国"战略；5 月《通信业"十二五"发展规划》发布，针对我国宽带普及、物联网和云计算等新型服务业态制定了未来发展目标和规划。这些政策加快了我国新技术的应用步伐，将推动互联网的持续创新。

附：统计数据

年份	上网人数（单位：万）
2005 年	11100
2006 年	13700
2007 年	21000
2008 年	29800
2009 年	38400
2010 年	45730
2011 年	51310
2012 年	56400

图 4.41　实训 4.3-3 样张

3）设置第一段落文字"中国网民规模达 5.64 亿"为标题 1，右对齐；设置第二段落文字"互联网普及率为 42.1%"为副标题，右对齐。

4）将正文"中国经济网……持续创新。"设置为 1.5 倍行距，段前、段后间距 0.5 行。

5）在页面顶端插入"边线型提要栏"文本框，将文字"中国经济网北京 1 月 15 日讯中国互联网信息中心今日发布《第 31 届状况统计报告》"移入文本框内，设置字体为华文行楷、三号、颜色为红色。

6）将正文文字"《报告》显示……持续创新。"设置为首行缩进 2 字符。

7）将第一至第三段的段首"《报告》显示"和"《报告》表示"设置为斜体、加粗、红色、双下划线。

8）将文字"附：统计数据"后面的内容转换成 2 列 9 行的表格，为表格样式设置为"清单表 2-着色 2"。

4. 制作成绩单

打开实训 4.3-4.docx，实现图 4.42 的效果。

1）将标题段"电气学院本科生成绩单"文字设置为宋体、三号、加粗、居中。

2）设置正文段落（"同学……开学见！"）左、右各缩进 1 字符、1.2 倍行距、段前间距 0.5 行；设置整篇文档左、右页边距各为 3 厘米。

3）将文中最后一行文字转换为 2 行 6 列的表格，并根据窗口大小自动调整表格列宽；设置表格所有文字中部居中；表格外框线设置为 1.5 磅单实线、内框线设置为 1 磅单实线。

4）为了可以在以后的成绩单中再利用表格内容，将表格保存至"表格"部件库，并将其命名为"营理成绩单"。

5）将文档末尾处的日期调整为可以根据成绩单生成日期而自动更新的格式，日期格式显示为"×年×月×日"。

6）应用邮件合并功能，在"同学"文字前面，插入姓名。学生姓名在"成绩单.xlsx"文件中。

7）将"成绩单.xlsx"中的科目分数插入成绩单对应的科目。

电气学院本科生成绩单

赵小壹同学：

学期结束，暑假将至，现将本学期成绩单发给您，假期中望加强体育锻炼，积极参加有益的活动，注意安全。

我校定于 7 月 4 日开始放假，9 月 1 日开学，开学第一周安排补考。

假期愉快，开学见！

学号	姓名	英语	高数	C 语言	体育
200101001	赵小壹	70	80	90	85

2024/4/2

图 4.42　实训 4.3-4 样张

实训 4.4　Word 综合实训——毕业设计（论文）编辑与排版

实训目的

- 熟练掌握文档的基本操作方法。
- 掌握文档的页面设置。
- 掌握文档中图、文、表的混排。
- 掌握对长文档插入页眉、页码、目录等操作。

实训内容

打开 Word 综合实训 4.4 文件夹，按照如下要求进行编辑。

1. 页面设置

本科毕业设计（论文）一律为标准 A4 复印纸，纸张方向为纵向。

（1）正文字体

中文和符号为宋体，小四号字体；英文和数字为 Times New Roman，小四号字体；字间距为标准；行间距为 1.5 倍行距，全文统一。

（2）页边距

论文的上边距：30mm；下边距：25mm；左边距：25mm；右边距：25mm。

（3）页眉

自正文页起加页眉，眉体使用单线。页眉说明文字为宋体，小五号字体，居中；英文和数字为 Times New Roman，小五号字体。页眉分为奇偶页，其中奇数页为"×××本科毕业设计（论文）"，偶数页为"章号及章名"。页眉：2cm；页脚：2cm。

（4）页码

论文页码从"第 1 章　绪论"开始到最后一章为止，用阿拉伯数字（Times New Roman 小五号字体）连续编排，页底居中，例如："1"；封面、摘要页、目录页不设页眉且不编页码；参考文献页码采用罗马数字，例如"Ⅰ，Ⅱ，Ⅲ，..."。

2. 封面

1）"本科毕业设计（论文）"：宋体，48 号，居中。

2）"论文题目"：黑体，小二号字体，居中。

3）"院系、专业班级、姓名、学号、指导教师、日期"：均为宋体，三号字体；1.5 倍行间距，段前段后 0 行；横线为字体下划线。

3. 摘要

（1）中文摘要

"摘要"二字居中排（黑体三号加粗，一级标题），"摘"和"要"二字之间空 2 个字符；摘要正文宋体小四号字体。关键词之间中文分号（；）分开，最后一个关键词后无标点符号。

注意：中文摘要单独排一页，单面打印。

（2）英文摘要

"Abstract"字居中排（Times New Roman 三号加粗，一级标题），英文摘要正文（Times New Roman 小四号字体）。英文摘要正文后下空一行打印"Keywords"（Times New Roman 四号加粗，左顶格排），每一关键词之间用分号（Times New Roman 小四号字体加粗）分开，最后一个关键词后无标点符号。

注意：英文摘要单独排一页，单面打印。

4. 目录

"目录"二字居中排（黑体三号加粗，一级标题）；段前、段后为 0.5 行，行距为 1.5 倍行距；"目"和"录"二字之间空 2 个字符。

目录一级标题左对齐，二级标题缩进 2 字符，三级标题依次再缩进 2 字符。

注意：目录部分单独排一页，双面打印。

5. 正文部分

（1）章节标题及字体

一级标题居中，二级标题左顶格，三级标题开始左起空两个中文字符的位置，论文章节标题的编排格式如表 4.1 所示。

表 4.1　章节标题的编排格式

标题	字体字号	格式
一级(章)	黑体三号加粗	居中，段前段后 0.5 行，1.5 倍行距
二级(节)	黑体四号	左顶格，段前段后 0.5 行，1.5 倍行距
三级(条)	宋体小四加粗	缩进 2 字符，段前段后 0 行，1.5 倍行距
正文(项)	宋体小四号	使用不同项目编号：1.，（1），1）

（2）引用文献

引用文献标示方式全文统一，用上标的形式置于所引内容最末句的右上角，用宋体小四号字体，引文文献编号用阿拉伯数字置于方括号中。

（3）表格

论文中的表格一般采用三线表。表顶线和表底线用粗线（1.5 磅），栏目线用细线（0.5 磅）。

（4）插图

每幅插图均应有图序和图题，图序按章编排。图序与图题之间空两格，置于图的正下方，图序与图题用宋体五号字体，其中数字和字母为 Times New Roman 五号字体。图中标注的符号和文字，其字号不大于图题的字号。

6. 参考文献

"参考文献"标题采用一级标题（黑体三号加粗），居中排。正文部分为宋体小四号字体，数字和字母的部分使用 Times New Roman 小四号字体。

注意：参考文献部分单起一页，双面打印。

著录规则如下。

参考文献的序号左顶格，并用数字加方括号（宋体小四号字体）表示，并与正文中的指示序号格式一致。每一参考文献条目的最后均以"．"（宋体符号）结束。

单元测试 4

一、单项选择题

1. Word 2016 窗口"文件"菜单底部的若干文件名表明（　　）。
   A. 这些文件目前均处于打开状态
   B. 这些文件目前正排队等待打印
   C. 这些文件最近用 Word 处理过
   D. 这些文件是当前目录中扩展名为.DOC 的文件

2. Word 2016 软件的最大的特点是（　　）。
   A. 有丰富的字体　　　　　　　　B. 所见即所得
   C. 强大的制表功能　　　　　　　D. 图文混排

3. Word 2016 软件属于（　　）。
   A. 操作系统　　　　　　　　　　B. 字处理软件
   C. 语言编译软件　　　　　　　　D. 图形处理软件

4. 打开 Word 2016 文档一般是指（　　）。
   A. 从内存中读文档的内容，并显示出来
   B. 为指定文件开设一个新的，空的文档窗口
   C. 把文档的内容从磁盘调入内存，并显示出来
   D. 显示并打印出指定文档的内容

5. 以下用鼠标选定文本的方法中，正确的是（　　）。
   A. 若要选定一个段落，则把鼠标放在该段落上，连续击三下
   B. 若要选定一篇文档，则把鼠标指针放在选定区，双击
   C. 选定一列时，Ctrl+鼠标指针移动
   D. 选定一行时，把鼠标指针放在该行中，双击

6. 在 Word 2016 的编辑状态下，打开文档 abc.doc，编辑修改后另存为 123.doc，则（　　）。
   A. abc.doc 是当前文档　　　　　B. 两个均是当前文档
   C. 123.doc 是当前文档　　　　　D. 两个均不是当前文档

7. Word 2016 文档中如果想选中一句话，则应按住（　　）键单击句中任意位置。
   A. 左 Shift　　　　B. 右 Shift　　　　C. Ctrl　　　　D. Alt

8. 编辑文本时，插入字符和替换字符两种功能进行切换的是（　　）键。

   A. Insert   B. Delete   C. End   D. Home

9. 对话框中的文本框可以（　　）。

  A. 显示文本信息   B. 输入文本信息

  C. 编辑文本信息   D. 显示、输入、编辑文本信息

10. 将剪贴板上的内容粘贴到当前光标处，使用的快捷键是（　　）。

  A. Ctrl+X   B. Ctrl+V   C. Ctrl+C   D. Ctrl+A

11. 选定图形对象时，如选择多个图形，需要按下（　　）键，再用鼠标单击要选定的图形。

  A. Shift   B. Ctrl+Shift   C. Tab   D. F1

12. 选定整个文档为文本块，可按快捷键（　　）。

  A. Ctrl+A   B. Shift+A   C. Alt+A   D. Ctrl+Shift+A

13. 在 Word 文档中有一段被选取，当按 Delete 键后（　　）。

  A. 删除此段落   B. 删除了整个文件

  C. 删除了之后的所有内容   D. 删除了插入点以及其之间的所有内容

14. 在"查找和替换"对话框中，单击（　　）标签后才能进行替换操作。

  A. 替换   B. 查找   C. 定位   D. 常规

15. 在 Word 编辑状态下，若要调整左右边界，比较直接、快捷的方法是使用（　　）。

  A. 标尺   B. 格式栏   C. 菜单   D. 工具栏

16. 在 Word 文档编辑中，复制文本使用的快捷键是（　　）。

  A. Ctrl+C   B. Ctrl+A   C. Ctrl+Z   D. Ctrl+V

17. 对页眉、页脚的操作，以下叙述正确的是（　　）。

  A. 要将页眉居中显示，可使用"格式"工具栏的"居中"按钮

  B. 要改变页眉或页脚的字体，可使用"格式"｜"单元格"命令或"格式"工具栏对应的按钮

  C. 要取消页眉，可在"页眉和页脚"组单击"删除页眉"按钮后直接删除页眉，也可在页眉下拉式列表框选择"无"

  D. 以上叙述均不正确

18. 格式刷的作用是用来快速复制格式，其操作技巧是（　　）。

  A. 单击可以连续使用   B. 双击可以使用一次

  C. 双击可以连续使用   D. 右击可以连续使用

19. 将一页从中间分成两页，正确的操作是（　　）。

  A. "格式"选项卡中的"字体" B. "插入"选项卡中的"页码"

  C. "插入"选项卡中的"分隔符" D. "插入"选项卡中的"自动图文集"

20. 如果要调整行距，单击"段落"对话框中的（　　）标签。

  A. 缩进和间距   B. 换行和分页

  C. 其他   D. 度量值

21. 调整图片大小可以用鼠标拖动图片四周任一控制点，但只有拖动（　　）控制点才能使图片等比例缩放。

A. 左或右　　　　B. 上或下　　　　C. 四个角之一　　　　D. 均不可以

22. 项目编号的作用是（　　）。

A. 为每个标题编号　　　　　　B. 为每个自然段编号

C. 为每行编号　　　　　　　　D. A、B、C 都正确

23. 要在幻灯片中插入表格、图片、艺术字、视频、音频等元素时，应在（　　）选项卡中操作。

A. "文件"　　　B. "开始"　　　C. "插入"　　　D. "设计"

24. 在 Word 中，水印的主要目的是（　　）。

A. 验证打印文档为原始文档

B. 向打印文档添加带斑纹的水状装饰

C. 传达有用信息或为打印文档增添视觉趣味，而不会影响正文文字

D. 都正确

25. 在 Word 文档中，每个段落的段落标记在（　　）。

A. 段落中无法看到　　　　　　B. 段落的结尾处

C. 段落的中部　　　　　　　　D. 段落的开始处

26. 下列关于编辑页眉、页脚的叙述中，不正确的是（　　）。

A. 文档内容和页眉、页脚可在同一窗口编辑

B. 文档内容和页眉、页脚一起打印

C. 编辑页眉、页脚时不能编辑文档内容

D. 页眉、页脚中也可以进行格式设置和插入剪贴画

27. 若 Word 正处于打印预览状态，要打印文件，则（　　）。

A. 必须退出预览状态后才可以打印

B. 在打印预览状态也可以直接打印

C. 在打印预览状态不能打印

D. 只能在打印预览状态打印

28. 专业水平的文档由（　　）组成。

A. 文字、照片以及页眉和页脚

B. 文字、目录和封面

C. 文字、快速样式和文本框

D. 以上全部

29. 用"表格"下拉列表中的"绘制表格"按钮绘制表格时，可以用（　　）删除框线。

A. Backspace 键　　　　　　　B. Delete 键

C. "擦除"按钮　　　　　　　　D. "表格"下拉列表中的删除框线命令

30. 在 Word 表格中，若要计算某列的总计值可以用到的统计函数为（　　）。

A. SUM　　　B. TOTA　　　C. AVERAGE　　　D. COUNT

二、判断题

1. "自定义功能区"和"自定义快速工具栏"中其他工具的添加，可以通过"文件"—"选项"—"Word 选项"进行添加设置。　　　　　　　　　　　　　　　　（　　）

2. 接受或拒绝插入文本的唯一方式是选择"审阅"选项卡，单击 "更改"组中的"接受"或"拒绝"按钮。　　　　　　　　　　　　　　　　　　　　　　（　　）

3. 采用 Word 缺省的显示方式——普通方式，可以看到页码、页眉与页脚。　　　　　　　　　　　　　　　　　　　　　　　　　　　　　　　　　　　　　　（　　）

4. 要更改首字下沉的字体，您可以使用浮动工具栏或"首字下沉"对话框（可从"插入"选项卡上的"首字下沉"获得）。　　　　　　　　　　　　　　　　　　　（　　）

5. 在删除文本之后，仍可以恢复它。　　　　　　　　　　　　　　　　（　　）

6. 可以更改快速样式集中的颜色或字体。　　　　　　　　　　　　　　（　　）

7. 在打开的最近文档中，可以把常用文档进行固定而不被后续文档替换。　　　　　　　　　　　　　　　　　　　　　　　　　　　　　　　　　　　　　（　　）

8. 对于其他字处理软件（如 WPS、CCED 等）编辑的文档，Word 将拒绝打开处理。　　　　　　　　　　　　　　　　　　　　　　　　　　　　　　　　　（　　）

9. 要插入批注，用户必须打开"修订"模式。　　　　　　　　　　　　（　　）

10. 用户在打印预览下查看备注页，并发现备注的某些文本格式并不是所需的格式。此时，可以继续操作并在打印预览中对此进行更正。　　　　　　　　　　　（　　）

单元 5　Excel 电子表格

训练目标

- 会进行 Excel 基本操作与格式设置。
- 会用 Excel 公式与函数统计数据。
- 能够基于 Excel 进行数据管理与分析。

Excel 被称为电子表格，其功能非常强大，可以进行各种数据的处理、统计分析和辅助决策操作，广泛地应用于管理、统计财经、金融等领域。Excel 2016 能够用比以往使用更多的方式来分析、管理和共享信息，从而帮助用户做出更明智的决策。新的数据分析和可视化工具会帮助用户跟踪重要的数据趋势，将文件上传到 Web 并与他人同时在线工作，用户可以从 Web 浏览器来随时访问 Excel 表格中的重要数据。

任务 5.1　Excel 表格基本操作

知识要点
- 工作表标签。
- 填充柄。
- 条件格式。
- 工作表的移动与复制。

5.1.1　Excel 基本编辑与格式设置

1. Excel 工作环境介绍

同 Word 2016 一样，Excel 2016 的功能区也是由选项卡组成的。除此之外，Excel 2016 还包括了多个其特有的元素，如图 5.1 所示。

2. Excel 工作表标签

位于工作表编辑区的左下方，双击工作表标签可以快速进入工作表名称编辑状态。此外，在工作表标签上右击，可以在弹出的快捷菜单中选择工作表移动、复制、更改工作表标签颜色等功能。

3. 工作表的移动与复制

在工作表标签上右击，在弹出的快捷菜单中选择"移动或复制"，可以实现工作表的移动或工作表复制。若选择"建立副本"复选框，则可以复制工作表；否则，则为移动工作表。

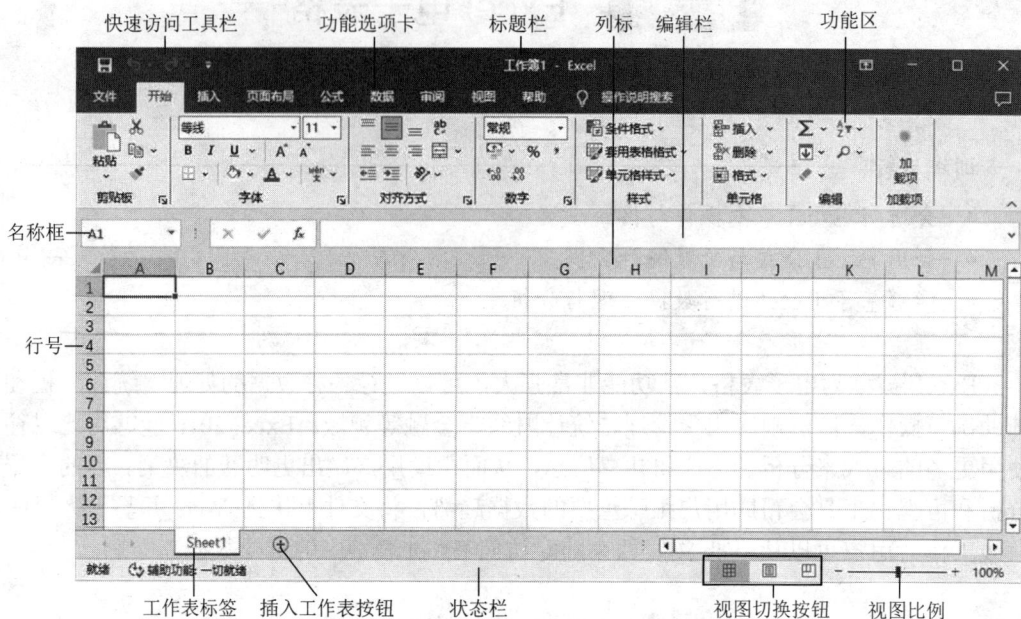

图 5.1　Excel 2016 工作环境

此外，在工作表标签上右击，还可以在弹出的快捷菜单中进行工作表的插入、删除、重命名，设置保护工作表，更改工作表标签颜色等操作。

4. 填充柄

选中单元格，将鼠标指向选中单元格的右下角。即可看到，光标由空心十字变为实心十字，此实心十字即为填充柄。拖动填充柄，可以快速实现单元格内容填充。

案例 5.1　Excel 基本编辑与格式设置

案例描述

1）创建一个新工作簿文件，内容如图 5.2 所示。

	A	B	C	D	E	F
1	学生成绩表					
2	学号	姓名	性别	数学	外语	计算机
3	202412001	刘娜	女	77	87	62
4	202412002	王刚	男	43	78	83
5	202412003	李丹	女	73	67	95
6	202412004	赵宏博	男	66	89	49
7	202412005	刘岚	女	89	54	85
8	202412006	张震远	男	90	78	71
9	202412007	李霞	女	65	78	63
10	202412008	方泓	男	89	65	87
11	202412009	刘敏	女	84	85	66
12	202412010	李刚	男	53	90	69
13						

图 5.2　学生成绩表

2）在 A1 单元格输入标题"学生成绩表"，在 A2:F2 中输入如图 5.2 所示的各列标题。

3）用填充柄自动填充"学号"，从 202412001 开始，按步长为 1 的等差序列顺序填充，其余单元格按所给内容输入。

4）将"数学"列和"外语"列交换。

5）将单元格 A1:F1 合并并居中，设置标题（学生成绩表）为 20 号黑体字、加粗。

6）套用表格格式"表样式中等深浅 2"，为数据清单加粗外边框、细内边框。

7）第二行表头区设置文字水平居中。

8）工作表 Sheet1 重命名为"学生成绩表"。

9）自动调整行高与列宽。

10）保存工作簿文件为"案例 5.1 学生成绩表.xlsx"，案例样张如图 5.3 所示。

学号	姓名	性别	外语	数学	计算机
202412001	刘娜	女	87	77	62
202412002	王刚	男	78	43	83
202412003	李丹	女	67	73	95
202412004	赵宏博	男	89	66	49
202412005	刘岚	女	54	89	85
202412006	张震远	男	78	90	71
202412007	李霞	女	78	65	63
202412008	方泓	男	65	89	87
202412009	刘敏	女	85	84	66
202412010	李刚	男	90	53	69

图 5.3　案例 5.1 样张

案例操作

1）创建一个新工作簿文件。在文件存储位置处右击，在弹出的快捷菜单中，选择"新建"→"Microsoft Excel 工作表"。

2）基本编辑。选中单元格，输入文字。

3）填充柄。选中 A3 单元格，输入 202412001。将光标移到选中单元格右下角，光标变成实心十字，即填充柄。向下拖动填充柄至 A12 单元格。然后单击右下角的自动填充选项，在弹出的列表中选择"填充序列"单选按钮。

4）相邻两列内容交换。选中"外语"列右击，在弹出的快捷菜单中选择"剪切"。然后，选中"数学"列右击，在弹出的快捷菜单中选择"插入剪切的单元格"，即可实现"数学"列和"外语"列交换。

5）合并并居中。选中单元格 A1:F1，选择"开始"选项卡，单击"对齐方式"组中的"合并后居中"按钮。

设置字体、字号、加粗。选择文本"学生成绩表"所在单元格，在"开始"选项卡的"字体"组中设置字体、字号、加粗。

6）套用表格样式及设置边框。

① 套用表格格式。选中单元格 A2:F12，选择"开始"选项卡，单击"样式"组中的"套用表格格式"。然后在弹出的列表中将光标指向任意一种即可看到样式名称。

② 设置单元格边框。选中单元格 A2:F12，选择"开始"选项卡，单击"单元格"组中的"格式"按钮，在弹出的列表中选择"设置单元格格式"。然后在"设置单元格格式"对话框的"边框"选项卡下设置边框，如图 5.4 所示。

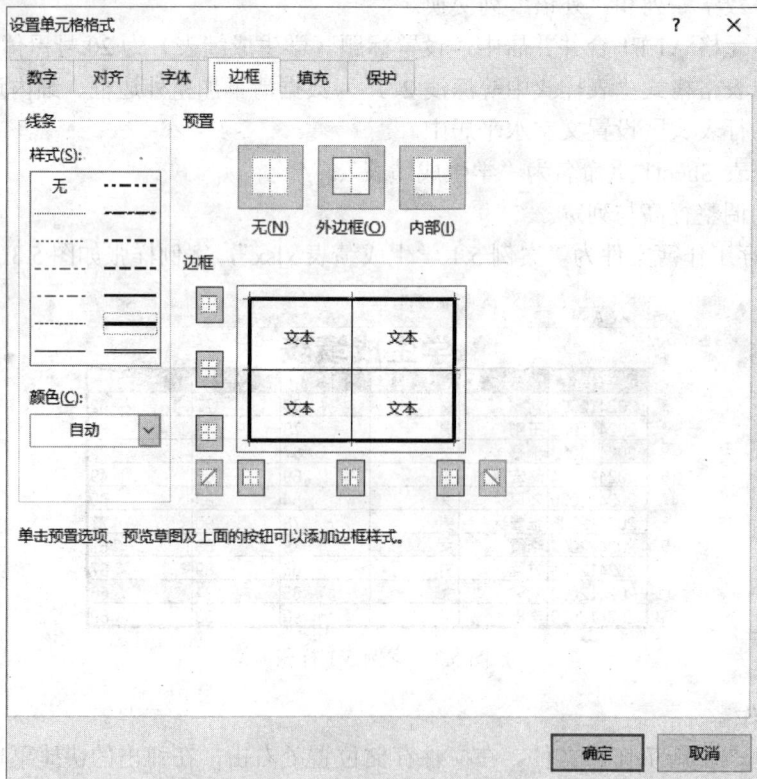

图 5.4　单元格边框设置

7）文字水平居中。选中单元格 A2:F2，选择"开始"选项卡，单击"对齐方式"组中的"居中"按钮。

8）工作表重命名。双击工作表标签 Sheet1，即进入工作表标签编辑状态，输入文字"学生成绩表"。

9）自动调整行高与列宽。选中单元格，选择"开始"选项卡，单击"单元格"组中的"格式"按钮，在弹出的列表中选择"自动调整行高"或"自动调整列宽"。

10）保存文件。单击"保存"按钮或执行"文件"→"保存"/"另存为"→"浏览"命令。然后在弹出的"另存为"对话框中，选择文件存储位置并修改文件名。

5.1.2　Excel 高级格式设置

有时用户需要为工作表中满足一定条件的数据设置格式，可以利用 Excel 提供的条件格式功能。条件格式是指当单元格中的数据满足某一个设定的条件时，系统会自动将其以设定的格式显示出来。

例如，将"计算机基础测试成绩"工作表中数值<60 的设为红色、加粗。具体操作

步骤如下。

1）选取要设置格式的单元格区域，单击"开始"选项卡，然后在"样式"组中单击"条件格式"按钮。

2）在弹出的列表中选择"突出显示单元格规则"，然后在下一级列表中选择"小于"命令，如图 5.5 所示。

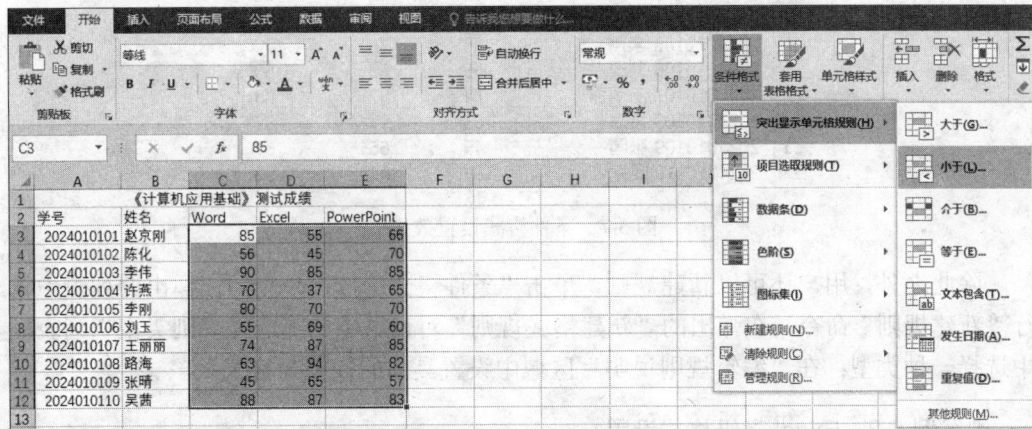

图 5.5　条件格式

3）设置参数。单击左侧文本框后的折叠按钮直接在屏幕上划取数值，或者直接在文本框中输入数值，这里直接输入数值 60。单击"设置为"后面的下拉按钮，在弹出的列表中执行"自定义格式"命令，如图 5.6 所示。

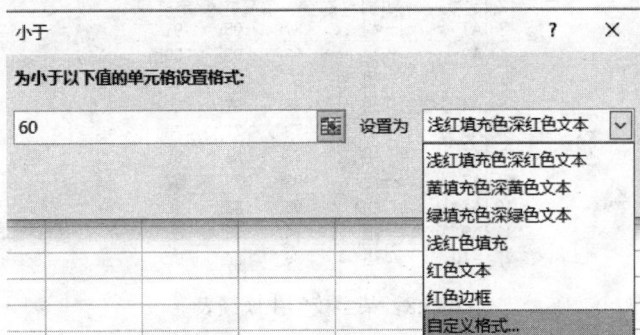

图 5.6　参数设置

在弹出的"设置单元格格式"对话框中，在"字形"列表框中设置"加粗"，在"颜色"下拉列表框中设置"红色"，然后单击"确定"按钮，返回到"小于"对话框。

4）单击"确定"按钮，结果如图 5.7 所示。

另外，若单击"条件格式"按钮后，在弹出的列表中选择"项目选取规则"，则可对排名靠前或靠后的数值设置格式；若选择"数据条"、"色阶"或"图标集"，则可在选取单元格区域中根据各单元格数值的大小设置格式。

其中，若选择"数据条"，数据条的长度表示单元格中值的大小，数据条越长，值越大。若选择"色阶"，则根据单元格数值的大小设置单元格底纹颜色。若选择"图标集"，则根据单元格数值所属范围，应用不同的图标。

	A	B	C	D	E
1	《计算机应用基础》测试成绩				
2	学号	姓名	Word	Excel	PowerPoint
3	2024010101	赵京刚	85	55	66
4	2024010102	陈化	56	45	70
5	2024010103	李伟	90	85	85
6	2024010104	许燕	70	37	65
7	2024010105	李刚	80	70	70
8	2024010106	刘玉	55	69	60
9	2024010107	王丽丽	74	87	85
10	2024010108	路海	63	94	82
11	2024010109	张晴	45	65	57
12	2024010110	吴茜	88	87	83

图 5.7　条件格式设置效果

除此之外，用户还可以新建规则，单击"条件格式"按钮，然后在弹出的列表中执行"新建规则"命令。在弹出的"新建格式规则"对话框中的"选择规则类型"列表框中选择一种类型；在"编辑规则说明"区域中设置具体的规则与格式。

案例 5.2　Excel 高级格式设置

案例描述

1）创建一个新工作簿文件，内容如图 5.8 所示。

	A	B	C	D	E
1	某学校学生成绩表				
2	学号	组别	数学	语文	英语
3	A1	一组	87	95	91
4	A2	一组	98	93	89
5	A3	一组	83	97	83
6	A4	二组	85	87	85
7	A5	一组	78	77	76
8	A6	二组	76	81	82
9	A7	一组	93	84	87
10	A8	二组	95	83	86
11	A9	一组	74	83	85
12	A10	二组	89	84	92

图 5.8　某学校学生成绩表

2）在 A1 单元格输入标题"某学校学生成绩表"，在单元格 A2:E2 中输入如图 5.8 所示的各列标题，其余单元格按所给内容输入。

3）将单元格 A1:E1 合并并居中，设置标题为楷体、14 磅、加粗。

4）将数据清单外边框设置为红色双线、内边框设置为黑色单线，标题行设置黄色底纹。

5）第 2 行表头区设置文字水平居中，字体加粗。

6）利用条件格式将 C3:E12 区域内数值大于或等于 85 的单元格的字体颜色设置为绿色。案例样张如图 5.9 所示。

图 5.9　案例 5.2 样张

案例操作

1）创建一个新工作簿文件。在文件存储位置处右击，在弹出的快捷菜单中选择"新建"→"Microsoft Excel 工作表"。

2）基本编辑。选中单元格，输入文字。

3）合并并居中。选中单元格 A1:E1，选择"开始"选项卡，单击"对齐方式"组中的"合并后居中"按钮 合并后居中 。

设置字体、字号、加粗。选择文本"学生成绩表"所在单元格，在"开始"选项卡"字体"组中设置字体、字号、加粗。

4）设置单元格边框。选中单元格 A2:E12，选择"开始"选项卡，单击"单元格"组中的"格式"按钮 格式 ，在弹出的列表中选择"设置单元格格式"。然后在"设置单元格格式"对话框的"边框"选项卡中设置边框，在"填充"选项卡中设置底纹，如图 5.10所示。

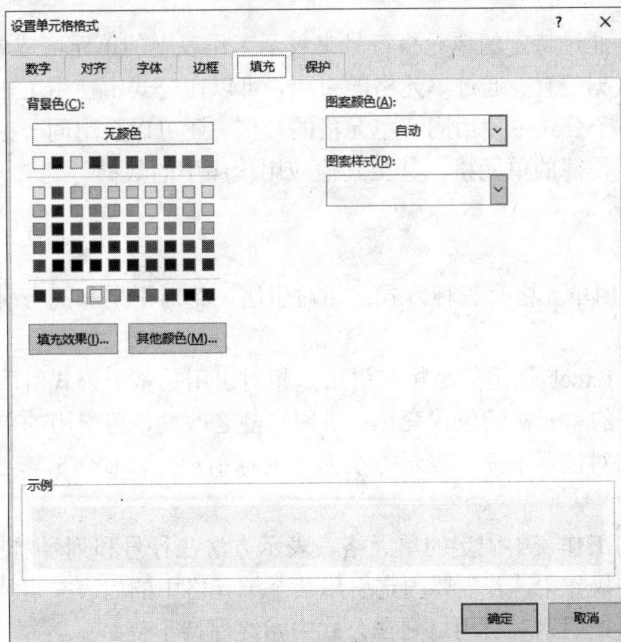

图 5.10　单元格底纹设置

5）文字水平居中。选中单元格 A2:E2，选择"开始"选项卡，单击"对齐方式"组中的"居中"按钮。

6）条件格式。选中单元格 C3:E12，选择"开始"选项卡，单击"样式"组中的"条件格式"按钮 ，在弹出的列表中选择"突出显示单元格规则"→"大于"。然后在弹出的"大于"对话框中设置条件，如图 5.11 所示。在"自定义格式"中，设置字体加粗，颜色红色。

图 5.11　条件格式设置

任务 5.2　Excel 公式与函数

知识要点
- 单元格相对引用。
- 单元格绝对引用。
- 图表数据源选择。

5.2.1　Excel 公式应用

引用单元格是通过特定的单元格符号来表示工作表上的单元格或单元格区域，指明公式中所使用的数据位置。通过单元格的引用，可以在公式中使用工作表中不同单元格的数据，或者在多个公式中使用同一单元格的数值。还可以引用同一工作簿不同工作表的单元格、不同工作簿的单元格，甚至其他应用程序中的数据。

1. 引用类型

在 Excel 中引用单元格有三种方式：相对引用、绝对引用和混合引用。

（1）相对引用

默认情况下，Excel 使用的是相对引用。相对引用是基于公式引用单元格的相对位置。如果公式所在的单元格的位置变化，引用也随之改变，但引用的单元格与包含公式的单元格之间的相对位置不变。表示方法为"列标+行号"，如 A5。

（2）绝对引用

绝对引用指向工作表中固定的单元格，表示方法在行号和列号前加"$"符号，例如，$A$5。在某些操作中，若需要固定引用某个单元格中的内容来进行计算，那么这个单元格的地址就要采用绝对引用，它在公式中始终保持不变。

（3）混合引用

混合引用指的是在一个单元格地址中，既有绝对引用又有相对引用。如果需要在复制公式时只有行或只有列保持不变，那么就要使用混合引用。如 A$3、$K8 等。

用户可以使用快捷键 F4 在相对引用、绝对引用和混合引用表示方式之间进行切换。

此外，不同工作表之间单元格的引用，需要在单元格地址前加工作表名称，中间用“!”分隔。不同工作簿间引用单元格时需要用下面格式：“[工作簿名]工作表名!单元格地址”。

2. 引用运算符

引用单元格或单元格区域时采用三种引用运算符，即冒号、逗号和空格。

（1）冒号

若要引用连续的单元格区域（即一个矩形区），应使用冒号“:”分隔引用区域中的第一个单元格和最后一个单元格。

（2）逗号

若要引用不相交的两个区域，则使用联合运算符，即逗号“,”，如 B2:C5，C8:D11。

（3）空格

引用两个区域交叉重叠部分的数据，如 B3:C7　C5:D9。

案例 5.3　Excel 公式应用

案例描述

利用“案例 5.3 某书店销售情况表”的数据，完成下列操作。

1）将工作表 Sheet1 的单元格 A1:F1 合并为一个单元格，水平对齐方式设置为居中。

2）用填充柄自动填充“图书编号”，从 1001 开始，按步长为 1 的等差序列顺序填充。

3）利用公式计算“销售额”（销售额=销售数量*单价）。

4）利用公式计算“总计”及“所占百分比”（所占百分比=销售额/总计），“所占百分比”单元格格式为“百分比”型（小数点后保留 2 位），结果如图 5.12 所示。

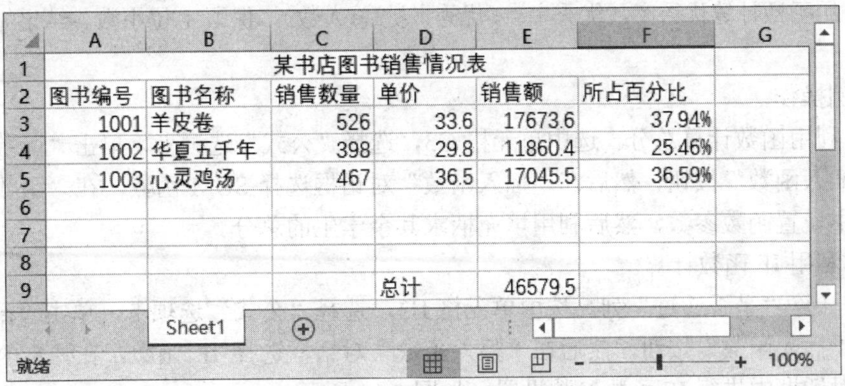

	A	B	C	D	E	F	G
1	某书店图书销售情况表						
2	图书编号	图书名称	销售数量	单价	销售额	所占百分比	
3	1001	羊皮卷	526	33.6	17673.6	37.94%	
4	1002	华夏五千年	398	29.8	11860.4	25.46%	
5	1003	心灵鸡汤	467	36.5	17045.5	36.59%	
6							
7							
8							
9				总计	46579.5		

图 5.12　案例 5.3 样张

案例操作

1）合并并居中。选中单元格 A1:F1，选择"开始"选项卡，单击"对齐方式"组中的"合并后居中"按钮 📊 合并后居中 ▾。

2）填充柄。选中 A3 单元格，输入 1001。将光标移到选中单元格右下角，光标变成实心十字，即填充柄。向下拖动填充柄至 A5 单元格。然后单击右下角的自动填充选项 📑，在弹出的列表中选择"填充序列"单选按钮。

3）利用公式计算"销售额"。选中单元格 E3，输入公式"=C3*D3"，然后按 Enter 键。利用填充柄计算其余销售额。

4）利用公式计算及格式设置。

① 利用公式计算"总计"。选中单元格 E9，输入公式"=E3+E4+E5"，然后按 Enter 键，利用填充柄计算其余总计。

② 利用公式计算"所占百分比"。选中单元格 F3，输入公式"=E3/$E$9"，然后按 Enter 键。利用填充柄计算其余所占百分比。

③ 设置单元格格式为"百分比"型。选中需要设置格式单元格，选择"开始"选项卡，单击"数字"组中的%按钮。

④ 保留 2 位小数。选中需要设置格式单元格，选择"开始"选项卡，单击"数字"组中的"增加/减少小数位数"按钮。也可以通过"设置单元格格式"对话框实现单元格格式与小数位数的设置。

5.2.2　Excel 函数应用

案例 5.4　Excel 函数应用

案例描述

利用"案例 5.4 学生成绩表"的数据，完成下列操作。

1）用函数计算总成绩。

2）用函数计算每个学生是否通过，三个科目的平均分<60 为不通过，否则通过。

3）用函数统计各科优秀的人数（成绩≥90 为优秀）。

4）用函数计算优秀率，优秀率=（优秀人数/总人数），保留 1 位小数。结果如图 5.13 所示。

案例操作

1）利用函数计算总分。选中单元格 G3，选择"公式"选项卡，单击"函数库"组中的"插入函数"按钮，然后在"插入函数"对话框选择 SUM 函数。在"函数参数"对话框中设置函数参数，然后利用填充柄求其余学生的总分。

2）利用 IF 函数计算。

① 计算"是否通过"列。选中单元格 H3，选择"公式"选项卡，单击"函数库"组中的"插入函数"按钮，然后在"插入函数"对话框选择 IF 函数，在弹出的"函数参数"对话框中进行 IF 函数参数设置，如图 5.14 所示。

② 然后，将光标放置<60 之前，再单击编辑栏"×"左侧的向下箭头，选择 AVERAGE

函数，再在弹出的“函数参数”对话框中设置 AVERAGE 函数参数，最后单击“确定”按钮。

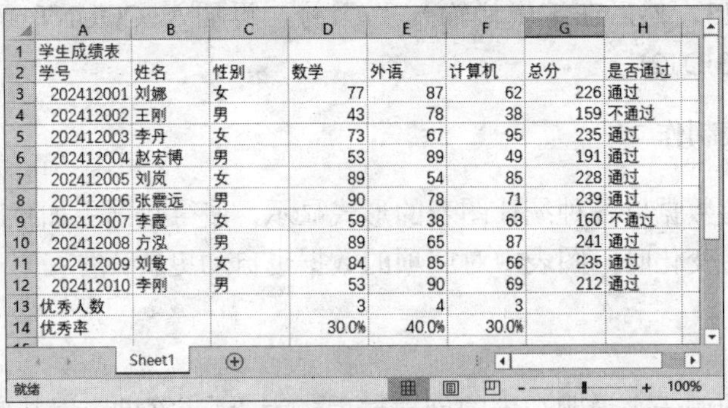

	A	B	C	D	E	F	G	H
1	学生成绩表							
2	学号	姓名	性别	数学	外语	计算机	总分	是否通过
3	202412001	刘娜	女	77	87	62	226	通过
4	202412002	王刚	男	43	78	38	159	不通过
5	202412003	李丹	女	73	67	95	235	通过
6	202412004	赵宏博	男	53	89	49	191	通过
7	202412005	刘岚	女	89	54	85	228	通过
8	202412006	张震远	男	90	78	71	239	通过
9	202412007	李霞	女	59	38	63	160	不通过
10	202412008	方泓	男	89	65	87	241	通过
11	202412009	刘敏	女	84	85	66	235	通过
12	202412010	李刚	男	53	90	69	212	通过
13	优秀人数			3	4	3		
14	优秀率			30.0%	40.0%	30.0%		

图 5.13　案例 5.4 样张

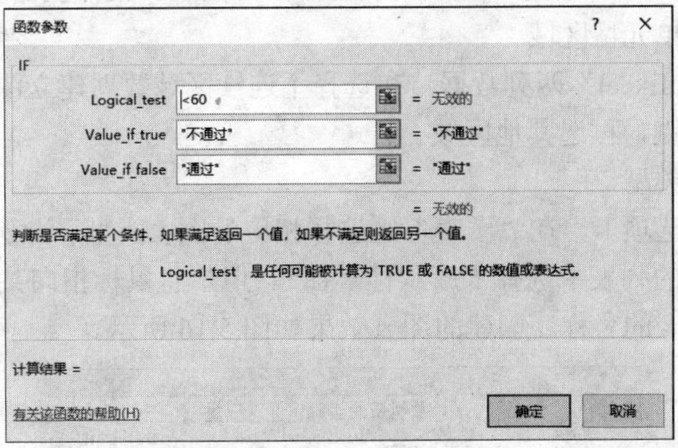

图 5.14　IF 函数参数设置

③ 完成后，单元格 I3 中的公式为“=IF（AVERAGE（D3:F3）<60，“不通过”，“通过”)”。其余学生是否通过利用填充柄完成。

3）利用 COUNTIF 函数计算优秀人数。选中单元格 D13，选择“公式”选项卡，单击“函数库”组中的“插入函数”按钮，在“或选择类别”下拉列表框中选择“统计”，在“选择函数”列表框中选择 COUNTIF 函数，然后设置 COUNTIF 函数参数，如图 5.15 所示。

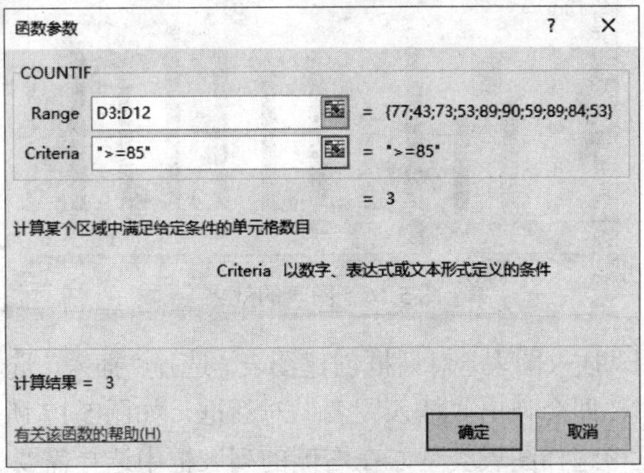

图 5.15　设置 COUNTIF 函数参数

4) 计算优秀率。需要使用 COUNT 函数统计总人数。选中单元格 D14，输入"="，再选择单元格 D13，然后在编辑栏输入"/"号，再插入 COUNT 函数。完整公式为"=D13/COUNT(D3:D12)"。

5.2.3 Excel 图表制作

将单元格中的数据以各种统计图表的形式显示，使得数据更加直观、易懂。当工作表中的数据源发生变化时，图表中对应项的数据也自动更新。

1. 创建图表

下面以具体的例子来说明图表的创建过程。为"《计算机应用基础》测验成绩"的"姓名""Excel"两列数据，建立一个簇状柱形图的图表。具体操作步骤如下。

（1）选择数据单元格区域

选中"姓名""Excel"两列数据。在选择不连续区域数据建立图表时，首先选中一列，然后按住 Ctrl 键，再选其他区域。

（2）选择图表类型

选择"插入"选项卡，在"图表"组选择相应的图表类型。此例中单击"柱形图"按钮，然后在弹出的列表中选择"簇状柱形图"。用户将鼠标指向某一个图表之后，过一会儿即会看到图表的名称。创建的图表效果如图 5.16 所示。

图 5.16　图表的效果

用户也可以利用"插入图表"对话框创建图表。选择"插入"选项卡，然后单击"图表"组右下角的按钮，即会弹出"插入图表"对话框，如图 5.17 所示。

在左侧的列表框中选择图表类型，在右侧的列表框中选择需要的图表样式即可。

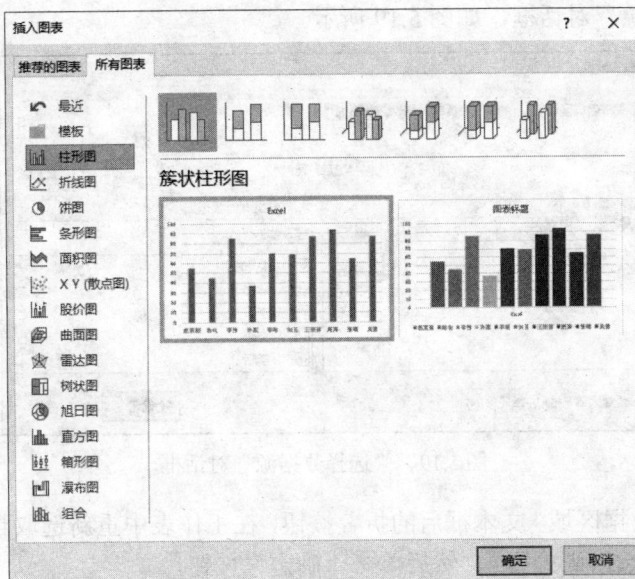

图 5.17　"插入图表"对话框

2. 调整图表

（1）调整图表位置

将鼠标指针指向图表，当鼠标指针呈✛形状时，按住鼠标左键并同时拖动鼠标，可调整图表的位置。

（2）调整图表大小

选中图表，将鼠标指针图表的边框处，当鼠标变成双向箭头时，按住鼠标左键拖动鼠标即可调整图表大小。

（3）移动图表

选择要移动的图表，选择"图表工具/设计"选项卡，在"位置"组执行"移动图表"命令，然后在弹出的"移动图表"对话框中设置图表的位置，如图 5.18 所示。

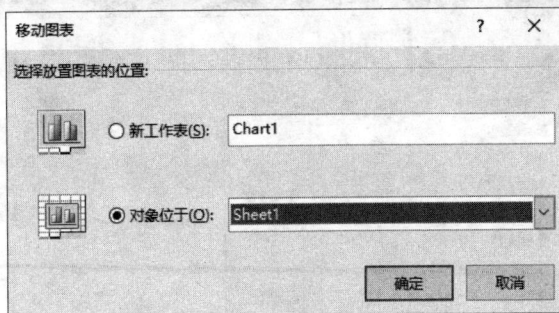

图 5.18　"移动图表"对话框

（4）更改数据源

选择图表，选择"图表工具/设计"选项卡，在"数据"组中单击"选择数据"按钮，弹出"选择数据源"对话框，如图 5.19 所示。

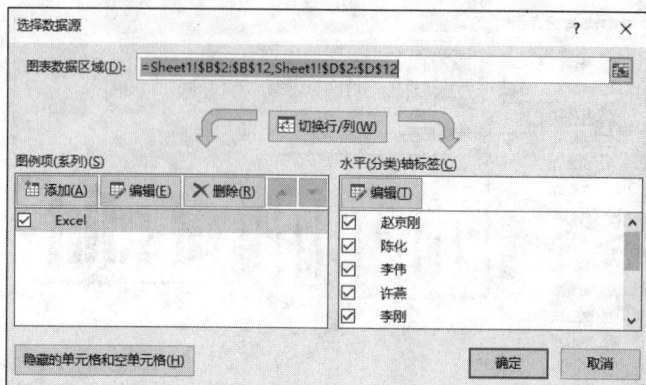

图 5.19 "选择数据源"对话框

单击"图表数据区域"文本框后的折叠按钮，在工作表中重新选取数据单元格区域。选中的区域周围会出现蚁行线，然后单击"确定"按钮。

或者在图表区上右击，从弹出的快捷菜单中执行"选择数据"命令，也会弹出"选择数据源"对话框。

（5）更改图表类型

选择要修改的图表，选择"插入"选项卡，在"图表"组中重新选择图表类型，即可更改选中图表的类型。

或者选择要修改的图表，选择"图表工具/设计"选项卡，在"类型"组中单击"更改图表类型"按钮，然后在弹出的"更改图表类型"对话框中选择所需图表类型。

（6）修改图表布局

选择要更改布局的图表，选择"图表工具/设计"选项卡，在"图表布局"组中单击"添加图表元素"按钮，用户可以根据需要设置图表各元素的布局，如图表标题、坐标轴标题、图例等，如图 5.20 所示。

图 5.20 修改图表布局

案例 5.5   Excel 图表制作

案例描述

利用"案例 5.5 某校学生成绩表"数据，完成下列操作。

1）将 Sheet1 工作表的 A1:F1 单元格合并为一个单元格，内容水平居中。

2）用函数计算学生的"总成绩"列的内容（数值型，保留小数点后 0 位），计算二组学生人数（置 G3 单元格内，利用 COUNTIF 函数）和二组学生总成绩（置 G5 单元格内，利用 SUM IFS 函数）。

3）选取"学号"和"总成绩"列内容，建立"簇状柱形图"，图标题为"总成绩统计图"，清除图例；将图插入表的 A14:G28 单元格区域内，结果如图 5.21 所示。

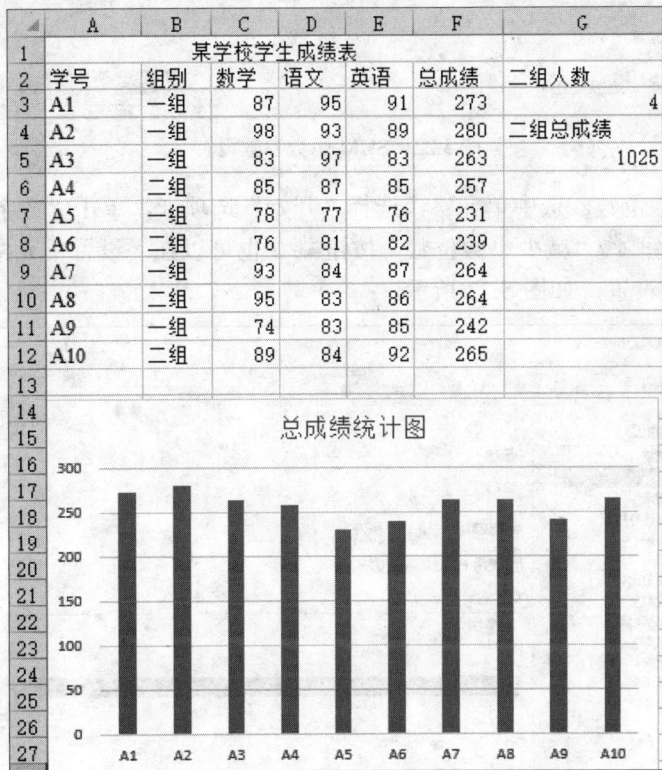

	A	B	C	D	E	F	G
1			某学校学生成绩表				
2	学号	组别	数学	语文	英语	总成绩	二组人数
3	A1	一组	87	95	91	273	4
4	A2	一组	98	93	89	280	二组总成绩
5	A3	一组	83	97	83	263	1025
6	A4	二组	85	87	85	257	
7	A5	一组	78	77	76	231	
8	A6	二组	76	81	82	239	
9	A7	一组	93	84	87	264	
10	A8	二组	95	83	86	264	
11	A9	一组	74	83	85	242	
12	A10	二组	89	84	92	265	

图 5.21   案例 5.5 样张

案例操作

1）合并并居中。选中单元格 A1:F1，选择"开始"选项卡，单击"对齐方式"组中的"合并后居中"按钮 合并后居中 。

2）利用函数计算及格式设置。

① 计算总成绩。选中单元格 F3，单击"插入函数"按钮 *fx*，或选择"公式"选项卡，单击"函数库"组中的"插入函数"按钮，在弹出的"插入函数"对话框中选择 SUM 函数。然后设置 SUM 函数参数，如图 5.22 所示。

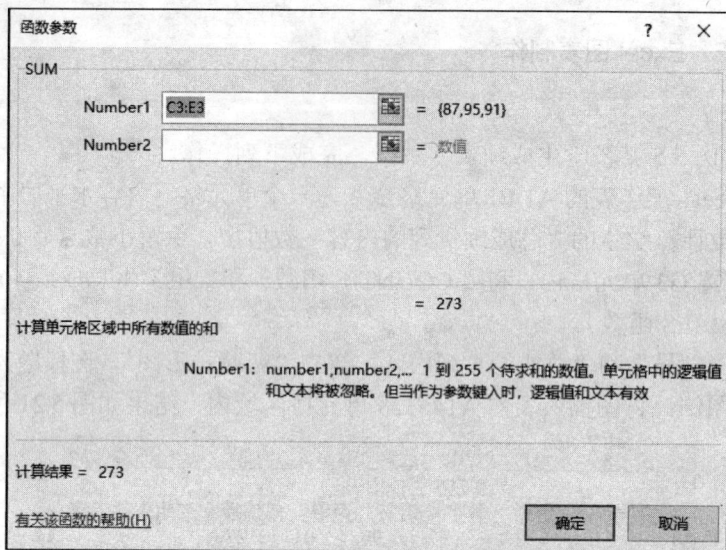

图 5.22　SUM 函数参数设置

②　设置小数位数。选中单元格，选择"开始"选项卡，单击"数字"组中的"增加小数位数"按钮 / "减少小数位数"按钮 。也可以在"设置单元格格式"对话框中进行小数位数设置，如图 5.23 所示。

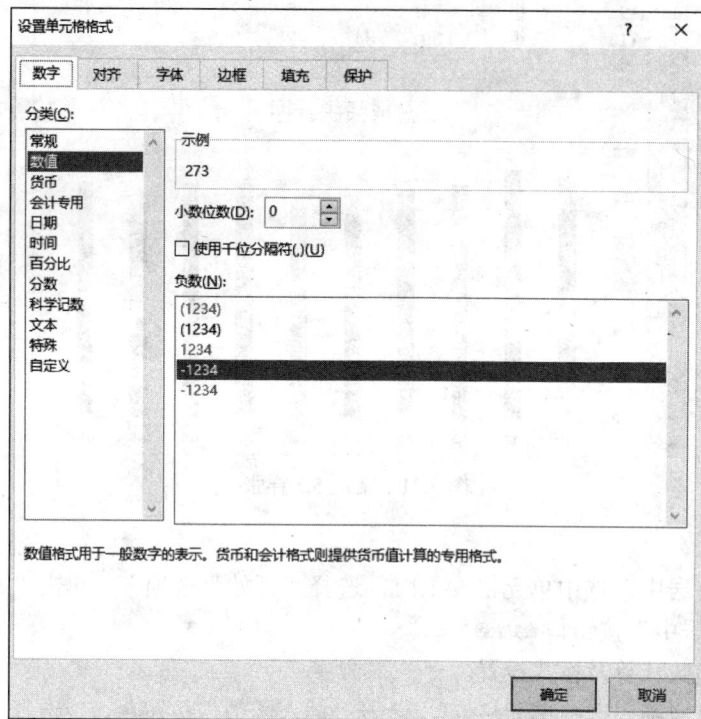

图 5.23　"设置单元格格式"对话框

③　计算二组学生人数（利用 COUNTIF 函数）。COUNTIF 函数主要用于计算某个

区域中满足给定条件的单元格数目，具体参数设置如图 5.24 所示。

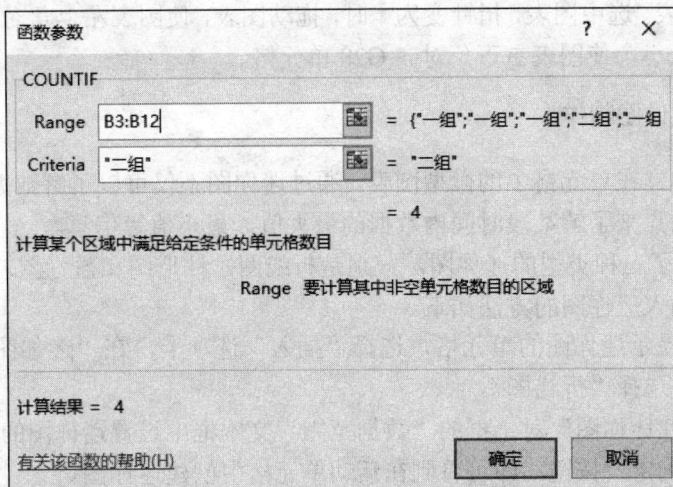

图 5.24　COUNTIF 函数参数设置

④ 计算二组学生总成绩（利用 SUMIFS 函数）。SUMIFS 函数用于对一组给定条件指定的单元格求和，具体参数设置如图 5.25 所示。

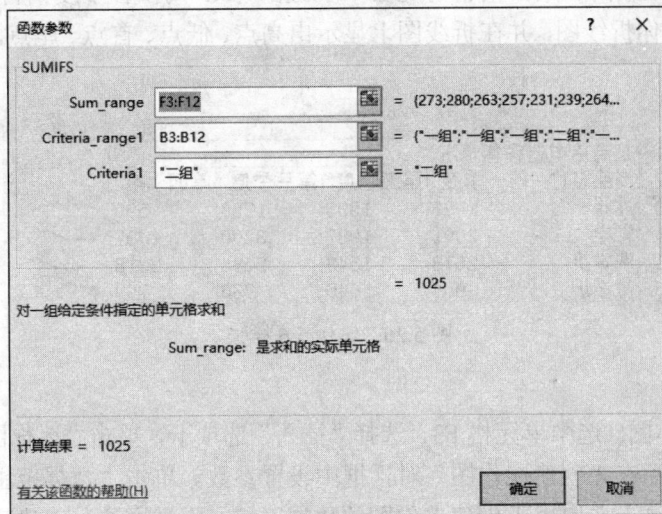

图 5.25　SUMIFS 函数参数设置

3）创建图表及设置图标元素。

① 创建图表。选中"学号"和"总成绩"两列数据，选择"插入"选项卡，单击"图表"组中的"插入柱形图或条形图"按钮 ，然后在弹出的列表中单击"簇状柱形图"按钮 。

② 设置图表题。选中图表，选择"图表工具/设计"选项卡，单击"图表布局"组中的"添加图表元素"→"图表标题"→"图表上方"按钮。

③ 清除图例。选中图表，选择"图表工具/设计"选项卡，单击"图表布局"组中

的"添加图表元素"→"图例"→"无"按钮。

④ 移动图表。选中图表,指针变为✥时,拖动图表,使图表左上角对齐单元格 A14。然后调整图表大小,使图表右下角对齐 G28 单元格。

5.2.4 Excel 迷你图制作

迷你图是建立在单元格中的微型图表。通过迷你图不仅可以了解数据的走势,还可以通过添加特殊点来了解某段时间内数据的最大值、最小值等信息。

Excel 提供了三种类型的迷你图,分别是折线图、柱形图和盈亏图,用户可根据需要进行选择。插入迷你图的方法如下。

1) 选中要显示迷你图的单元格,选择"插入"选项卡,在"迷你图"组中选择迷你图类型,这里选择"折线图"。

2) 在"创建迷你图"对话框的"数据范围"文本框中设置迷你图的数据源。

3) 单击"确定"按钮,即可看到在活动单元格中创建迷你图。

▍案例 5.6　Excel 迷你图制作

案例描述

用"案例 5.6 某商店电器销售情况表"的数据,在 F 列以各季度销售数据为数据源,为各电器创建迷你折线图,并在折线图上显示出高点、低点、首点、尾点,结果如图 5.26 所示。

	A	B	C	D	E	F
1	某商店电器销售情况表					
2	商品名称	第一季度	第二季度	第三季度	第四季度	
3	冰箱	1098	1383	1256	599	
4	彩电	2001	1987	3200	1467	
5	洗衣机	2678	1543	2686	3218	
6	微波炉	954	1045	836	799	

图 5.26　案例 5.6 样张

案例操作

1) 创建迷你图。选中单元格 F3,选择"插入"选项卡,单击"迷你图"组中的"折线图"按钮,然后在"创建迷你图"对话框中设置参数。单击"数据范围"文本框后的折叠按钮,从屏幕上选取用于创建迷你图的数据区域。同样方法,创建其余单元格中的迷你图。

2) 显示迷你图表特殊点。选中单元格 F3,选择"迷你图工具/设计"选项卡,在"显示"组中,选择"高点""低点""首点""尾点"复选框。

任务 5.3　Excel 数据管理与分析

知识要点
- 数据排序。

- 自动筛选和高级筛选之"与"与"或"。
- 分类汇总。
- 数据透视表。

5.3.1　Excel 数据排序

在数据清单中，可以根据某些字段进行排序来重新组织行的顺序。在 Excel 中排序的依据称为"关键字"。

1. 单字段排序

1）选中排序列中的任意一个单元格。

2）选择"开始"选项卡，然后在"编辑"组中单击"排序和筛选"按钮，再从弹出的列表中单击"升序" $^A_Z\!\downarrow$／"降序" $^Z_A\!\downarrow$按钮。或是，选择"数据"选项卡，然后在"排序和筛选"组中单击"升序"／"降序"按钮。

2. 多字段排序

1）在需要排序的数据清单中选中任意一个单元格，选择"数据"选项卡，然后在"排序和筛选"组中单击"排序"按钮。

2）在"排序"对话框中设置主要关键字。

3）单击"添加条件"按钮，设置次要关键字。

▌案例 5.7　Excel 数据排序

案例描述

利用"案例 5.7 学生成绩表"数据，完成下列操作。

1）以"案例 5.7 学生成绩表"的数据为例，按"数学"成绩降序排序，结果如图 5.27 所示。

2）以"案例 5.7 学生成绩表"的数据为例，以"计算机"为主要关键字升序排序，"外语"为次要关键字降序排序，结果如图 5.28 所示。

	A	B	C	D	E	F
1	学生成绩表					
2	学号	姓名	性别	数学	外语	计算机
3	202412006	张震远	男	90	78	71
4	202412005	刘岚	女	89	54	85
5	202412008	方泓	男	89	65	87
6	202412009	刘敏	女	84	85	66
7	202412001	刘娜	女	77	87	62
8	202412003	李丹	女	73	67	95
9	202412007	李霞	女	59	38	63
10	202412004	赵宏博	男	53	89	49
11	202412010	李刚	男	53	90	69
12	202412002	王刚	男	43	78	38

图 5.27　案例 5.7 按"数学"降序排序样张

	A	B	C	D	E	F
1	学生成绩表					
2	学号	姓名	性别	数学	外语	计算机
3	202412002	王刚	男	43	78	38
4	202412004	赵宏博	男	53	89	49
5	202412001	刘娜	女	77	87	62
6	202412007	李霞	女	59	38	63
7	202412009	刘敏	女	84	85	66
8	202412010	李刚	男	53	90	69
9	202412006	张震远	男	90	78	71
10	202412005	刘岚	女	89	54	85
11	202412008	方泓	男	89	65	87
12	202412003	李丹	女	73	67	95

图 5.28   案例 5.7 多字段排序样张

案例操作

1）单关键字排序。选中"数学"列中的任一单元格，选择"数据"选项卡，单击"排序和筛选"组中的"排序"按钮，弹出 "排序"对话框，在"主要关键字"后的下拉列表中选择"数学"选项，在"次序"下的下拉列表中选择"降序"。

2）多关键字排序。选中数据清单中任一单元格，先设置"主要关键字"，再单击"添加条件"按钮，设置"次要关键字"，如图 5.29 所示。

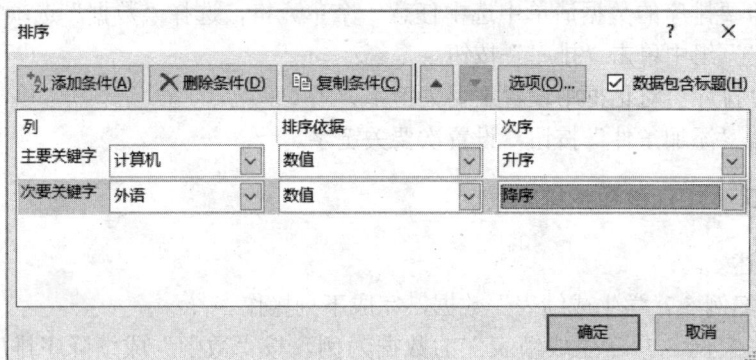

图 5.29   多字段排序设置

5.3.2　Excel 数据筛选

1. 自动筛选

选中数据清单中的任意一个单元格，选择"数据"选项卡，然后在"排列和筛选"组中单击"筛选"按钮，这时数据标题行的右侧出现下拉按钮▼。

单击标题行字段的下拉按钮，在弹出的下拉列表中选择"数字筛选"选项，在弹出的下一级列表中选择合适的筛选方式。或者是选择"自定义筛选"，自己定义筛选条件。筛选条件的列旁边的筛选箭头变为小斗▼。

2. 高级筛选

在实际应用中，当涉及复杂的筛选条件时，通过自动筛选往往不能满足筛选要求，用户可以使用高级筛选功能。

例如，筛选"《计算机应用基础》测试成绩"中 Word 成绩大于 80 或 Excel 成绩大于 80 的记录，筛选结果在第 11 行开始显示。

1）建立条件区域。条件区域的第 1 行为条件标志行，应为数据清单的各字段名。复制待筛选的字段名至条件区。条件区设置在工作表的空白区域，与数据清单至少相隔一行或一列。

2）在条件字段下输入筛选条件。

3）要筛选同时满足多个条件的记录，则将各个条件写在条件区域的同一行，各条件之间的逻辑关系为"与"。

4）要筛选满足几个条件之一的记录，则将各个条件写在条件区域的不同行，各条件之间的逻辑关系为"或"。此例中的筛选条件如图 5.30 所示。

	A	B	C	D	E	F	G	H
1	《计算机应用基础》测试成绩							
2	学号	姓名	Word	Excel	PowerPoint		Word	Excel
3	2024010101	赵京刚	85	55	66		>80	
4	2024010102	陈化	56	45	70			>80
5	2024010103	李伟	90	85	85			
6	2024010104	许燕	70	37	65			
7	2024010105	李刚	80	70	70			
8	2024010106	刘玉	55	69	60			
9	2024010107	王丽丽	74	87	85			
10	2024010108	路海	63	94	82			
11	2024010109	张晴	45	65	57			
12	2024010110	吴茜	88	87	83			

图 5.30　建立高级筛选条件区域

5）单击数据清单中任意一个单元格。

6）选择"数据"选项卡，然后在"排序和筛选"组中单击"高级"按钮。

7）在弹出的"高级筛选"对话框中进行设置，如图 5.31 所示。

选择筛选结果的放置位置、条件区域和复制到的位置。

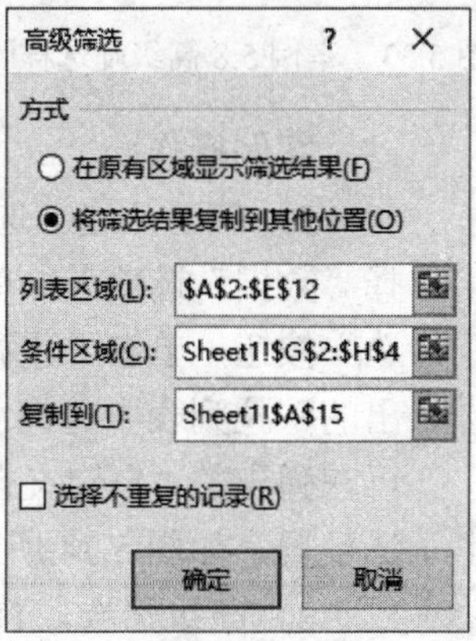

图 5.31　高级筛选参数设置

此例中，在"方式"下选择"将筛选结果复制到其他位置"。因为事先无法确定满足条件的记录有多少条，所以无法精确地选取结果区域。在这里，只需指定筛选结果放置区域左上角的单元格。

案例 5.8　Excel 数据筛选

案例描述

利用"案例 5.8　学生成绩表"数据，完成下列操作。

1）用自动筛选方法查找出计算机优秀（成绩≥90）和不及格的学生记录，结果如图 5.32 所示。

2）用高级筛选方法查找出计算机优秀（成绩≥90）或外语优秀（成绩≥90）的学生记录，筛选结果从第 12 行开始显示。结果如图 5.33 所示。

	A	B	C	D	E	F
1	学生成绩表					
2	学号	姓名	性别	数学	外语	计算机
4	202412002	王刚	男	43	78	38
5	202412003	李丹	女	73	67	95
6	202412004	赵宏博	男	53	89	49

图 5.32　案例 5.8 自动筛选样张

	A	B	C	D	E	F	G	H	I
1	学生成绩表								
2	学号	姓名	性别	数学	外语	计算机		计算机	外语
3	202412001	刘娜	女	77	87	62		>=90	
4	202412002	王刚	男	43	78	38			>=90
5	202412003	李丹	女	73	67	95			
6	202412004	赵宏博	男	53	89	49			
7	202412005	刘岚	女	89	54	85			
8	202412006	张震远	男	90	78	71			
9	202412007	李霞	女	59	38	63			
10	202412008	方泓	男	89	65	87			
11	202412009	刘敏	女	84	85	66			
12	202412010	李刚	男	53	90	69			
13									
14									
15	学号	姓名	性别	数学	外语	计算机			
16	202412003	李丹	女	73	67	95			
17	202412010	李刚	男	53	90	69			

图 5.33　案例 5.8 高级筛选样张

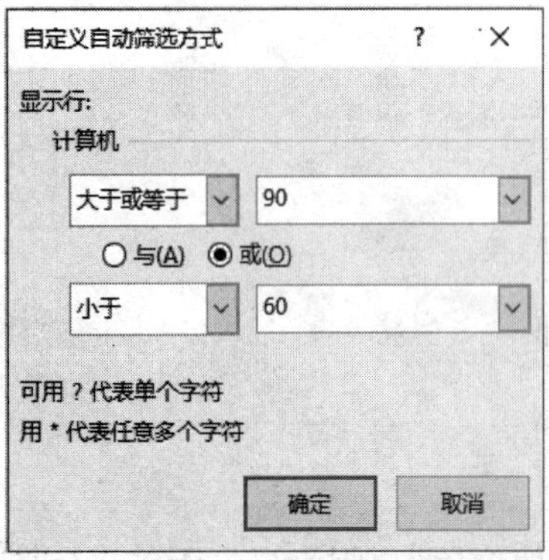

图 5.34　自动筛选参数设置

案例操作

1）自动筛选。选中数据清单中任一单元格，选择"数据"选项卡，单击"排序和筛选"组中的"筛选"按钮，单击"计算机"列后的下三角，然后从弹出的下拉列表中选择"数据筛选"→"自定义筛选"，再在弹出的"自定义自动筛选方式"对话框中进行筛选设置，如图 5.34 所示。

2）高级筛选。首先建立条件区域，然后选中数据清单中任一单元格，选择"数据"选项卡，单击"排序和筛选"组中的"高级"按钮，最后设置高级筛选参数。参数设置及高级筛选结果如图 5.35 所示。

	A	B	C	D	E	F	G	H	I	J
1	学生成绩表									
2	学号	姓名	性别	数学	外语	计算机		计算机	外语	
3	202412001	刘娜	女	77	87	62		>=90		
4	202412002	王刚	男	43	78	38			>=90	
5	202412003	李丹	女	73	67	95				
6	202412004	赵宏博	男	53	89	49				
7	202412005	刘岚	女	89	54	85				
8	202412006	张震远	男	90	78	71				
9	202412007	李霞	女	59	38	63				
10	202412008	方泓	男	89	65	87				
11	202412009	刘敏	女	84	85	66				
12	202412010	李刚	男	53	90	69				
13										
14										
15	学号	姓名	性别	数学	外语	计算机				
16	202412003	李丹	女	73	67	95				
17	202412010	李刚	男	53	90	69				
18										
19										
20										
21										

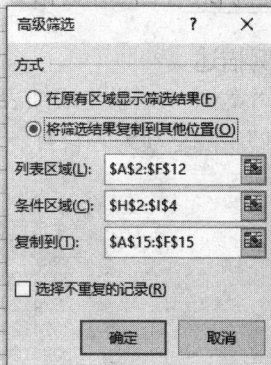

高级筛选　?　×

方式
○ 在原有区域显示筛选结果(F)
● 将筛选结果复制到其他位置(O)

列表区域(L)：$A$2:$F$12
条件区域(C)：$H$2:$I$4
复制到(T)：$A$15:$F$15

□ 选择不重复的记录(R)

确定　　取消

图 5.35　高级筛选参数设置

5.3.3　Excel 数据分类汇总

分类汇总是以某一类别为依据，将该类别相应数据进行汇总。汇总是指对工作表中的某列数据进行求和、求平均值、求最大值等计算。

1. 单个字段分类汇总

在分类汇总之前应先对数据清单按分类列进行排序。

例如，对工作表"《计算机应用基础》测试成绩"进行分类汇总，按班级分类，求 Excel 平均分，汇总结果显示在数据下方。分类字段为"班级"，汇总方式为"平均值"，汇总项为"Excel"，汇总结果显示在数据下方。具体操作步骤如下。

1）选中数据清单中的任意一个单元格，按"班级"列进行排序。

2）选择"数据"选项卡，在"分级显示"组中单击"分类汇总"按钮。

3）在"分类汇总"对话框中进行设置。在"分类字段"下拉列表中选择"班级"，在"汇总方式"下拉列表下选择"平均值"，在"选定汇总项"列表框中勾选"Excel"。若要取消分类汇总，则在"分类汇总"对话框中单击"全部删除"按钮。

2. 多个字段分类汇总

为多个字段分类汇总之前，首先应对多个字段进行排序。下面以例子说明多个字段分类汇总的过程。

例如，对"《计算机应用基础》测试成绩"按班级汇总 Excel 平均分，并汇总各班中男女生的 Excel 平均分。

具体操作步骤如下。

1）对"班级"列和"性别"列排序。设置主要关键字为"班级"，次要关键字为"性别"。

2）对第 1 个分类字段"班级"进行分类汇总。

3）对第 2 个分类字段"性别"进行分类汇总。注意取消"替换当前分类"复选框。

案例 5.9　Excel 数据分类汇总

案例描述

对"案例 5.9 学生成绩表"数据进行分类汇总。分类字段为"性别"，汇总方式为"平均值"，汇总项为各科目，汇总结果显示在数据下方，汇总结果如图 5.36 所示。

	A	B	C	D	E	F
1	学生成绩表					
2	学号	姓名	性别	数学	外语	计算机
3	202412002	王刚	男	43	78	38
4	202412004	赵宏博	男	53	89	49
5	202412006	张震远	男	90	78	71
6	202412008	方泓	男	89	65	87
7	202412010	李刚	男	53	90	69
8			男 平均值	65.6	80	62.8
9	202412001	刘娜	女	77	87	62
10	202412003	李丹	女	73	67	95
11	202412005	刘岚	女	89	54	85
12	202412007	李霞	女	59	38	63
13	202412009	刘敏	女	84	85	66
14			女 平均值	76.4	66.2	74.2
15			总计平均值	71	73.1	68.5

图 5.36　分类汇总结果

案例操作

选中数据清单中任一单元格，选择"数据"选项卡，单击"分级显示"组中的"分类汇总"按钮，然后在"分类汇总"对话框中进行参数设置，如图 5.37 所示。

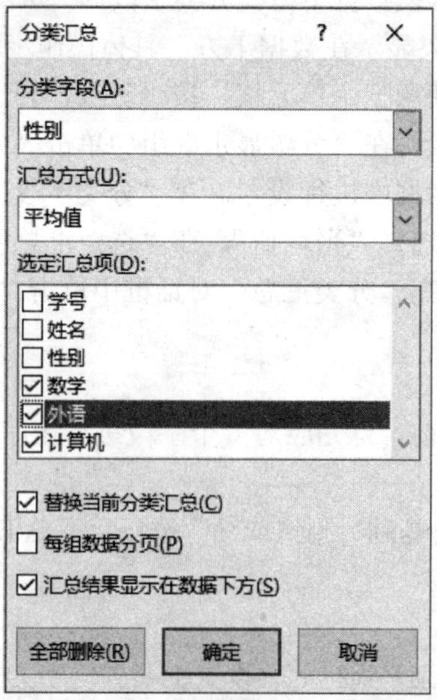

图 5.37　分类汇总参数设置

5.3.4　Excel 数据透视表制作

在 Excel 中，数据透视表在数据分析方面的功能十分强大。数据透视表有机地综合了数据排序、筛选、分类汇总等数据分析的优点，可方便地调整分类汇总的方式，灵活地以多种不同方式展示数据的特征。一张"数据透视表"仅靠鼠标移动字段位置即可变换出各种类型的报表。

案例 5.10　Excel 数据透视表制作

案例描述

下面以图 5.38 所示的"销售情况表"数据为例说明数据透视表的建立方法。

销售公司需要分析如下数据结果。

1）每个季度各地区各产品的销售情况。

2）各地区各产品占同类产品的销售份额。

案例操作

1）单击数据清单中的任意一个单元格。

2）打开"创建数据透视表"对话框：选择"插入"选项卡，然后在"表格"组中单击"数据透视表"下拉按钮，在弹出的列表中选择"数据透视表"选项，随即弹出"创建数据透视表"对话框。

3）选择透视数据区域：Excel 会自动选中"选择一个表或区域"单选按钮，并且"表/区域"文本框中自动填入用于创建数据透视表的单元格区域。如果区域不正确可以重新选择。

4）数据透视表放置位置：决定数据透视表是放在"新工作表"中还是"现有工作表"中。这里选择"新工作表"。单击"确定"按钮。系统新建一个工作

	A	B	C	D
1	地区	季度	产品类别	销售总额
2	北京	第2季度	生活用品	55003
3	北京	第3季度	生活用品	54892
4	北京	第4季度	生活用品	56435
5	北京	第1季度	生活用品	55894
6	北京	第1季度	饮料	57383
7	北京	第2季度	饮料	58552
8	北京	第3季度	饮料	56945
9	北京	第4季度	饮料	56773
10	北京	第3季度	图书	193453
11	北京	第4季度	图书	186383
12	北京	第1季度	图书	202445
13	北京	第2季度	图书	182344
14	南京	第1季度	饮料	57883
15	南京	第2季度	饮料	58432
16	南京	第3季度	饮料	57345
17	南京	第4季度	饮料	56793
18	南京	第1季度	生活用品	55652
19	南京	第2季度	生活用品	54603
20	南京	第3季度	生活用品	55792
21	南京	第4季度	生活用品	53435
22	南京	第1季度	图书	153453
23	南京	第2季度	图书	206383
24	南京	第3季度	图书	252445
25	南京	第4季度	图书	162344

图 5.38　销售情况表

表，并在工作表中创建一个空白数据透视表，同时打开"数据透视表字段列表"窗格。

5）选择透视字段：在"选择要添加到报表的字段"列表框中单击"季度"并按住鼠标左键，将它拖到布局部分的"报表筛选"中。也可以右击"季度"，然后从弹出的快捷菜单中选择"添加到报表筛选"。

6）用同样的方法，将"地区"字段拖动到"行标签"下，"产品类别"字段拖动到"列标签"下，"销售总额"字段拖动到布局部分的"数值"中，如图 5.39 所示。

数据透视表通常为包含数字的数据字段使用 SUM（求和）函数，用户也可以通过"值字段设置"对话框更改数据的汇总方式。例如，在布局部分的"数值"中，单击"求和项：销售总额"，从弹出的列表中选择"值字段设置"选项。在弹出的"值字段设置"对话框中设置汇总方式，如图 5.40 所示，如平均值，单击"确定"按钮完成设置。

7）修改字段名称。在"值字段设置"对话框中，在"自定义名称"后的文本框中输入"销售额汇总"。也可以选中字段名称所在单元格，直接进行编辑。

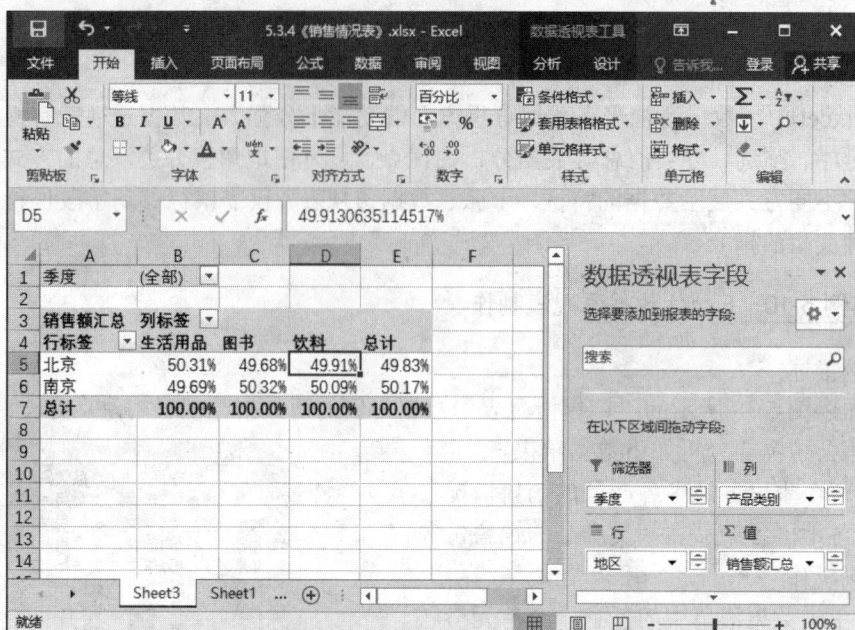

图 5.39　数据透视表字段列表

从图 5.39 中可以看到各地区各产品的销售情况。用户还可以在工作表中单击"季度"字段，然后从弹出的下拉列表中选择某一个季度，实现显示不同季度各地区各产品的销售情况汇总，如图 5.41 所示。

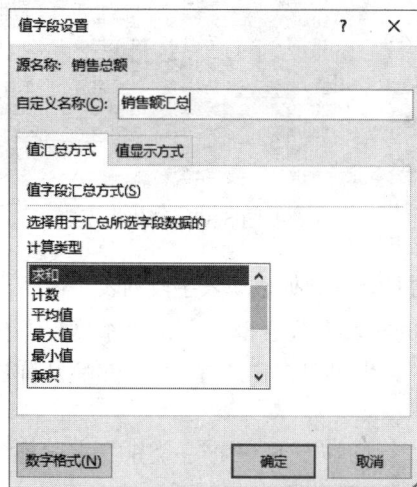

图 5.40　"值字段设置"对话框

图 5.41　显示不同季度

8）设置数值的显示方式。在布局部分的"数值"区域中，单击"销售总额汇总"，从弹出的列表中选择"值字段设置"选项。在弹出的"值字段设置"对话框中，选择"值显示方式"选项卡，然后在"值显示方式"下拉列表中选择"列汇总的百分比"，如图 5.42 所示，单击"确定"按钮完成设置。

从图 5.43 中可以看到各地区各产品占同类产品的销售份额。

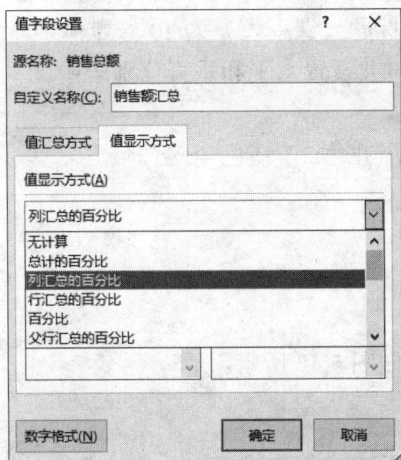

图 5.42　设置数值显示方式

图 5.43　各地区各产品占同类产品的销售份额

实训 5.1　Excel 表格基本操作

实训目的

- 掌握 Excel 文件的建立、保存与打开。
- 掌握工作表的选择、添加、删除、重命名、复制与移动。
- 掌握单元格的输入、编辑等基本操作。

实训内容

1. 制作课程表

1）创建一个新工作簿文件，在 Sheet1 中建立"课程表"，内容如图 5.44 所示。

2）在 B2 单元格中输入"星期一"后，利用填充柄填充单元格 C2:F2 中内容。

3）利用自定义序列功能，填充单元格 A3:A6。

4）在单元格 A2 中绘制斜线表头，添加内容如图 5.44 所示，水平和垂直分别居中。

实训 5.1-1

图 5.44　实训 5.1-1 样张

5）将单元格 A1:F1 单元格合并并居中，设置标题（课程表）为 20 号黑体字。

6）设置单元格 A3:A6 内容设为 18 号楷体字，并设置水平和垂直分别居中。

7）将单元格 A2 字体设为 10 号楷体。

8）为单元格 B2:F2 加底纹，颜色为"橙色，个性色 2，淡色 40%"。

9）为工作表加粗外边框、细内边框。

10）将 Sheet1 重命名为"课程表"。

2．制作学生成绩表

打开实训 5.1-2.xlsx 文件，实现其样张效果，如图 5.45 所示。

图 5.45　实训 5.1-2 样张

1）将单元格 A1:F1 合并并居中，并添加黄色底纹。

2）将工作表中的文字水平居中。

3）套用表格格式"表样式中等深浅 12"，并设置数据清单所有边框为单实线。

4）用图标集为数据清单标识不同范围的数据。其中，成绩<60，用↓标识；60≤成绩<70，用↘标识；70≤成绩<80，用→标识；80≤成绩<90，用↗标识；其余成绩，用↑标识。

3．制作火车时刻表

打开实训 5.1-3.xlsx 文件，实现其样张效果，如图 5.46 所示。

图 5.46　实训 5.1-3 样张

1）将 Sheet1 工作表的 A1:E1 单元格合并为一个单元格，内容水平居中。

2）将 A2:E6 区域的底纹颜色设置为红色、底纹图案类型和颜色分别设置为 6.25%灰色和黄色。

3）将工作表命名为“列车时刻表”。

4. 制作降雨量统计表

打开实训 5.1-4.xlsx 文件，实现其样张效果，如图 5.47 所示。

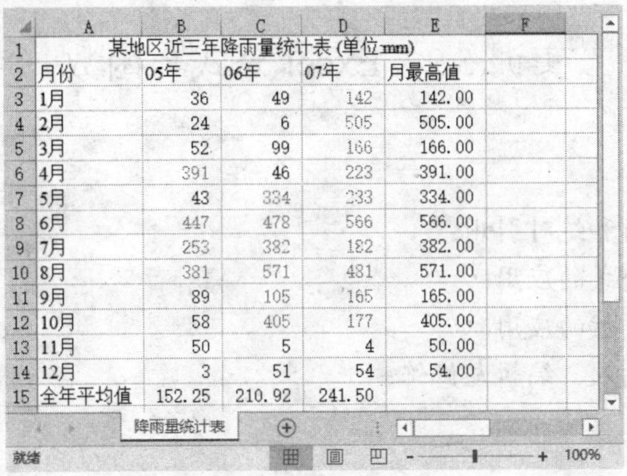

	A	B	C	D	E
1	某地区近三年降雨量统计表 (单位mm)				
2	月份	05年	06年	07年	月最高值
3	1月	36	49	142	142.00
4	2月	24	6	505	505.00
5	3月	52	99	166	166.00
6	4月	391	46	223	391.00
7	5月	43	334	233	334.00
8	6月	447	478	566	566.00
9	7月	253	382	182	382.00
10	8月	381	571	431	571.00
11	9月	89	105	165	165.00
12	10月	58	405	177	405.00
13	11月	50	5	4	50.00
14	12月	3	51	54	54.00
15	全年平均值	152.25	210.92	241.50	

实训 5.1-4

图 5.47　实训 5.1-4 样张

1）将 Sheet1 工作表的 A1:E1 单元格合并为一个单元格，内容水平居中。

2）将“全年平均值”行和“月最高值”列的内容格式设置为数值型，保留小数点后两位。

3）利用条件格式将 B3:D14 区域内数值大于或等于 100.00 的单元格字体颜色设置为绿色（绿色的 RGB 值为：0,176,80）。

4）将工作表命名为“降雨量统计表”。

5. 制作公司员工工资表

打开实训 5.1-5.xlsx 文件，实现其样张效果，如图 5.48 所示。

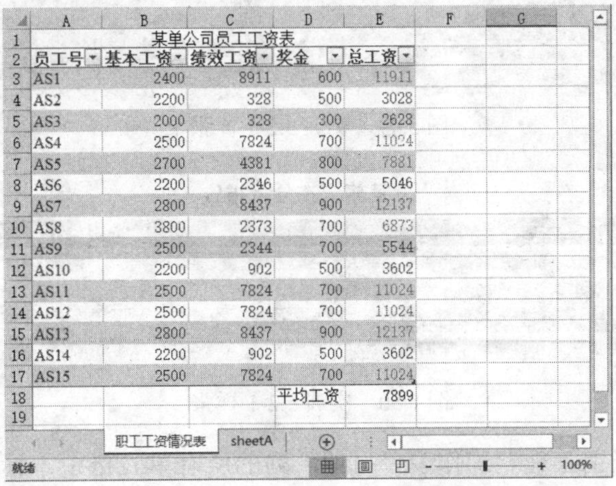

	A	B	C	D	E
1	某单公司员工工资表				
2	员工号	基本工资	绩效工资	奖金	总工资
3	AS1	2400	8911	600	11911
4	AS2	2200	328	500	3028
5	AS3	2000	328	300	2628
6	AS4	2500	7824	700	11024
7	AS5	2700	4381	800	7881
8	AS6	2200	2346	500	5046
9	AS7	2800	8437	900	12137
10	AS8	3800	2373	700	6873
11	AS9	2500	2344	700	5544
12	AS10	2200	902	500	3602
13	AS11	2500	7824	700	11024
14	AS12	2500	7824	700	11024
15	AS13	2800	8437	900	12137
16	AS14	2200	902	500	3602
17	AS15	2500	7824	700	11024
18				平均工资	7899
19					

实训 5.1-5

图 5.48　实训 5.1-5 样张

1）将 Sheet1 工作表的 A1:E1 单元格合并为一个单元格，内容水平居中。

2）利用条件格式将总工资大于或等于 6000 的单元格文字设置为绿色（RGB 值：0,176,80），把 A2:E17 区域格式设置为套用表格格式"表样式浅色 2"。

3）将工作表命名为"公司员工工资表"。

4）复制该工作表为 SheetA 工作表。

实训 5.2　Excel 公式与函数

实训目的

- 理解相对引用和绝对引用。
- 掌握工作表公式的应用。
- 掌握工作表函数的应用。
- 掌握图表的插入、编辑与修饰。

实训内容

1. 差旅报销管理

实训 5.2-1

打开实训 5.2-1.xlsx 文件，实现其效果，如图 5.49 和图 5.50 所示。

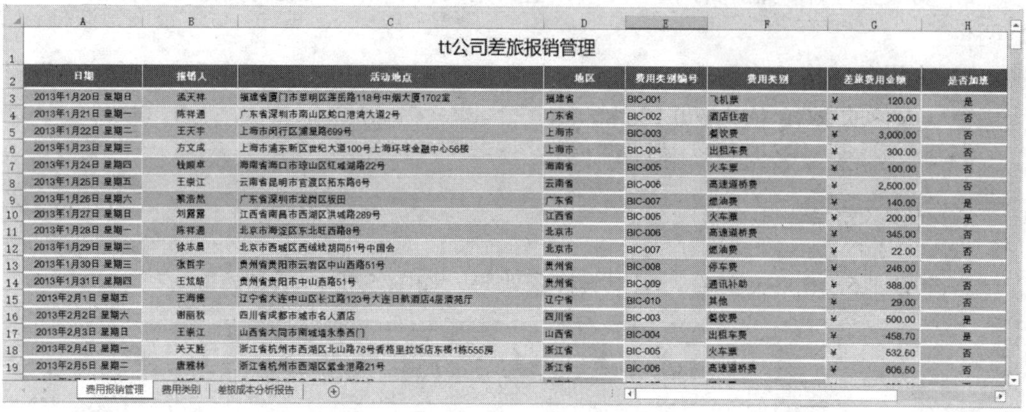

图 5.49　实训 5.2-1 样张 1

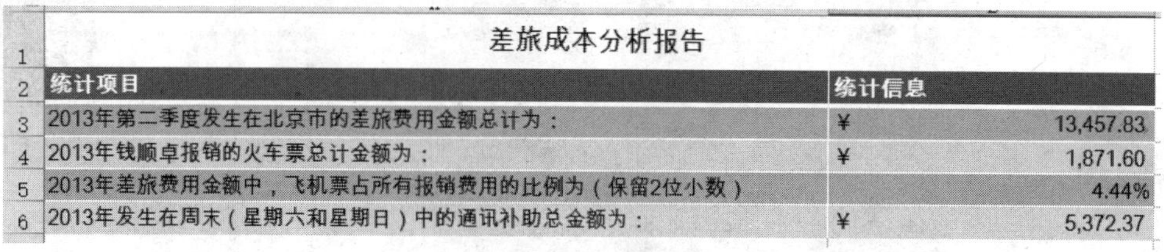

	统计项目	统计信息
	差旅成本分析报告	
3	2013年第二季度发生在北京市的差旅费用金额总计为：	¥ 13,457.83
4	2013年钱顺卓报销的火车票总计金额为：	¥ 1,871.60
5	2013年差旅费用金额中，飞机票占所有报销费用的比例为（保留2位小数）	4.44%
6	2013年发生在周末（星期六和星期日）中的通讯补助总金额为：	¥ 5,372.37

图 5.50　实训 5.2-1 样张 2

1）在"费用报销管理"工作表"日期"列的所有单元格中，标注每个报销日期属于星期几。例如，日期为"2013 年 1 月 20 日"的单元格应显示为"2013 年 1 月 20 日 星期日"，日期为"2013 年 1 月 21 日"的单元格应显示为"2013 年 1 月 21 日　星期一"。

2）如果"日期"列中的日期为星期六或星期日，则在"是否加班"列的单元格中显示"是"，否则显示"否"（必须使用公式）。

3）使用公式统计每个活动地点所在的省份或直辖市，并将其填写在"地区"列所对应的单元格中，如"北京市""浙江省"。

4）依据"费用类别编号"列内容，使用 VLOOKUP 函数，生成"费用类别"列内容。对照关系参考"费用类别"工作表。

5）在"差旅成本分析报告"工作表 B3 单元格中，统计 2013 年第二季度发生在北京市的差旅费用总金额。

6）在"差旅成本分析报告"工作表 B4 单元格中，统计 2013 年员工钱顺卓报销的火车票费用总额。

7）在"差旅成本分析报告"工作表 B5 单元格中，统计 2013 年差旅费用中飞机票费用占所有报销费用的比例，并保留 2 位小数。

8）在"差旅成本分析报告"工作表 B6 单元格中，统计 2013 年发生在周末（星期六和星期日）的通讯补助总金额。

2. 销售订单明细表

打开实训 5.2-2.xlsx 文件，实现样张效果，如图 5.51 和图 5.52 所示。

实训 5.2-2

1）请对"订单明细表"工作表进行格式调整，通过套用表格格式方法将所有的销售记录调整为"表样式浅色 10"的外观格式，并将"单价"列和"小计"列所包含的单元格调整为"会计专用"（人民币）数字格式。

2）根据图书编号，请在"订单明细表"工作表的"图书名称"列中，使用 VLOOKUP 函数完成图书名称的自动填充。"图书名称"和"图书编号"的对应关系在"编号对照"工作表中。

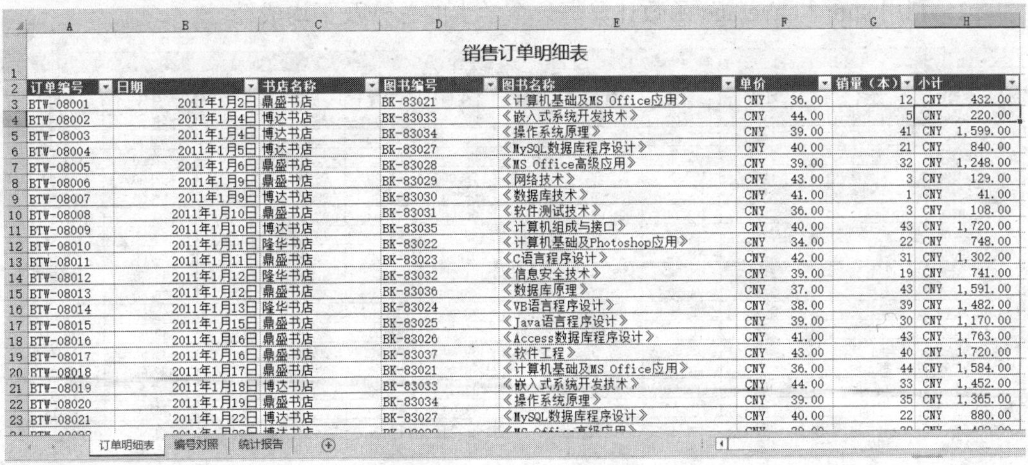

订单编号	日期	书店名称	图书编号	图书名称	单价	销量（本）	小计
BTW-08001	2011年1月2日	鼎盛书店	BK-83021	《计算机基础及MS Office应用》	CNY 36.00	12	CNY 432.00
BTW-08002	2011年1月4日	博达书店	BK-83033	《嵌入式系统开发技术》	CNY 44.00	5	CNY 220.00
BTW-08003	2011年1月4日	博达书店	BK-83034	《操作系统原理》	CNY 39.00	41	CNY 1,599.00
BTW-08004	2011年1月5日	博达书店	BK-83027	《MySQL数据库程序设计》	CNY 40.00	21	CNY 840.00
BTW-08005	2011年1月6日	鼎盛书店	BK-83028	《MS Office高级应用》	CNY 39.00	32	CNY 1,248.00
BTW-08006	2011年1月9日	博达书店	BK-83029	《网络技术》	CNY 43.00	3	CNY 129.00
BTW-08007	2011年1月9日	博达书店	BK-83030	《数据库技术》	CNY 41.00	1	CNY 41.00
BTW-08008	2011年1月10日	鼎盛书店	BK-83031	《软件测试技术》	CNY 36.00	3	CNY 108.00
BTW-08009	2011年1月10日	博达书店	BK-83035	《计算机组成与接口》	CNY 40.00	43	CNY 1,720.00
BTW-08010	2011年1月11日	隆华书店	BK-83022	《计算机基础及Photoshop应用》	CNY 34.00	22	CNY 748.00
BTW-08011	2011年1月11日	鼎盛书店	BK-83023	《C语言程序设计》	CNY 42.00	31	CNY 1,302.00
BTW-08012	2011年1月12日	隆华书店	BK-83032	《信息安全技术》	CNY 39.00	19	CNY 741.00
BTW-08013	2011年1月12日	鼎盛书店	BK-83036	《数据库原理》	CNY 37.00	43	CNY 1,591.00
BTW-08014	2011年1月13日	隆华书店	BK-83024	《VB语言程序设计》	CNY 38.00	39	CNY 1,482.00
BTW-08015	2011年1月15日	鼎盛书店	BK-83025	《Java语言程序设计》	CNY 39.00	30	CNY 1,170.00
BTW-08016	2011年1月16日	鼎盛书店	BK-83026	《Access数据库程序设计》	CNY 41.00	43	CNY 1,763.00
BTW-08017	2011年1月16日	鼎盛书店	BK-83037	《软件工程》	CNY 43.00	40	CNY 1,720.00
BTW-08018	2011年1月17日	鼎盛书店	BK-83021	《计算机基础及 MS Office应用》	CNY 36.00	44	CNY 1,584.00
BTW-08019	2011年1月18日	博达书店	BK-83033	《嵌入式系统开发技术》	CNY 44.00	33	CNY 1,452.00
BTW-08020	2011年1月19日	博达书店	BK-83034	《操作系统原理》	CNY 39.00	35	CNY 1,365.00
BTW-08021	2011年1月22日	博达书店	BK-83027	《MySQL数据库程序设计》	CNY 40.00	22	CNY 880.00

订单明细表　编号对照　统计报告

图 5.51　实训 5.2-2 样张 1

	A	B
1	统计报告	
2	统计项目	销售额
3	所有订单的总销售金额	￥658,638.00
4	《MS Office高级应用》图书在2012年的总销售额	￥15,210.00
5	隆华书店在2011年第3季度（7月1日~9月30日）的总销售额	￥40,727.00
6	隆华书店在2011年的每月平均销售额（保留2位小数）	￥9,845.25

图 5.52　实训 5.2-2 样张 2

3）根据图书编号，请在"订单明细表"工作表的"单价"列中，使用 VLOOKUP 函数完成图书单价的自动填充。"单价"和"图书编号"的对应关系在"编号对照"工作表中。

4）在"订单明细表"工作表的"小计"列中，计算每笔订单的销售额。

5）根据"订单明细表"工作表中的销售数据，统计所有订单的总销售金额，并将其填写在"统计报告"工作表的 B3 单元格中。

6）根据"订单明细表"工作表中的销售数据，统计《MS Office 高级应用》图书在 2012 年的总销售额，并将其填写在"统计报告"工作表的 B4 单元格中。

7）根据"订单明细表"工作表中的销售数据，统计隆华书店在 2011 年第三季度的总销售额，并将其填写在"统计报告"工作表的 B5 单元格中。

8）根据"订单明细表"工作表中的销售数据，统计隆华书店在 2011 年的每月平均销售额（保留 2 位小数），并将其填写在"统计报告"工作表的 B6 单元格中。

3．期末成绩统计表

打开实训 5.2-3.xlsx，实现其样表效果，如图 5.53 所示。

1）将"第一学期期末成绩"工作表套用表格格式"表样式浅色 16"，将第一列"学号"列设为文本，将所有成绩列设为保留 2 位小数的数值，设置居中对齐。

实训 5.2-3

2）利用 sum 和 average 函数计算每一个学生的总分及平均成绩。

	A	B	C	D	E	F	G	H	I	J	K	L
1	初一年级第一学期期末成绩											
2	学号	姓名	班级	语文	数学	英语	生物	地理	历史	政治	总分	平均分
3	C120305	王清华	3班	91.50	89.00	94.00	92.00	91.00	86.00	86.00	629.50	89.93
4	C120101	包宏伟	1班	97.50	106.00	108.00	98.00	99.00	99.00	96.00	703.50	100.50
5	C120203	吉祥	2班	93.00	99.00	92.00	86.00	86.00	73.00	92.00	621.00	88.71
6	C120104	刘康锋	1班	102.00	116.00	113.00	78.00	88.00	86.00	74.00	657.00	93.86
7	C120301	刘鹏举	3班	99.00	98.00	101.00	95.00	91.00	95.00	78.00	657.00	93.86
8	C120306	齐飞扬	3班	101.00	94.00	99.00	90.00	87.00	95.00	93.00	659.00	94.14
9	C120206	闫朝霞	2班	100.50	103.00	104.00	88.00	89.00	78.00	90.00	652.50	93.21
10	C120302	孙玉敏	3班	78.00	95.00	94.00	82.00	90.00	93.00	84.00	616.00	88.00
11	C120204	苏解放	2班	95.50	92.00	96.00	84.00	95.00	91.00	92.00	645.50	92.21
12	C120201	杜学江	2班	94.50	107.00	96.00	100.00	93.00	93.00	93.00	675.50	96.50
13	C120304	李北大	3班	95.00	97.00	102.00	93.00	95.00	92.00	88.00	662.00	94.57
14	C120103	李鹏鹏	1班	95.00	85.00	99.00	98.00	92.00	92.00	88.00	649.00	92.71
15	C120105	张桂花	1班	88.00	98.00	101.00	89.00	73.00	95.00	91.00	635.00	90.71
16	C120202	陈万地	2班	86.00	107.00	89.00	88.00	92.00	88.00	89.00	639.00	91.29
17	C120205	倪冬声	2班	103.50	105.00	105.00	93.00	93.00	90.00	86.00	675.50	96.50
18	C120102	符合	1班	110.00	95.00	98.00	99.00	93.00	93.00	92.00	680.00	97.14
19	C120303	管令煊	3班	85.50	100.00	97.00	87.00	78.00	89.00	93.00	629.50	89.93
20	C120106	谢如康	1班	90.00	111.00	116.00	75.00	95.00	93.00	95.00	675.00	96.43

图 5.53　实训 5.2-3 样张

3）学号第 4、5 位代表学生所在的班级，例如："C120101"代表 12 级 1 班。请通过函数提取每个学生所在的专业，并按下列对应关系填写在“班级”列中。

“学号”的 4、5 位	对应班级
01	1 班
02	2 班
03	3 班

4）根据学号，请在“第一学期期末成绩”工作表的“姓名”列中，使用 VLOOKUP 函数完成姓名的自动填充。“姓名”和“学号”的对应关系在“学号对照”工作表中。

4. 员工档案统计表

打开实训 5.2-4.xlsx，实现其样表效果，如图 5.54 和图 5.55 所示。

1）请对“员工档案表”工作表进行格式调整，将所有工资列设为保留 2 位小数的数值。

实训 5.2-4

2）根据身份证号，请在“员工档案表”工作表的“出生日期”列中，使用 MID 函数提取员工生日，单元格式类型为“yyyy'年'm'月'd'日'”。

3）根据入职时间，请在“员工档案表”工作表的“工龄”列中，使用 TODAY 函数和 INT 函数计算员工的工龄，工作满一年才计入工龄。

	A	B	C	D	E	F	G	H	I	J	K	L	M
1	天天公司员工档案表												
2	员工编号	姓名	性别	部门	职务	身份证号	出生日期	学历	入职时间	工龄	基本工资	工龄工资	基础工资
3	DF007	曾晓军	男	管理	部门经理	410205196412278211	1964年12月27日	硕士	2001年3月	23	10000.00	1150.00	11150.00
4	DF015	李北大	男	管理	人事行政经	420316197409283216	1974年09月28日	硕士	2006年12月	17	9500.00	850.00	10350.00
5	DF002	郭晶晶	女	行政	文秘	110105198903040128	1989年03月04日	大专	2012年3月	12	3500.00	600.00	4100.00
6	DF013	苏三强	男	研发	项目经理	370108197202213159	1972年02月21日	硕士	2003年8月	20	12000.00	1000.00	13000.00
7	DF017	曾令煊	男	研发	项目经理	110105196410020109	1964年10月02日	博士	2001年6月	22	18000.00	1100.00	19100.00
8	DF008	齐小小	女	管理	销售经理	110102197305120123	1973年05月12日	硕士	2001年10月	22	15000.00	1100.00	16100.00
9	DF003	侯大文	男	管理	研发经理	310108197712121139	1977年12月12日	硕士	2003年7月	20	12000.00	1000.00	13000.00
10	DF004	宋子文	男	研发	员工	372208197510090512	1975年10月09日	本科	2003年7月	20	5600.00	1000.00	6600.00
11	DF005	王清华	男	人事	员工	110101197209021144	1972年09月02日	本科	2001年6月	22	5600.00	1100.00	6700.00
12	DF006	张国庆	男	人事	员工	110108197812120129	1978年12月12日	本科	2005年9月	18	6000.00	900.00	6900.00
13	DF009	孙小红	女	行政	员工	551018198607311126	1986年07月31日	本科	2010年5月	13	4000.00	650.00	4650.00
14	DF010	陈家洛	男	研发	员工	372208197310070512	1973年10月07日	本科	2006年5月	17	5500.00	850.00	6350.00
15	DF011	李小飞	男	研发	员工	410205197908278231	1979年08月27日	本科	2011年4月	12	5000.00	600.00	5600.00
16	DF012	杜兰儿	女	销售	员工	110106198504040127	1985年04月04日	大专	2013年1月	11	3000.00	550.00	3550.00
17	DF014	张乖乖	男	行政	员工	610308198111020379	1981年11月02日	本科	2009年5月	14	4700.00	700.00	5400.00
18	DF016	徐霞客	男	研发	员工	327018198310123015	1983年10月12日	本科	2010年2月	14	5500.00	700.00	6200.00
19	DF018	杜学江	女	销售	员工	110103198111090028	1981年11月09日	中专	2008年12月	15	3500.00	750.00	4250.00
20	DF019	齐飞扬	男	行政	员工	210108197912031129	1979年12月03日	本科	2007年1月	17	4500.00	850.00	5350.00
21	DF020	苏解放	男	研发	员工	302204198508090312	1985年08月09日	硕士	2010年3月	14	8500.00	700.00	9200.00
22	DF021	谢如康	男	研发	员工	110106197809121104	1978年09月12日	本科	2010年3月	14	7500.00	700.00	8200.00
23	DF022	张桂花	女	行政	员工	110107198010120109	1980年10月12日	高中	2010年3月	14	2500.00	700.00	3200.00
24	DF023	陈万地	男	研发	员工	412205196612280211	1966年12月28日	本科	2010年3月	14	5000.00	700.00	5700.00
25	DF024	张国庆	男	销售	员工	110108197507220123	1975年07月22日	本科	2010年3月	14	5200.00	700.00	5900.00

员工档案　工龄工资　统计报告

图 5.54　实训 5.2-4 样张 1

	A	B
1	统计报告	
2	所有人的基础工资总额	293150
3	项目经理的基本工资总额	32100
4	本科生平均基本工资	6152.272727

图 5.55　实训 5.2-4 样张 2

4）引用“工龄工资”工作表中的数据来计算“员工档案表”工作表员工的工龄工资，在“基础工资”列中，计算每个人的基础工资（基础工资=基本工资+工龄工资）。

5）根据“员工档案表”工作表中的工资数据，统计所有人的基础工资总额，并将其填写在“统计报告”工作表的 B2 单元格中。

6）根据"员工档案表"工作表中的工资数据，统计职务为项目经理的基本工资总额，并将其填写在"统计报告"工作表的 B3 单元格中。

7）根据"员工档案表"工作表中的数据，统计天天公司本科生平均基本工资，并将其填写在"统计报告"工作表的 B4 单元格中。

5. 电脑销售统计图表

打开实训 5.2-5.xlsx 文件，实现其样表效果，如图 5.56 所示。

实训 5.2-5

	A	B	C	D	E
1			2024年电脑销售统计图表		
2		第一季度	第二季度	第三季度	第四季度
3	三星	1744	2310	1409	1345
4	戴尔	1893	1638	1783	1258
5	惠普	1832	1432	1766	1092
6	索尼	1782	1562	1523	1655

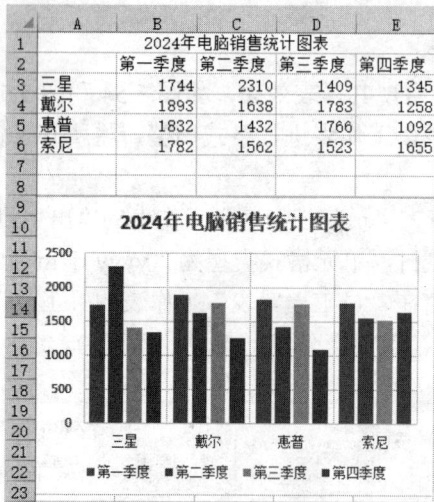

图 5.56　实训 5.2-5 样张

1）将单元格 A1 至 E1 合并并居中，同时输入"2024 年电脑销售统计图表"。

2）以 A2 至 E6 区域为数据源，在工作表中插入"簇状柱形图"。

① 设置图表布局为"布局 3"。

② 设置图表标题为"2024 年电脑销售统计表"，并设置图表标题艺术字样式为"填充-紫色，着色 4，软棱台"。

③ 设置主要纵网格线为"主轴主要垂直网格线"。

④ 调整图表大小，并将图表放置 A9 至 E23 单元格区域。

6. 数据透视表的应用

打开实训 5.2-6.xlsx 文件，实现其样表效果，如图 5.57 和图 5.58 所示。

实训 5.2-6

	A	B	C	D
1	各班各科最低分和最高分			
2				
3		列标签		
4	值	化工07-1	化工07-2	总计
5	最小值项:数学	43	53	43
6	最大值项:数学	95	90	95
7	最小值项:外语	67	54	54
8	最大值项:外语	89	87	89
9	最小值项:计算机	45	66	45
10	最大值项:计算机	90	87	90

图 5.57　实训 5.2-6 样张 1

	A	B	C	D
1	各班各科平均分			
3	行标签	平均值项:数学	平均值项:外语	平均值项:计算机
4	化工07-1	72.0	78.8	77.2
5	化工07-2	78.3	74.5	74.0
6	总计	75.2	76.7	75.6

图 5.58　实训 5.2-6 样张 2

实训 5.3　Excel 数据管理与分析

实训目的

- 掌握工作表数据排序。
- 掌握自动筛选和高级筛选的操作方法。
- 掌握分类汇总的使用方法。
- 掌握数据透视表的使用方法。

实训内容

1. 排序的应用 1

打开实训 5.3-1.xlsx 文件，实现其样表效果，如图 5.59 所示。

实训 5.3-1

1）合并并居中单元格 A1 至 I1，在其中输入内容"2024 年计算机专业录取表"，并文字设置为华文楷体、16 号、加粗。

准考证号	姓名	城市	考试成绩			总成绩	平均成绩	名次
			应用基础	数据结构	C语言			
2014010302001	陈伟	上海	90	89	91	270	90.00	11
2014010302002	赵丽	南京	94	89	93	276	92.00	5
2014010302003	李俊	沈阳	94	86	93	273	91.00	8
2014010302004	王丽	成都	91	91	96	278	92.67	4
2014010302005	钱杰	武汉	92	89	93	274	91.33	7
2014010302006	张宏	四川	96	92	92	280	93.33	2
2014010302007	朱渝	杭州	97	84	94	275	91.67	6
2014010302008	陈飞	广州	99	86	97	282	94.00	1
2014010302009	何宇	重庆	93	88	90	271	90.33	10
2014010302010	张新	郑州	93	93	93	279	93.00	3
2014010302011	付静	厦门	94	85	93	272	90.67	9

图 5.59　实训 5.3-1 样张

2）合并 A2 至 A3、B2 至 B3、C2 至 C3、G2 至 G3、H2 至 H3、I2 至 I3 单元格区域。

3）计算总成绩和平均成绩，保留小数点后 2 位。

4）利用 RANK()函数计算名次。

5）将第 2 至 14 行的行高设置为 23。

6）为数据清单添加内外边框线。

7）将 A2 至 I3 单元格区域的样式设置为"水绿色-个性色 5-淡色 40%"，并将单元格中字体设置为加粗。

8）按照名次对数据清单进行升序排序。

9）将第 5、7、9、11、13 行的 A 至 I 列单元格样式设置为"水绿色-个性色 5-淡色

60%"，第 4、6、8、10、12 行的 A 至 I 列单元格样式设置为"水绿色-个性色 5-淡色 80%"。

2. 排序的应用 2

打开实训 5.3-2.xlsx 文件，实现其样表效果，如图 5.60 所示。

实训 5.3-2

1）将 Sheet1 工作表的 A1:F1 单元格合并为一个单元格，内容水平居中。

2）计算"总积分"列的内容（金牌获 10 分，银牌获 7 分，铜牌获 3 分），按递减次序计算各队的积分排名（利用 RANK 函数）。

3）按主要关键字"金牌"降序次序，次要关键字"银牌"降序次序，第三关键字"铜牌"降序次序进行排序。

4）将工作表命名为"成绩统计表"。

	A	B	C	D	E	F	G
1				某运动会成绩统计表			
2	队名	金牌	银牌	铜牌	总积分	积分排名	
3	D队	34	46	62	848	4	
4	H队	31	31	35	632	8	
5	A队	29	77	69	1036	1	
6	F队	26	72	60	944	2	
7	B队	22	59	78	867	3	
8	E队	21	41	53	656	6	
9	C队	18	45	78	729	5	
10	G队	17	49	45	648	7	
11							

成绩统计表　Sheet2

就绪　　　　　　　　　　100%

图 5.60　实训 5.3-2 样张

3. 筛选的应用

打开实训 5.3-3.xlsx 文件，按要求，实现其样表效果。

实训 5.3-3

1）对工作表"计算机专业成绩单"内数据清单的内容进行自动筛选，条件为数据库原理、操作系统、体系结构三门课程均大于或等于 75 分，对筛选后的内容按主要关键字"平均成绩"的降序次序和次要关键字"班级"的升序次序进行排序，结果如图 5.61 所示。

	A	B	C	D	E	F	G
1	学号	姓名	班级	数据库原理	操作系统	体系结构	平均成绩
9	013007	陈松	3班	94	81	90	88.33
12	012011	王春晓	2班	95	87	78	86.67
21	013011	王文辉	3班	82	84	80	82.00
26	011028	金翔	1班	91	75	77	81.00
27	012020	李新	2班	84	82	77	81.00
30	013008	张雨涵	3班	78	80	82	80.00

图 5.61　实训 5.3-3 自动筛选样张

2）对工作表"产品销售情况表"内数据清单的内容按主要关键字"分公司"的降序次序和次要关键字"季度"的升序次序进行排序，对排序后的数据进行高级筛选，在数据清单前插入 4 行，条件区域设在 A1:G3 单元格区域，请在对应字段列内输入条件，条件是：产品名称为"空调"或"电视"且销售额排名在前 20 名，工作表名不变，结果如图 5.62 所示。

	A	B	C	D	E	F	G
1				产品名称			销售额排名
2				空调			<=20
3				电视			<=20
4							
5	季度	分公司	产品类别	产品名称	销售数量	销售额（万元）	销售额排名
13	2	西部1	D-1	电视	42	18.73	12
14	3	西部1	D-1	电视	78	34.79	2
18	1	南部2	K-1	空调	54	19.12	11
19	2	南部2	K-1	空调	63	22.30	7
20	3	南部2	K-1	空调	86	30.44	4
21	1	南部1	D-1	电视	64	17.60	17
28	2	东部1	K-1	空调	79	27.97	6
29	3	东部2	K-1	空调	45	15.93	20
30	1	东部2	D-1	电视	67	18.43	14
32	3	东部1	D-1	电视	66	18.15	16
39	1	北部1	D-1	电视	86	38.36	1
40	2	北部1	D-1	电视	73	32.56	3
41	3	北部1	D-1	电视	64	28.54	5

图 5.62　实训 5.3-3 高级筛选样张

4. 高级筛选应用

打开实训 5.3-4.xlsx 文件，按要求实现其样表效果，如图 5.63 所示。　　实训 5.3-4

	A	B	C	D	E	F	G
1		分公司		产品名称		销售额（万元）	
2		西部2		空调		>10	
3		南部1		电视		>10	
4							
5	季度	分公司	产品类别	产品名称	销售数量	销售额（万元）	销售额排名
6	1	西部2	K-1	空调	89	12.28	26
12	3	西部2	K-1	空调	84	11.59	28
21	1	南部1	D-1	电视	64	17.60	17
32	3	南部1	D-1	电视	46	12.65	25

图 5.63　实训 5.3-4 样张

对工作表"产品销售情况表"内数据清单的内容建立高级筛选，在数据清单前插入 4 行，条件区域设在 B1:F3 单元格区域，请在对应字段列内输入条件，条件是："西部 2"的"空调"和"南部 1"的"电视"，销售额均在 10 万元以上，工作表名不变，保存工作簿。

5. 分类汇总的应用

打开实训 5.3-5.xlsx 文件，实现其样表效果，如图 5.64 所示。　　实训 5.3-5

1）将标题"职员登记表"所在行的单元格 A1:G1 合并成一个单元格，单元格的水平对齐方式为"居中"，字号为"16"，字体为"楷体"。

2）在 Sheet2 中，将数据按照性别进行分类，汇总男、女工资的平均值。

职员登记表

员工编号	部门	姓名	性别	年龄	工龄	工资
K12	开发部	沈一丹	男	30	5	2000
C24	测试部	刘力国	男	35	4	1600
S21	市场部	张开芳	男	26	4	1800
W08	文档部	贾铭	男	24	1	1200
C04	测试部	吴溯源	男	22	5	1800
			男 平均值			1680
W24	文档部	王红梅	女	24	2	1200
S20	市场部	杨帆	女	25	2	1900
K01	开发部	高浩飞	女	26	2	1400
			女 平均值			1500
			总计平均值			1612.5

图 5.64 实训 5.3-5 样张

实训 5.4 Excel 综合实训

实训目的

- 掌握 Excel 工作表的格式设置。
- 掌握 Excel 工作表公式与函数使用。
- 掌握 Excel 数据管理与分析。

实训 5.4-1

实训内容

1. Excel 综合实训 1

利用文件“综合实训 1.xlsx”，进行如下操作。

1）请对“第一学期期末成绩”工作表进行格式调整，通过套用表格格式方法将 A2:L20 数据区域设置为“表样式浅色 2”，并对该工作表“第一学期期末成绩”中的数据列表进行格式化操作：将第一列“学号”列设为文本，将所有成绩列设为保留 2 位小数的数值，设置所有文字水平居中，为数据区域增加细实线内外边框。

2）利用“条件格式”功能进行下列设置：将语文、数学、外语三科中大于等于 110 分的成绩所在的单元格以红颜色填充。

3）利用 SUM 和 AVERAGE 函数计算每一个学生的总分及平均成绩。

4）根据学号，请在“第一学期期末成绩”工作表的“姓名”列中，使用 VLOOKUP 函数完成姓名的自动填充。“姓名”和“学号”的对应关系在“学号对照”工作表中。

5）在“成绩分类汇总”中通过分类汇总功能求出每个班各科的最大值，并将汇总结果显示在数据下方，结果如图 5.65 和图 5.66 所示。

初一年级第一学期期末成绩

学号	姓名	班级	语文	数学	英语	生物	地理	历史	政治	总分	平均分
C120305	王清华	3班	91.50	89.00	94.00	92.00	91.00	86.00	86.00	629.50	89.93
C120101	包宏伟	1班	97.50	106.00	108.00	98.00	99.00	99.00	96.00	703.50	100.50
C120203	吉祥	2班	93.00	99.00	92.00	86.00	86.00	73.00	92.00	621.00	88.71
C120104	刘康锋	1班	102.00	[illegible]	[illegible]	78.00	88.00	86.00	74.00	657.00	93.86
C120301	刘鹏举	3班	99.00	98.00	101.00	95.00	91.00	95.00	78.00	657.00	93.86
C120306	齐飞扬	3班	101.00	94.00	99.00	90.00	87.00	95.00	93.00	659.00	94.14
C120206	闫朝霞	2班	100.50	103.00	104.00	88.00	89.00	78.00	90.00	652.50	93.21
C120302	孙玉敏	3班	78.00	95.00	94.00	82.00	90.00	93.00	84.00	616.00	88.00
C120204	苏解放	2班	95.50	92.00	96.00	84.00	95.00	91.00	92.00	645.50	92.21
C120201	杜学江	2班	94.50	107.00	96.00	100.00	93.00	92.00	93.00	675.50	96.50
C120304	李北大	3班	95.00	97.00	102.00	93.00	95.00	92.00	88.00	662.00	94.57
C120103	李娜娜	1班	95.00	85.00	99.00	98.00	92.00	92.00	88.00	649.00	92.71
C120105	张桂花	1班	88.00	98.00	101.00	89.00	73.00	95.00	91.00	635.00	90.71
C120202	陈万地	2班	86.00	107.00	89.00	88.00	92.00	88.00	89.00	639.00	91.29
C120205	倪冬声	2班	103.50	105.00	105.00	93.00	93.00	90.00	86.00	675.50	96.50
C120102	符合	1班	[illegible]	95.00	98.00	99.00	93.00	93.00	92.00	680.00	97.14
C120303	曾令煊	3班	85.50	100.00	97.00	87.00	78.00	89.00	93.00	629.50	89.93
C120106	谢如康	1班	90.00	[illegible]	[illegible]	75.00	95.00	93.00	95.00	675.00	96.43

图 5.65 综合实训 1 样张 1

初一年级第一学期期末成绩

学号	姓名	班级	语文	数学	英语	生物	地理	历史	政治
C120101	包宏伟	1班	97.5	106	108	98	99	99	96
C120104	刘康锋	1班	102	116	113	78	88	86	74
C120103	李娜娜	1班	95	85	99	98	92	92	88
C120105	张桂花	1班	88	98	101	89	73	95	91
C120102	符合	1班	110	95	98	99	93	93	92
C120106	谢如康	1班	90	111	116	75	95	93	95
		1班 最大值	110	116	116	99	99	99	96
C120203	吉祥	2班	93	99	92	86	86	73	92
C120206	同朝霞	2班	100.5	103	104	88	89	78	90
C120204	苏解放	2班	95.5	92	96	84	95	91	92
C120201	杜学江	2班	94.5	107	96	100	93	92	93
C120202	陈万地	2班	86	107	89	88	92	88	89
C120205	倪冬声	2班	103.5	105	105	93	93	90	86
		2班 最大值	103.5	107	105	100	95	92	93
C120305	王清华	3班	91.5	89	94	92	91	86	86
C120301	刘鹏举	3班	99	98	101	95	91	95	78
C120306	齐飞扬	3班	101	94	99	90	87	95	93
C120302	孙玉敏	3班	78	95	94	82	90	93	84
C120304	李北大	3班	95	97	102	93	95	92	88
C120303	曾令煊	3班	85.5	100	97	87	78	95	93
		3班 最大值	101	100	102	95	95	95	93
		总计最大值	110	116	116	100	99	99	96

图 5.66　综合实训 1 样张 2

2. Excel 综合实训 2

利用文件"综合实训 2.xlsx",进行如下操作。

1)将工作表 Sheet1 的 A1:C1 单元格合并为一个单元格,内容水平居中,用函数计算数量的"总计"及"所占比例"列的内容(所占比例=数量/总计,百分比型,保留小数点后两位),将工作表命名为"人力资源情况表"。

实训 5.4-2

2)选取"人力资源情况表"的"人员类型"列(A2:A6)和"所占比例"列(C2:C6)的单元格区域内容,建立"三维饼图",数据标签只显示百分比,图表标题为"人力资源情况图",插入表的 A9:E19 单元格区域。

3)对工作表"数据库技术成绩单"内数据清单的内容进行分类汇总(分类汇总前请先按主要关键字"系别"升序排序),分类字段为"系别",汇总方式为"平均值",汇总项为"考试成绩""实验成绩""总成绩"(汇总数据设为数值型,保留小数点后两位),汇总结果显示在数据下方。实训样张如图 5.67 和图 5.68 所示。

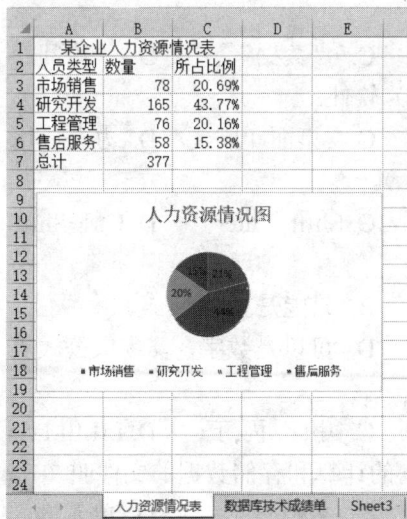

	A	B	C	D	E
1	某企业人力资源情况表				
2	人员类型	数量	所占比例		
3	市场销售	78	20.69%		
4	研究开发	165	43.77%		
5	工程管理	76	20.16%		
6	售后服务	58	15.38%		
7	总计	377			

人力资源情况图

图 5.67　综合实训 2 样张 1

	系别	学号	姓名	考试成绩	实验成绩	总成绩
2	计算机	992032	王文辉	87	17	86.6
3	计算机	992089	金翔	73	18	76.4
4	计算机	992005	扬海东	90	19	91.4
5	**计算机 平均值**			83.33	18.00	84.67
6	经济	995034	郝心怡	86	17	85.8
7	经济	995022	陈松	69	12	67.2
8	经济	995014	张平	80	18	82
9	**经济 平均值**			78.33	15.67	78.33
10	数学	994056	孙英	77	14	75.6
11	数学	994034	姚林	89	15	86.2
12	数学	994086	高晓东	78	17	77.4
13	数学	994027	黄红	68	20	74.4
14	**数学 平均值**			78	16	78.4
15	信息	991021	李新	77	16	77.6
16	信息	991076	王力	91	15	87.8
17	信息	991062	王春晓	78	17	79.4
18	信息	991025	张雨涵	62	17	66.6
19	**信息 平均值**			77.00	16.25	77.85
20	自动控制	993023	张磊	75	19	79
21	自动控制	993021	张在旭	60	14	62
22	自动控制	993082	黄立	85	20	88
23	自动控制	993026	钱民	66	16	68.8
24	自动控制	993053	李英	93	19	93
25	**自动控制 平均值**			75.80	17.60	78.24
26	**总计平均值**			78.11	16.74	79.22

图 5.68　综合实训 2 样张 2

单元测试 5

一、单项选择题

1. 在 Excel 中，要想在某单元格中输入 1/2 应该输入（　　）。
   A. #1/2　　　　　　B. 0.5　　　　　　C. 0 1/2　　　　　　D. 1/2

2. 在 Excel 中，默认保存后的工作簿格式扩展名是（　　）。
   A. *.xlsx　　　　　B. *.xls　　　　　C. *.htm　　　　　D. *.html

3. 在 Excel 中，在（　　）功能区可进行工作簿视图方式的切换。
   A. "开始"　　　　　B. "页面布局"　　　C. "审阅"　　　　　D. "视图"

4. Excel 中如果删除的单元格是其他单元格的公式所引用的，这些公式将会显示（　　）。
   A. #####!　　　　　B. #REF!
　　　C. #VALUE!　　　　D. #NUM!

5. Excel 中如果给某单元格设置的小数位数为 2，则输入 100 时显示（　　）。
   A. 100.00　　　　　B. 10000　　　　　C. 1　　　　　　　D. 100

6. 在 Excel 中套用表格格式后，会出现（　　）功能区选项卡。
   A. "图片工具"　　　B. "表格工具"　　　C. "绘图工具"　　　D. 其他工具

7. 在 Excel 中要录入身份证号，数字分类应选择（　　）格式。
   A. 常规　　　　　　B. 数字（值）　　　C. 科学记数　　　　D. 文本

8. Excel 中在对某个数据库进行分类汇总之前必须（　　）。
   A. 不应对数据排序　　　　　　　　　B. 使用数据记录单
   C. 应对数据库的分类字段进行排序　　D. 设置筛选条件

9. 在 Excel 中，可以通过（　　）功能区对所选单元格进行数据筛选，筛选出符合你要求的数据。
   A. "开始"　　　　　B. "插入"　　　　　C. "数据"　　　　　D. "审阅"

10. Excel 是 Windows 操作平台下的（　　）软件。
    A. 文字处理　　　　B. 电子表格　　　　C. 桌面印刷　　　　D. 办公应用

11. Excel 单元格中手动换行的方法是（　　）。
    A. Ctrl+Enter　　　B. Alt+Enter　　　　C. Shift+Enter　　　D. Ctrl+Shift

12. Excel 的单元格中（　　）。
    A. 只能是数字　　　　　　　　　　　B. 只能是文字
    C. 不可以是函数　　　　　　　　　　D. 可以是数字、文字或公式等

13. Excel 工作表的列标表示为（　　）。
    A. 1,2,3,4　　　　　B. A,B,C,D　　　　C. 甲,乙,丙,丁　　　D. I,II,III,IV

14. Excel 是目前最流行的电子表格软件，它的计算和存储数据的文件叫（　　）。
    A. 工作簿　　　　　B. 工作表　　　　　C. 文档　　　　　　D. 单元格

15. Excel 允许同时打开多个工作簿，最后打开的工作簿位于应用程序窗口的

（　　　）。

  A. 最前面   B. 最后面   C. 中间   D. 下面

16. Excel 中打印工作簿时，下面表述错误的是（　　　）。

  A. 一次可以打印整个工作簿

  B. 一次可以打印一个工作簿中的一个或多个工作表

  C. 在一个工作表中可以只打印某一页

  D. 不能只打印一个工作表中的一个区域位置

17. Excel 软件是（　　　）公司开发的软件。

  A. WPS   B. Microsoft   C. Adobe   D. IBM

18. 编辑工作表时，选择一些不连续的区域，需借助（　　　）。

  A. Shift 键   B. Alt 键   C. Ctrl 键   D. 鼠标右键

19. 对 B8 单元格绝对地址引用的表达方式为（　　　）。

  A. $B8   B. $B$8   C. B$8   D. B8

20. 如果在创建表中建立字段"基本工资额"，其数据类型应当是（　　　）。

  A. 文本类型   B. 货币类型   C. 日期类型   D. 数字类型

21. 若选中一个单元格后按 Delete 键，这是（　　　）。

  A. 删除该单元格中的数据和格式   B. 删除该单元格

  C. 仅删除该单元格中的数据   D. 仅删除该单元格中的格式

22. 往空单元格中键入（　　　）来开始一个公式。

  A. *   B. (C. =   D. +

23. 为了输入一批有规律的递减数据，在使用填充柄实现时，应先选中（　　　）。

  A. 有关系的相邻区域   B. 任意有值的一个单元格

  C. 不相邻的区域   D. 不要选择任意区域

24. 下列选项中，（　　　）不属于"单元格格式"对话框中"数字"选项卡中的内容。

  A. 字体   B. 货币   C. 日期   D. 自定义

25. 下列选项中，不属于 Excel 中的算术运算符的是（　　　）。

  A. /   B. %   C. ^   D. <>

26. 在 Excel 中，单元格地址是指（　　　）。

  A. 每个单元格   B. 每个单元格的大小

  C. 单元格所在的工作表   D. 单元格在工作表中的位置

27. 在 Excel 中，工作簿一般是由（　　　）组成。

  A. 单元格   B. 文字   C. 工作表   D. 单元格区域

28. 在 Excel 工作表中，当前单元格的填充柄在其（　　　）。

  A. 左上角   B. 右上角   C. 左下角   D. 右下角

29. 在 Excel 工作表中，选取一整行的方法是（　　　）。

  A. 单击该行行号

  B. 单击该行的任一单元格

  C. 在名称框输入该行行号

D. 单击该行的任一单元格，并选"编辑"菜单的"行"命令

30. 在 Excel 中，若要把工作簿保存在磁盘上，可按（　　）键。

A. Ctrl+C　　　　　B. Ctrl+E　　　　　C. Ctrl+S　　　　　D. Esc

二、判断题

1. Excel 的"开始—保存并发送"，只能更改文件类型保存，不能将工作簿保存到 Web 或共享发布。　　　　　　　　　　　　　　　　　　　　　　　　　（　　　）

2. 在 Excel 中，除在"视图"功能可以进行显示比例调整外，还可以在工作簿右下角的状态栏拖动缩放滑块进行快速设置。　　　　　　　　　　　　　（　　　）

3. 在 Excel 中，"保存自动恢复信息的时间间隔"后台默认为 10 分钟。（　　　）

4. 在 Excel 中，可以更改工作表的名称和位置。　　　　　　　　　（　　　）

5. 在 Excel 中只能插入和删除行、列，但不能插入和删除单元格。（　　　）

6. Excel 中只能用"套用表格格式"设置表格样式，不能设置单个单元格样式。　　　　　　　　　　　　　　　　　　　　　　　　　　　　　　　（　　　）

7. 在 Excel 中，只能设置表格的边框，不能设置单元格边框。　　（　　　）

8. 在 Excel 中，使用筛选功能只显示符合设定条件的数据而隐藏其他数据。　　　　　　　　　　　　　　　　　　　　　　　　　　　　　　　　（　　　）

9. 在 Excel 中设置"页眉和页脚"，只能通过"插入"选项卡来插入页眉和页脚，没有其他的操作方法。　　　　　　　　　　　　　　　　　　　　　　（　　　）

10. 在 Excel 中不能进行超链接设置。　　　　　　　　　　　　　（　　　）

单元 6　PowerPoint 演示文稿

训练目标

- 使用 PowerPoint 2016 创建幻灯片。
- 学会编辑和使用图形和图像。
- 学会设计和布局演示文稿。
- 使用 PowerPoint 2016 设计动画和过渡效果。
- 熟练使用 PowerPoint 2016 高级功能。

PowerPoint 2016 是 Microsoft Office 中的重要组成部分，是一款广泛使用的演示文稿制作软件。它不仅提供了丰富的设计模板和自动化设计工具，还加入了新的协作功能，允许用户更加高效地与他人共同编辑演示文稿。通过增强的动画和过渡效果，以及对多媒体内容的广泛支持，让用户能够创建出既专业又动人的演示。为了提升用户体验，该版本在界面直观性上做了显著加强，使得访问和使用常用工具变得更为便捷。"设计思路"这一特色功能，能自动向用户提供设计建议，助力快速确定演示文稿的风格与外观。同时，内置的"共享"功能优化了文稿的共享与协作流程，实现了对编辑过程的实时同步，加强了团队间的协作效率。

任务 6.1　演示文稿的制作

知识要点

- 基础操作与界面熟悉。
- 文稿编辑技巧。
- 多媒体信息插入。
- 幻灯片背景设置。
- 幻灯片母版设计。

6.1.1　PowerPoint 的基本操作

1. 启动 PowerPoint 2016

首先，找到并打开 PowerPoint 2016。可以通过 Windows 开始菜单或搜索功能来快速访问它。打开软件后，将看到一个启动界面，可以选择创建新的演示文稿或打开已存在的文件。

2. 用户界面概览

PowerPoint 2016 的界面包括多个部分：功能区、视图窗格、幻灯片设计区、备注窗格和视图切换按钮，如图 6.1 所示。

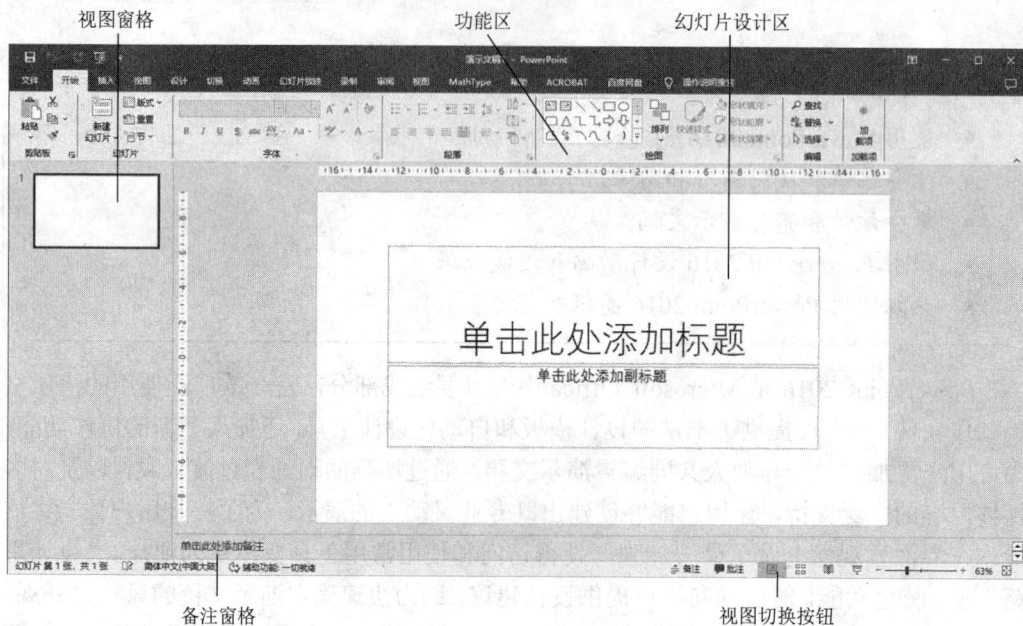

图 6.1   PowerPoint 2016 工作环境

（1）功能区

功能区位于窗口顶部，是一个包含多个选项卡的横向条，每个选项卡又包含了一组相关的工具和选项。这些选项卡如"开始""插入""设计""切换""动画""幻灯片放映"等，都是根据不同的演示文稿编辑任务来组织的。用户可以快速找到所需的命令，执行文本格式化、插入对象、设计幻灯片、添加动画和过渡效果等操作。

（2）视图窗格

视图窗格主要显示当前的工作模式，如普通视图、幻灯片排序视图、阅读视图等。在普通视图下，通常被分为左侧的幻灯片缩略图窗格和右侧的幻灯片设计区，使用户能同时浏览幻灯片列表和详细编辑选中的幻灯片。

（3）幻灯片设计区

幻灯片设计区是视图窗格的一部分，位于界面的中央区域。这里是编辑幻灯片内容的主要场所，用户可以在此区域添加和编辑文本、图片、图表、动画等元素。设计区提供了一个直观的界面，使用户能够实时看到对幻灯片所做更改的效果。

（4）备注窗格

备注窗格位于幻灯片设计区下方，允许用户为当前选中的幻灯片添加备注。这些备注对观众是不可见的，主要用于演讲者在演示时的提醒或额外说明。在准备演示文稿时，有效利用备注窗格可以帮助演讲者更好地组织演讲内容和流程。

（5）视图切换按钮

视图切换按钮位于状态栏的右侧，允许用户快速在不同的视图模式之间切换，如"普通视图""幻灯片排序视图""阅读视图""幻灯片放映"等。通过使用这些按钮，用户可以根据当前的工作需要选择最合适的视图模式，从而提高工作效率。

3．建新的演示文稿

选择"新建"来创建一个空白演示文稿，或选择一个模板开始。每个新的演示文稿都会以一个空白幻灯片开始。可以通过"首页"标签下的"新建幻灯片"添加更多幻灯片（图6.2）。

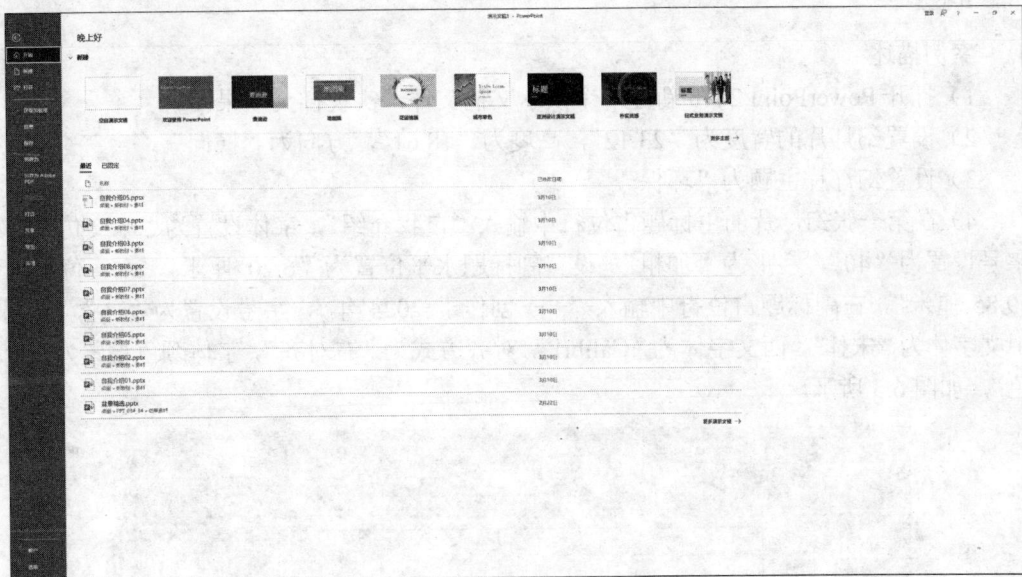

图6.2　Powerpoint 2016 创建演示文稿

6.1.2　编辑演示文稿

在 PowerPoint 2016 中，有效地编辑演示文稿包括调整幻灯片的大小、修改对象的位置和设置文本的字体等。这些操作有助于提高演示文稿的视觉效果和整体一致性。

1．设置幻灯片的大小

1）访问"设计"选项卡：选择"设计"选项卡，在"自定义"组中选择"幻灯片大小"下拉按钮。

2）选择幻灯片大小：在下拉列表中，可以选择"标准"（4∶3）或"宽屏"（16∶9）等预设大小，或选择"自定义幻灯片大小"进行更详细的设置。

2．修改对象的位置

1）选择对象：选择想要移动的对象，如文本框、图片或形状等。

2）调整位置：可以直接拖动选中的对象到新位置，或者在"绘图工具/格式"选项卡的"排列"组中使用"对齐"工具进行精确对齐。

3. 设置文本的字体

1）选择文本：选择包含文本的对象，如文本框或形状内的文字。

2）调整字体样式：在"开始"选项卡下的"字体"组中可以设置字体样式、大小、颜色、加粗、倾斜、下划线等属性。对于特定的文本效果，如阴影、轮廓或反射，可以在"绘图工具/格式"选项卡"艺术字样式"组中的"文字效果"下拉列表中找到更多选项。

案例 6.1

案例描述

1）打开 PowerPoint 2016 新建一个演示文稿文件，实现样文效果图。

2）设置幻灯片的宽度为"23.12"，高度为"18.61"，方向为"横向"。

3）设置幻灯片主题为"环保"。

4）在第一张幻灯片的主标题占位符中输入"自我介绍"，字体设置为"华文仿宋"，字号设置为"40"，字形为"加粗"。设置副标题水平位置为"6.20 厘米"，垂直位置为"9.85 厘米"。在副标题占位符中输入"——创作于 2024 年"，字号设置为"16"，设置中文字体为"宋体"，西文字体为"Calibri"，对齐方式为"右对齐"，字体颜色设置为"紫色"，如图 6.3 所示。

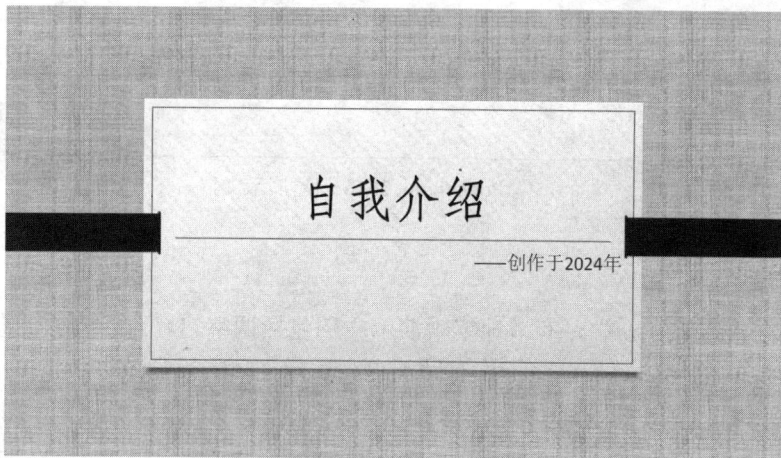

图 6.3　幻灯片首页

5）插入一张版式为"标题和内容"的新幻灯片，设置标题为"我的基本情况"，根据学生自身情况在文本占位符中编辑基本信息，字体设置为"方正舒体"，字号设置为"20"，如图 6.4 所示。

6）依次插入第三张幻灯片，设置标题为"我的爱好"，插入第四张幻灯片的标题为"我的家人"，版式均为"标题和内容"，根据学生自身情况编辑相应的内容，格式与第二张幻灯片相同，图 6.5 所示为第三张幻灯片内容，图 6.6 所示为第四张幻灯片内容。

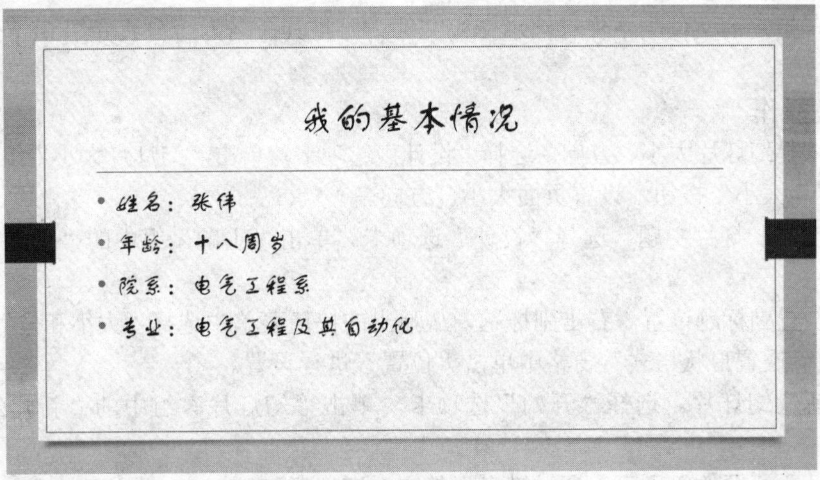

图 6.4　幻灯片第二页

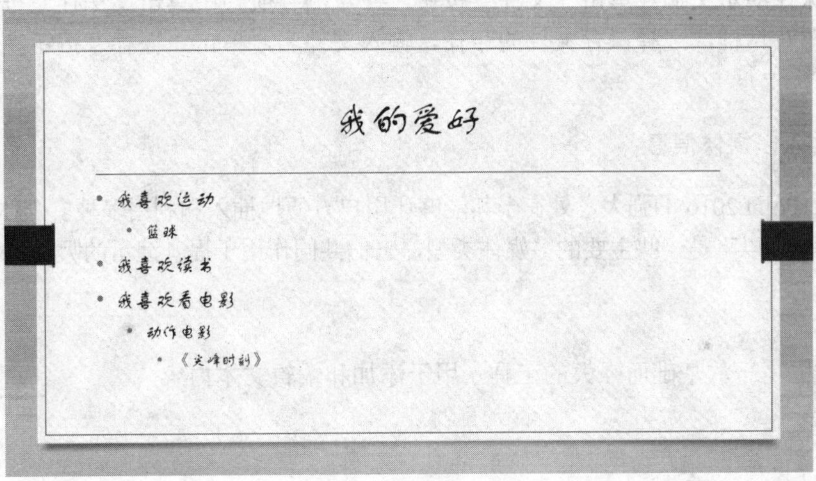

图 6.5　幻灯片第三页

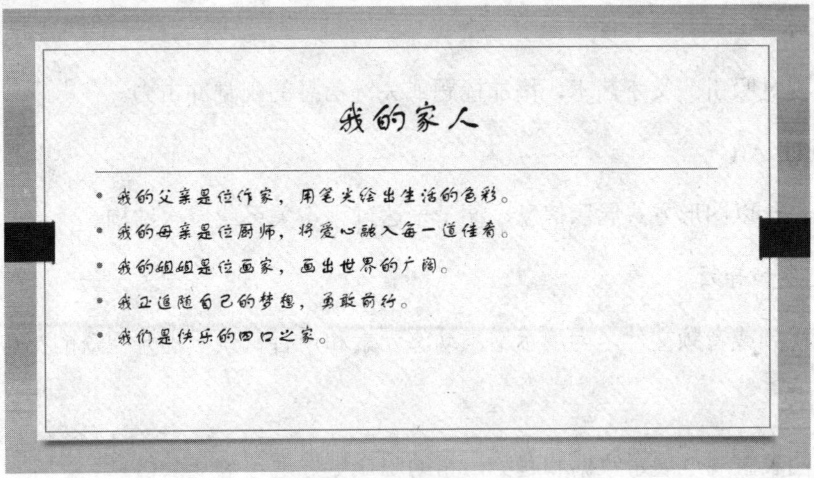

图 6.6　幻灯片第四页

7）在指定的文件夹下保存演示文稿文件，并将其命名为"自我介绍 01.pptx"后关闭文件。

案例操作

1）设置幻灯片大小、方向。选择"设计"选项卡，单击"幻灯片大小"组中的"自定义幻灯片大小"按钮，设置页面大小、方向。

2）设置幻灯片主题。选择"设计"选项卡，单击"主题"组中的"主题"下拉按钮 。

3）设置副标题位置。右击副标题，从弹出的快捷菜单中选择"大小和位置"，然后在打开的"设置形状格式"窗格中单击"位置"进行设置。

4）新建幻灯片。选择"开始"选项卡，单击"幻灯片"组中的"新建幻灯片"按钮。

5）设置标题的级别可以通过键盘上的 Tab 键以及 Shift+Tab 来实现。

6）保存演示文稿。单击"文件"按钮，在左侧导航栏中单击"保存"按钮，弹出"另存为"对话框，选择保存文件的路径，输入文件名，单击"保存"按钮完成文件的保存。

6.1.3　插入多媒体信息

PowerPoint 2016 的强大之处在于其能够让用户方便地插入和利用多种多媒体元素来丰富演示文稿。以下是一些主要的多媒体类型，它们共同作用于提升演示的吸引力和效果。

1. 文本框

文本框是一款基础而强大的工具，用于添加和编辑文本内容。

2. 图片

插入高质量的图片来支持或强调演示的关键点。

3. 艺术字

通过视觉吸引的文字艺术，增加标题或关键信息的视觉冲击力。

4. SmartArt

SmartArt 以图形方式展示信息，便于表达过程、关系或层次结构。

5. 视频和音频

插入视频或音频文件，为演示增添动态元素和声音背景，提升观众的感官体验。

6. 图表

利用图表直观地展示数据和趋势，帮助观众更好地理解复杂信息。

案例 6.2

案例描述

1）找到并打开"自我介绍 01.pptx"，实现样文效果图。在第二张幻灯片中插入一个文本框，编辑文本框的内容为"张伟之印"，设置字号为"30"，设置字体颜色为"RGB（255,0,0）"，线条颜色为"红色"，粗细为"3 磅"，旋转角度为"336"，如图 6.7 所示。

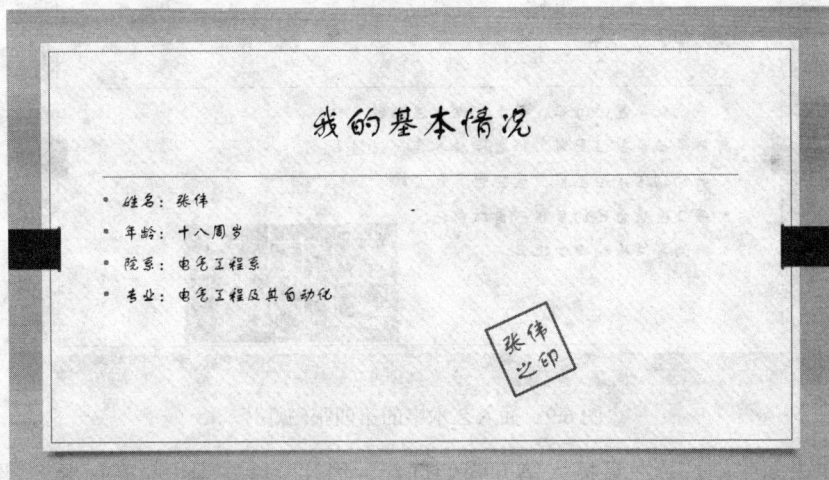

图 6.7　插入文本框的第二张幻灯片

2）设置第三张幻灯片中文本占位符的宽度为"17.23 厘米"，再插入一张图片"打篮球"，设置图片高度宽度分别是"7.62 厘米"和"7 厘米"，水平位置和垂直位置分别为"12.23 厘米"和"7.8 厘米"，如图 6.8 所示。

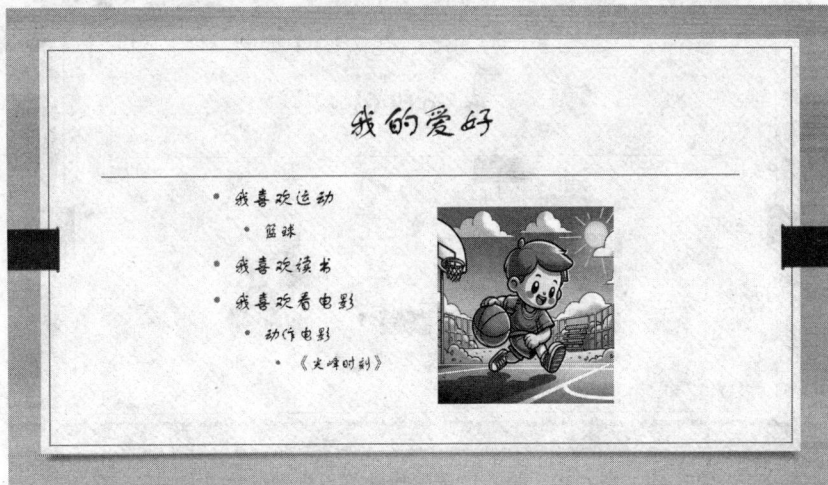

图 6.8　插入图片的第三张幻灯片

3）将第四张幻灯片标题对齐方式改为"左对齐"，在标题后插入艺术字。艺术字样式为"填充：橙色，主题色 5；边框：白色，背景色 1；清晰阴影：橙色，主题色 5"，文字内容为"家和万事兴!",字体为"华文行楷"、字号为"45",阴影样式为"右上对角透视"。

4)插入指定文件夹下的"家和万事兴"图片,将图片中的空白部分"剪裁"掉,设置图片大小为原大小的"50%",如图 6.9 所示。

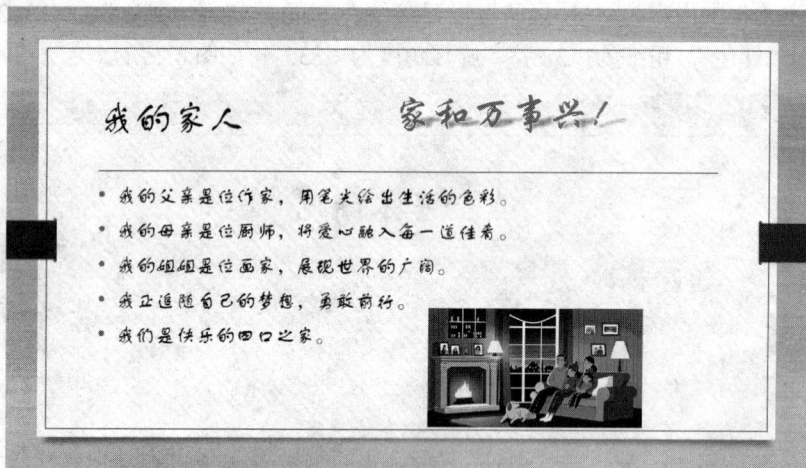

图 6.9　插入艺术字的第四张幻灯片

5)在第四张幻灯片之后插入第五张幻灯片,幻灯片版式为"只有标题",设置标题为"我的班级"。插入组织结构图以及自选图形。自选图形为"星形:五角",填充颜色为"红色",线条颜色为"黄色"线条宽度为"5.5 磅",三维格式的顶部棱台宽度和高度分别为"60 磅"和"30 磅",三维旋转 X、Y、Z 旋转角度分别为"329、336、24",阴影样式为"透视:左上",如图 6.10 所示。

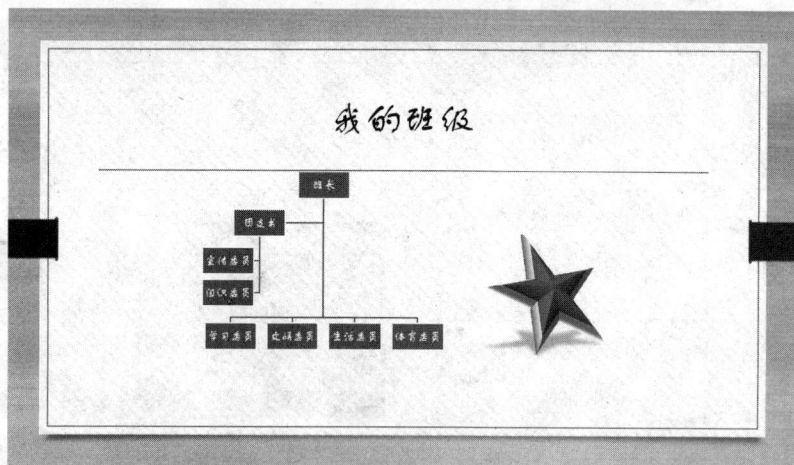

图 6.10　插入自选图形的第五张幻灯片

6)将第五张幻灯片调整到第二张幻灯片之后。复制第三张幻灯片"我的班级"并将其粘贴到最后,修改第六张幻灯片的标题为"我的成绩",删除组织结构图和自选图形,创建表格并生成图表,如图 6.11 所示。

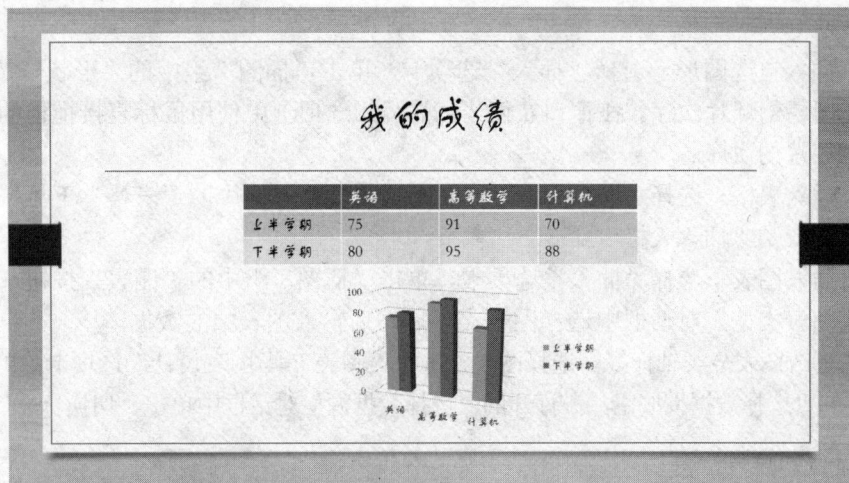

图 6.11　插入图表的第六张幻灯片

7）在指定的文件夹下将演示文稿文件另存为"自我介绍 02.pptx"。

案例操作

1）插入文本框。选择"插入"选项卡，单击"文本"组中的"文本框"按钮。

2）文本框边框线条颜色、粗细。选中文本框右击，在弹出的快捷菜单中选择"设置形状格式"选项，打开"设置形状格式"窗格，在"形状选项"组"线条"中进行设置。

3）文本框旋转任意角度。选中文本框右击，在弹出的快捷菜单中选择"大小和位置"选项，打开"设置形状格式"窗格，在"形状选项"组中"大小"中进行设置。

4）设置文本占位符大小。选中文本占位符，右击，然后从弹出的快捷菜单中选择"大小和位置"选项。

5）插入图片。选择"插入"选项卡，单击"图像"组中的"图片"→"此设备"按钮，然后在打开的"插入图片"对话框中，浏览图片的存储位置，选择图片，单击"打开"按钮即可。

6）设置图片大小。选中图片，选择"图片工具/格式"选项卡，在"大小"组中的"宽度""高度"数值框中进行设置。

7）设置图片位置。选中图片，右击，然后从弹出的快捷菜单中选择"大小和位置"选项。

8）插入艺术字。选择"插入"选项卡，单击"文本"组中的"艺术字"下拉按钮，然后从弹出的列表中选择艺术字样式。

9）设置艺术字阴影样式。选中艺术字，选择"绘图工具/形状格式"选项卡，单击"艺术字样式"组中的"文本效果"下拉按钮，在下拉列表中选择"阴影"→"透视"。

10）裁剪图片。选中图片，选择"绘图工具/格式"选项卡，单击"大小"组中的"裁剪"按钮。

11）插入 SmartArt 图形。选择"插入"选项卡，单击"插图"组中的"SmartArt"按钮，在打开的"选择 SmartArt 图形"对话框中，选择"层次结构"→"组织结构图"。更改组织结构图布局，用户可以通过右击组织结构图，然后从弹出的快捷菜单中执行"添加形状"命令。

12）插入自选图形。选择"插入"选项卡，单击"插图"组中的"形状"按钮。

13）调整幻灯片次序。在窗口左侧"幻灯片"选项卡中使用鼠标直接拖拽的方式即可调整幻灯片的次序。

14）插入表格。选择"插入"选项卡，单击"表格"组中的"表格"下拉按钮，利用虚拟网格或是"插入表格"命令。

15）插入图表。选择"插入"选项卡，单击"插图"组中的"图表"按钮，在打开的"更改图表类型"对话框中选择图表类型，然后输入图表中的数据。

16）更改图表分类轴标签。选择图表，选择"图表工具/图表设计"选项卡，单击"数据"组中的"选择数据"按钮，在打开的"选择数据源"对话框中单击"切换行/列"按钮。

6.1.4　设置幻灯片背景

在 PowerPoint 2016 中，设置幻灯片背景是一种有效的方式，可以增强演示文稿的视觉吸引力和专业度。用户可以选择不同的背景类型，包括纯色、渐变色、图片、纹理或图案，甚至是自定义设计的背景。

案例 6.3

案例描述

1）设置主题背景。找到并打开"自我介绍 02.pptx"，实现样文效果图。选择第一张幻灯片，将幻灯片主题换为"画廊"，如图 6.12 所示。

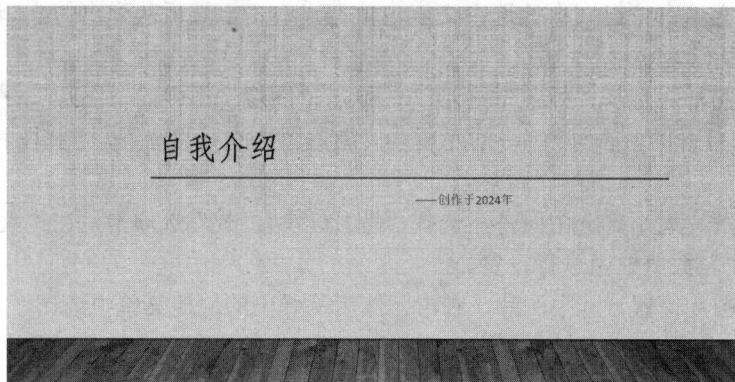

自我介绍

——创作于2024年

图 6.12　设置主题背景的第一张幻灯片

2）应用渐变背景。设置第二幻灯片的背景为渐变填充，其中停止点 1 是"位置 12%，自定义颜色 RGB（250,180,80）"、停止点 2 是"位置 33%，自定义颜色 RGB（51,51,204）"、停止点 3 是"位置 60%，自定义颜色 RGB（80,80,220）"、停止点 4 是"位置 100%，自定义颜色 RGB（180,200,230）"将类型设置为"射线"，方向设置为从中心，如图 6.13 所示。

3）使用图片作为背景。设置第三幻灯片的背景为图片填充，插入一张图片"班级"作为幻灯片背景，如图 6.14 所示。

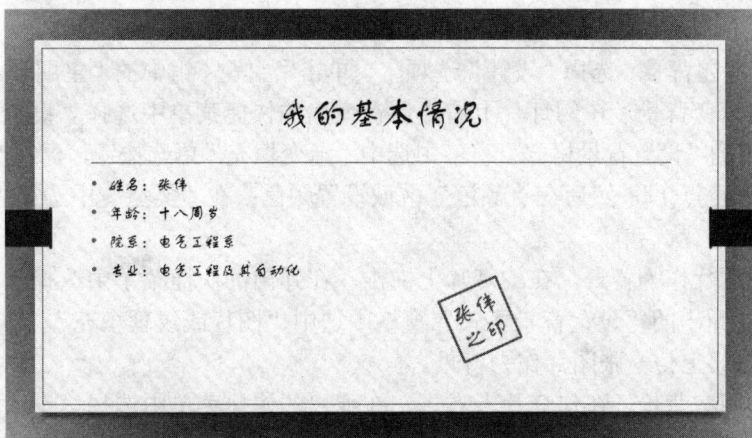

图 6.13　渐变背景的第二张幻灯片

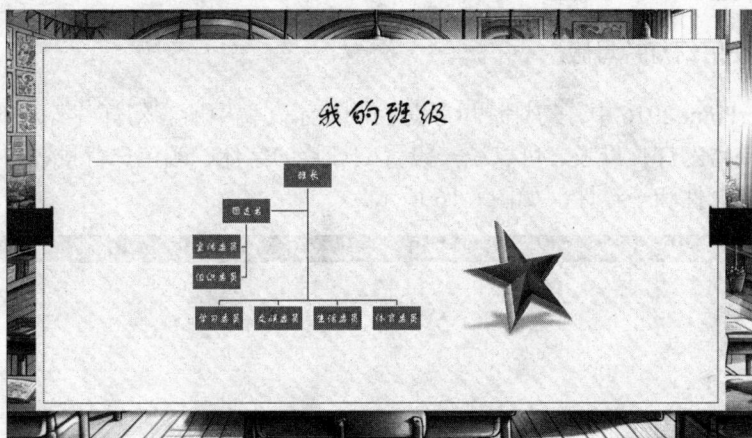

图 6.14　图片背景的第三张幻灯片

4）添加图案背景。设置第四幻灯片的背景为图案填充，选择图案"大纸屑"，前景颜色为"橙色"，背景颜色为"浅蓝"，如图 6.15 所示。

图 6.15　图案背景的第四张幻灯片

案例操作

1）设置主题背景。选择"设计"选项卡，单击"主题"组中的"主题"下拉按钮 ▾ 。

2）应用渐变背景。在幻灯片上右击，在弹出的快捷菜单中选择"设置背景格式"选项。在弹出的"设置背景格式"窗格中选中"渐变填充"单选按钮，再在"渐变光圈"区域单击"停止点 1"，然后在"颜色"区域设置颜色；在"类型"中选择"射线"，在"方向"中选择"从辐射"。

3）使用图片作为背景。在幻灯片上右击，在弹出的快捷菜单中选择"设置背景格式"选项。在弹出的"设置背景格式"窗格中选中"图片或纹理填充"单选按钮，单击"插入"按钮上传一张图片作为背景。

4）添加图案背景。在幻灯片上右击，在弹出的快捷菜单中选择"设置背景格式"选项。在"设置背景格式"窗格中，选择"图案填充"单选按钮。从图案库中选择一个图案，可以调整前景和背景色。

6.1.5　设计使用幻灯片母版

在 PowerPoint 2016 中，幻灯片母版是控制演示文稿中所有幻灯片外观的主要工具。通过设计和使用幻灯片母版，可以统一设置幻灯片的字体、颜色、背景、布局等，确保演示文稿的专业性和一致性，如图 6.16 所示。

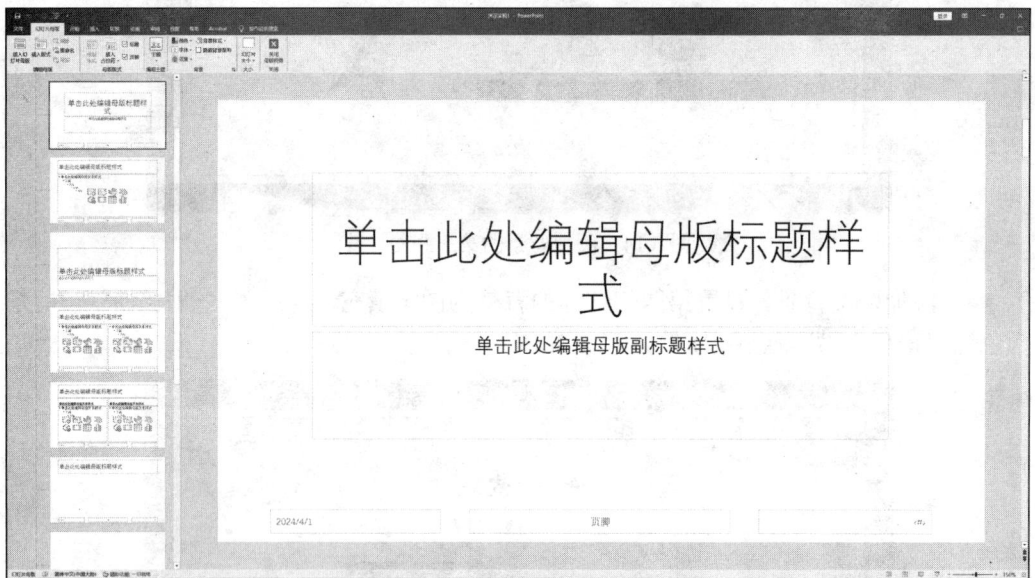

图 6.16　幻灯片母版

1）讲义母版是用于控制讲义页面布局和设计的工具。讲义是指打印出来供听众参考的幻灯片页面，可以包含多个幻灯片缩略图、备注以及其他自定义信息。

2）访问讲义母版视图。打开 PowerPoint 2016 演示文稿，选择"视图"选项卡，在"母版视图"组中单击"讲义母版"按钮。此时，PowerPoint 将切换到讲义母版视图，如图 6.17 所示。

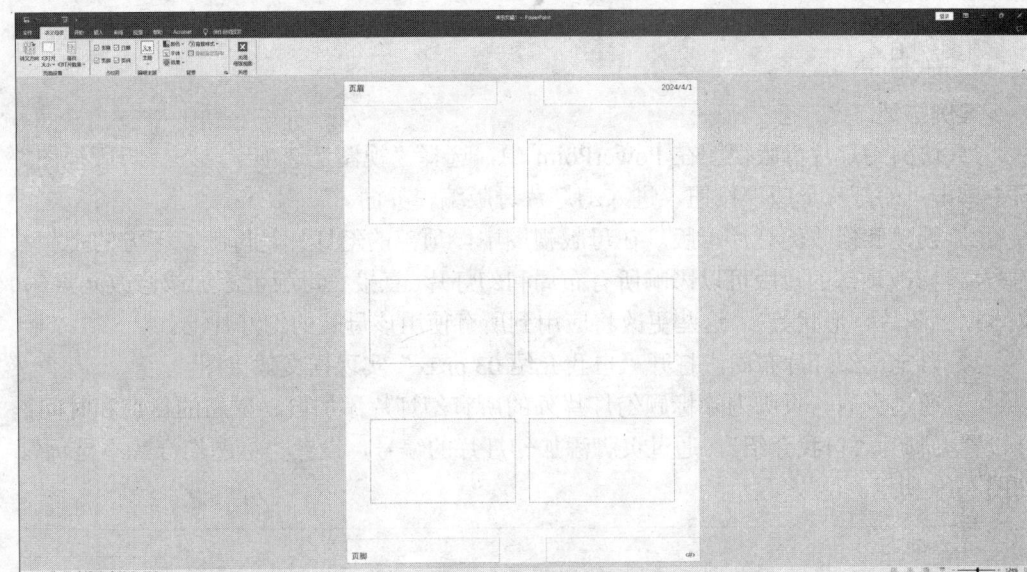

图 6.17　讲义母版视图

　　3）备注母版是一个强大的工具，它允许用户为演示文稿中的备注页面定制统一的布局和风格。备注页面是指演讲者在演示时使用的带有备注的幻灯片页面，这些备注可以为演讲提供额外的信息和提示。

　　4）访问备注母版视图。打开 PowerPoint 2016 演示文稿，选择"视图"选项卡，在"母版视图"组中单击"备注母版"按钮。这将切换到备注母版视图，用户可以在这里对备注页面的设计进行修改，如图 6.18 所示。

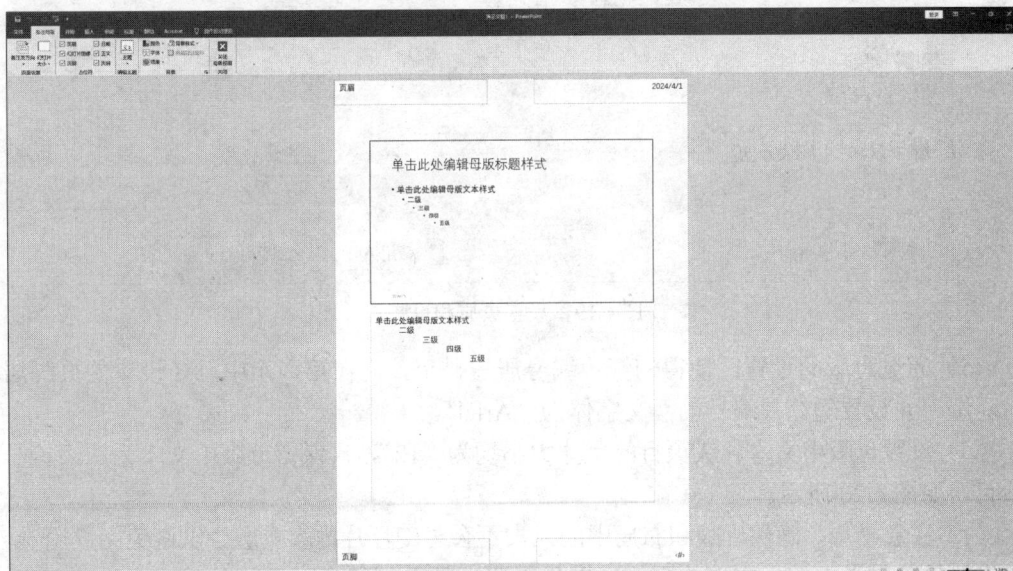

图 6.18　备注母版视图

案例6.4

案例描述

1）访问幻灯片母版视图在 PowerPoint 中，选择"视图"选项卡，在"母版视图"组中单击"幻灯片母版"按钮，进入幻灯片母版编辑界面。

2）创建和修改幻灯片母版。在母版视图中，顶部的幻灯片是母版，下方的是相关的布局。修改顶部的母版可以影响所有布局和幻灯片。直接在母版上添加或修改元素（如文本框、图片、形状等），这些更改将应用到所有使用该母版的幻灯片上。

3）自定义幻灯片布局，打开"自我介绍03.ppsx"实现样文效果图。

4）通过页眉、页脚为除标题幻灯片外的所有幻灯片添加自动更新的日期和时间，并设置页脚为"自我介绍"。通过页脚添加幻灯片的编号，设置"标题幻灯片不显示"，如图6.19所示。

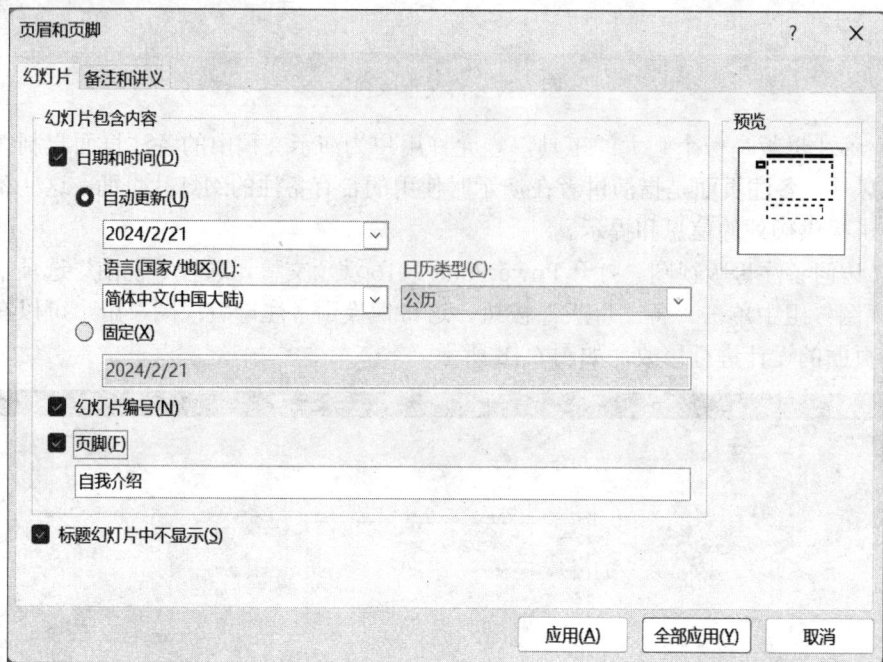

图6.19　设置页眉和页脚

5）通过母版的设置，使得幻灯片编号居右显示，而在第四步中已经设置的页脚居左显示。并设置幻灯片编号的西文字体为"Arial"。

6）设置母版中文本各级项目的字体大小均为"12"，只保留母版中文本为四级符号项目，如图6.20所示。

7）注意事项。确保母版和布局中的元素不会与幻灯片内容重叠，以避免阅读困难。在设计母版时考虑演示文稿的整体风格和色调，保持一致性。

8）在指定的文件夹下将演示文稿文件另存为"自我介绍04.pptx"。

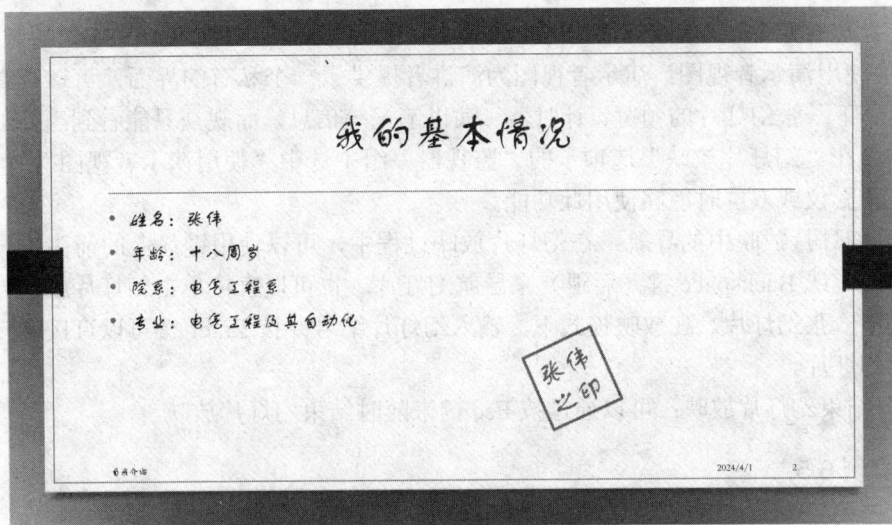

图 6.20　幻灯片母版设置

案例操作

1）打开文件。启动 PowerPoint 2016，然后执行 "文件" → "打开" 命令，找到文件后打开。

2）设置页眉、页脚。选择 "插入" 选项卡，单击 "文本" 组中的 "页眉和页脚" 按钮。选中 "日期和时间" "幻灯片编号" "页脚" 复选框，输入页脚内容，同时选中 "标题幻灯片中不显示"。

3）幻灯片母版。选择 "视图" 选项卡，单击 "母版视图" 组中的 "幻灯片母版" 按钮。此时，页脚居中，幻灯片编号居右，不符合实验的要求，用鼠标拖动的方法将母板中的 "页脚区" 与 "数字区" 交换位置后单击 "关闭母板视图" 按钮。

任务 6.2　演示文稿的放映

知识要点

- 幻灯片放映操作。
- 幻灯片切换效果。
- 幻灯片动画效果。
- 幻灯片超链接设置。

6.2.1　幻灯片的放映操作

在 PowerPoint 2016 中，有效的幻灯片放映操作对于成功演示至关重要。本小节将介绍如何启动幻灯片放映使用演示者工具，以及如何在放映过程中进行导航。

1）从头开始：选择 "幻灯片放映" 选项卡，在 "开始放映幻灯片" 组中单击 "从头开始" 按钮，即可从第一张幻灯片开始放映。按 F5 键也可以实现同样的操作。

2）从当前幻灯片开始：如果在编辑模式下正在查看特定的幻灯片，可以选择 "从当前幻灯片开始"来仅放映当前幻灯片及其之后的幻灯片，也可按 Shift+F5 快捷键启动。

3）使用演示者视图：演示者视图为演讲者提供了一个私有的界面，可以查看当前幻灯片、下一张幻灯片的预览、计时器、演讲笔记等信息，而观众只能看到当前幻灯片的放映。在"幻灯片放映"选项卡的"监视器"组中选中"使用演示者视图"，可确保连接到投影仪或双屏时能够使用此功能。

4）幻灯片放映中的导航：在幻灯片放映过程中，可以使用键盘上的箭头键、空格键（前进）或 Backspace 键（后退）来导航幻灯片。也可以直接单击幻灯片放映界面来前进到下一张幻灯片。在放映模式下，输入幻灯片编号并按 Enter 键可以直接跳转到该编号的幻灯片。

5）结束幻灯片放映：可以通过按 Esc 键来随时结束幻灯片放映。

案例 6.5

案例描述

1）打开"自我介绍 04.pptx"，使用窗口右下角的视图切换按钮或选择"视图"选项卡，在"演示文稿视图"组选择相应的视图模式，即"普通视图""幻灯片浏览视图""备注页""阅读视图"。

2）播放幻灯片时，使用"荧光笔"将所有标题画中以示注意。播放后退出时要求保存墨迹。

3）设置幻灯片的播放次序是先播放奇数页再播放偶数页。

4）另存为时，选择文件类型分别为"PowerPoint 放映"和演示文稿，文件名为"自我介绍 05.ppsx""自我介绍 05.pptx"。

案例操作

1）切换视图方式。使用窗口右下角的"视图切换"按钮或在"视图"选项卡"演示文稿视图"组中选择相应的视图模式。

2）放映幻灯片。按 F5，或者在"幻灯片放映"选项卡"开始放映幻灯片"组中选择一种放映方式。在放映时，选择屏幕左下角的"荧光笔"；或者右击幻灯片，在弹出的快捷菜单中选择"指针选项"→"荧光笔"。

3）设置自定义放映方式。选择"幻灯片放映"选项卡，单击"开始放映幻灯片"组中的"自定义幻灯片放映"→"自定义放映"按钮，在弹出的对话框中选择"新建"，将左侧"在演示文稿中的幻灯片"的要求的页码添加到右侧的"在自定义放映中的幻灯片"中，单击"确定"按钮即可。

4）设置存储类型。执行"文件"→"另存为"命令，打开"另存为"对话框，先选择"保存类型"为"PowerPoint 放映（自我介绍 05.ppsx）"，再选择保存位置。

6.2.2　设置幻灯片的切换效果

PowerPoint 2016 提供了丰富的切换效果，可以使幻灯片之间的过渡更加平滑和有趣。本小节将介绍如何为幻灯片选择切换效果，自定义效果设置，以及如何应用到所有幻灯片。

1. 选择切换效果

1）选择幻灯片：选择想要添加切换效果的幻灯片，在"幻灯片缩略图"窗格中单击幻灯片，或在幻灯片排序视图中选择多个幻灯片。

2）访问切换效果：选择"切换"选项卡，在"切换到此幻灯片"组的效果库中可以浏览可用的切换效果。效果库展示了多种效果，如"淡出""推入""覆盖"等。

3）应用切换效果：单击喜欢的切换效果，预览效果后，该效果将应用于选中的幻灯片。

2. 自定义切换效果

1）效果选项：某些切换效果提供了额外的效果选项，如方向或样式。在选择效果后，查找"效果选项"按钮以访问和自定义这些设置。

2）切换时间：在"计时"组中可以设置切换效果的持续时间，使其更快或更慢。

3）播放声音：还可以为切换效果添加声音，增加演示文稿的听觉吸引力。单击"声音"下拉菜单选择一个声音效果。

3. 应用到所有幻灯片

一旦选择并自定义了一个切换效果，可以选择"应用于所有幻灯片"，使整个演示文稿中的每张幻灯片都使用这个效果。这有助于保持演示文稿的一致性。

▌案例 6.6

案例描述

1）打开"自我介绍 04.pptx"，使用窗口右下角的视图切换按钮或在"视图"选项卡的"演示文稿视图"组中选择相应的视图模式。

2）在"普通视图"中，选中第一张幻灯片，设置切换效果为"涡流"。

3）设置第二张幻灯片的切换方式为垂"棋盘"，效果选项为"自左侧"。

4）设置第三张幻灯片的切换方式为自右侧"框"，声音为"风铃"。

5）设置第四张幻灯片的切换方式为圆形"形状"，持续时间为"01.00"。

6）设置第五张幻灯片的切换方式为自左侧"摩天轮"，声音为"照相机"。

7）设置每间隔 3 秒幻灯片自动切换到下一张（鼠标单击不好用）。

8）在指定的文件夹下将演示文稿文件另存为"自我介绍 06.pptx"。

案例操作

1）切换视图方式。使用窗口右下角的视图切换按钮或在"视图"选项卡的"演示文稿视图"组中选择相应的视图模式。

2）幻灯片切换方式。选中幻灯片，选择"切换"选项卡，单击"切换到此幻灯片"组中的 按钮。"切换到此幻灯片"组中的"效果选项"按钮可以设置切换的其他属性。

3）设置幻灯片切换声音。选择第三张幻灯片后，选择"切换"选项卡，单击"切换到此幻灯片"组中的 按钮，在切换方案中选择"框"。然后在"计时"组中的"声音"下拉列表中设置切换声音。

4）设置换片方式。在"切换"选项卡的"计时"组中，将"单击鼠标时"前的复选框前面的对号去掉。选中"每隔"前面的复选框，并在右侧输入"00:03.00"。如果单击"全部应用"按钮，则所有的幻灯片切换方式都是以上设置的方式。

6.2.3　设置幻灯片的动画效果

PowerPoint 2016 的动画功能允许用户为幻灯片中的各种元素添加动画效果，使演示更加生动有趣。本小节将介绍如何添加和自定义动画效果，以及如何管理多个动画。

1. 添加动画效果

1）选择对象：选择想要添加动画效果的对象，可以是文本框、图片、图表或形状等。

2）访问"动画"选项卡：在"动画"选项卡中可以浏览可用的动画效果。动画效果分为四类："进入""强调""退出""动作路径"。

3）应用动画效果：选择一个动画效果以应用于选中的对象。单击"预览"可预览动画效果。

2. 自定义动画效果

1）效果选项：对于某些动画效果，用户可以通过单击"效果选项"来访问和自定义动画的具体属性，如方向、大小、强度等。

2）设置动画持续时间和延迟：在"动画"选项卡中，用户可以调整动画的"持续时间"使其更快或更慢，"延迟"设置则可以控制动画触发的时间点。

3）添加多个动画：要为一个对象添加多个动画效果，可以使用"添加动画"按钮（而不是直接从动画库中选择）。这样可以确保每个动画都被独立添加和控制。

3. 动画顺序和触发

1）动画窗格：通过动画窗格可以查看和管理所有添加到当前幻灯片的动画。在动画窗格中，可以重新排序动画、设置动画触发方式（如单击、与前一个动画同时或之后等）。

2）触发器：进阶用户可以利用"触发器"功能，设置特定事件（如单击特定对象）来触发动画。

▌案例 6.7

案例描述

1）打开"自我介绍 06.pptx"，实现效果图样文效果。

2）为第一张幻灯片中的标题"自我介绍"设置进入的自定义动画效果："飞入"，动画文本为"按字母"，字母之间延迟"60%"。

3）为第二张幻灯片中的"张伟之印"设置进入的自定义动画效果："翻转式由远及近"。

　　4）为第三张幻灯片中的五角星设置进入的自定义动画效果："弹跳"，插入音乐，要求在切换到该幻灯片时就播放音乐，播放时隐藏声音图标，如图 6.21 所示。

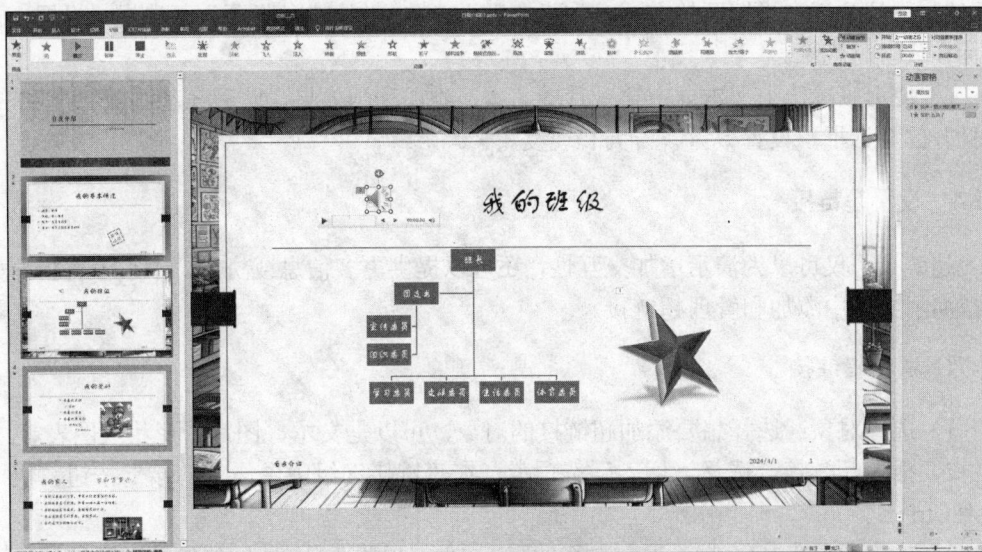

图 6.21　出入音频后的幻灯片

　　5）设置第四张幻灯片中的文本的第一行的自定义动画效果中的强调动画效果："陀螺旋"，数量为"旋转两周"，方向为"逆时针"，速度为"非常慢（5 秒）"。

　　6）设置第二行的自定义动画效果中的进入动画效果："挥鞭式"，开始为"延迟 3秒"后自动出现，动画播放后为"下次单击后隐藏"，动画文本为"按字母"，字母之间延迟"20%"，速度为"慢速（3 秒）"。

　　7）为第五张幻灯片中的"家和万事兴！"设置进入的自定义动画效果："旋转"，速度为"快速（1 秒）"，声音为"微风"，图片设置退出的自定义动画效果："弹跳"，延迟"2 秒"。

　　8）为第六张幻灯片中的"我的成绩"设置进入的自定义动画效果："轮子"，表格设置强调的自定义动画效果："放大/缩小"并设置自动翻转，图表设置动作路径的自定义动画效果："形状"。

　　9）在指定的文件夹下将演示文稿文件另存为"自我介绍 07.pptx"。

案例操作

　　1）设置动画效果。在第一张幻灯片中，选中标题"自我介绍"，选择"动画"选项卡，单击"动画"组中的 按钮，在弹出的下拉列表进入区域中选择相应的动画效果，或者选择"更多进入效果"，在打开的对话框中选择相应的动画效果。

　　2）设置动画文本。选择"动画"选项卡，单击"高级动画"组中的"动画窗格"按钮，在打开的动画窗格中的动画上双击，然后在打开的对话框中设置。

　　3）设置动画速度和声音。在动画窗格中双击动画，在"计时"选项卡的"期间"下拉列表中设置速度；在"效果"选项卡的"声音"下拉列表中设置声音。

　　4）插入声音。选择"插入"选项卡，单击"媒体"组中的"音频"→"PC 上的音频"按钮，在"插入音频"对话框中找到指定的声音文件。

5）设置音频选项。选中声音图标，在"音频工具/播放"选项卡"音频选项"组的"开始"下拉列表中设置开始方式，如"自动"；选中"放映时隐藏"复选框，设置声音图标在放映时隐藏。

6）使用鼠标选中文本框中第一行的文本，添加动画效果，然后在动画效果上双击，在打开的对话框中设置数量、方向和速度。

6.2.4 设置超链接

超链接不仅可以为演示增加交互性，还可以提供更多信息或资源。本小节将指导如何在演示文稿中添加和管理超链接。

1. 添加超链接

1）选择对象：选择想要添加超链接的对象，可以是文本、图片、形状或图表等。

2）插入超链接：选择"插入"选项卡，在"链接"组中单击"链接"按钮。快捷键为 Ctrl+K。

3）链接到现有文件或网页：选择"现有文件或网页"，在地址栏输入网页地址或通过浏览找到文件路径。

4）链接到本文档中的位置：如果要链接到演示文稿内的另一个幻灯片，选择"本文档中的位置"，然后选择目标幻灯片。

5）创建电子邮件：要链接到电子邮件地址，选择"电子邮件地址"，输入邮件地址和主题。

2. 测试超链接

应用超链接后，进入"幻灯片放映"模式测试链接是否正常工作。单击链接对象应能正确跳转到指定的目标。

3. 编辑或删除超链接

若要修改或删除已添加的超链接，右键单击链接对象，选择"编辑超链接"或"删除超链接"。

▌案例 6.8

案例描述

1）打开"自我介绍 08.pptx"，实现效果图样文效果。

2）在第二张幻灯片之前插入一张"标题和内容"版式的幻灯片。标题输入"目录"，文本部分为之后的各幻灯片的标题。

3）为每一个标题设置超链接，要求单击该超链接，能够跳转到各相应的幻灯片。

4）设置每一个超链接在单击动作时的声音为"照相机"，鼠标划过时的声音为"风声"，如图 6.22 所示。

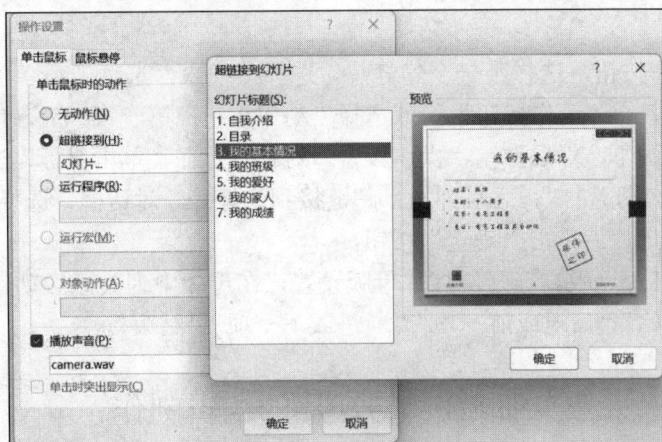

图 6.22　设置超链接幻灯片

　　5）在各个幻灯片中插入一动作按钮，将其置于幻灯片左下角，要求单击该按钮时能跳转回"目录"幻灯片，并且设置鼠标划过时的声音为"炸弹"。

　　6）通过母版设置除第一张幻灯片之外的所有幻灯片的右上角都具有"开始""后退或前一项""前进或后一项""结束"四个按钮，如图 6.23 所示。

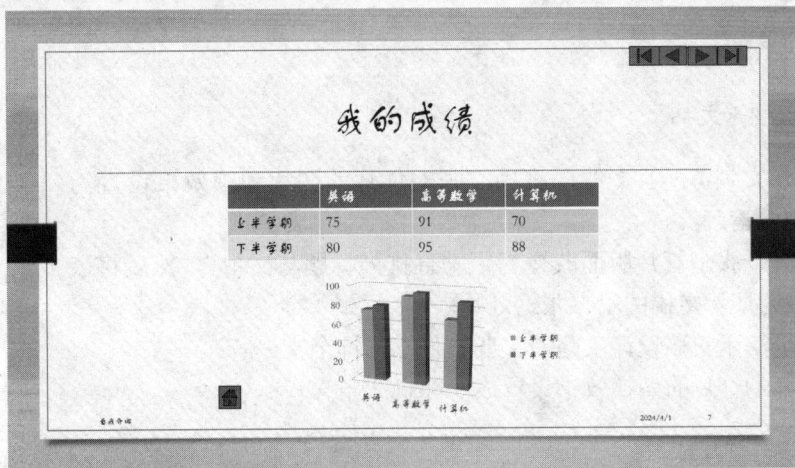

图 6.23　添加动作按钮的效果图

　　7）在指定的文件夹下将演示文稿文件另存为"自我介绍 09.pptx"。

案例操作

　　1）设置超链接。选中文本中的第一行"我的基本情况"，右击，在弹出的快捷菜单中选择"超链接"。在之后的"插入超链接"对话框左侧"链接到"中选择"本文档中的位置"，然后在其右侧中的"请选择文档中的位置"里使用鼠标选取相应的幻灯片后，单击"确定"按钮。

　　2）设置单击或划过超链接时的声音。选中超链接文本，选择"插入"选项卡，单击"链接"组中的"动作"按钮。在"操作设置"对话框中的"单击鼠标"选项卡中将"播放声音"前的复选框选中，并设置相应的声音。同样，在"鼠标移过"选项卡中设置相应的声音。

3）插入动作按钮。选择某一个幻灯片，选择"插入"选项卡，单击"插图"组中的"形状"按钮，在"动作按钮"区域选择"动作按钮：第一张"后，使用鼠标在幻灯片的适当位置处画下，然后弹出"操作设置"对话框，在"单击鼠标"选项卡的"超链接到"中选择"幻灯片…"，之后弹出"超链接到幻灯片"对话框，选择"幻灯片标题"为"目录"的幻灯片后单击"确定"按钮。

4）设置幻灯片母版。打开幻灯片母版设置，在母版中为其添加动作按钮，按钮的类型依次为"开始""后退或前一项""前进或下一项""结束"。

实训 6.1　幻灯片的编辑制作

实训目的

- 掌握 PowerPoint 2016 的启动与关闭。
- 掌握幻灯片的基本编辑操作。
- 掌握文本框的使用。
- 掌握幻灯片的设计和布局。

实训内容

1. 编辑演示文稿

1）打开实训 6.1-1 文件，将第二张幻灯片的图片动画效果设置为"进入""向内溶解"。

2）将第一张幻灯片版面改变为"垂直排列标题与文本"，然后将该张幻灯片移为演示文稿的第二张幻灯片。

实训 6.1-1

3）使用演示文稿设计主题"主要事件"修饰全文。

4）全部幻灯片的切换效果设置成"随机线条"。

2. 设置幻灯片主题

1）打开实训 6.1-2 文件，将最后一张幻灯片向前移动，作为演示文稿的第一张幻灯片，并在副标题处键入"领先同行业的技术"文字。

实训 6.1-2

2）字体设置成"宋体"、"加粗"、"倾斜"、44 磅字。

3）将最后一张幻灯片的版式更换为"垂直排列标题与文本"。

4）使用"框架"演示文稿设计主题修饰全文。

5）全文幻灯片切换效果设置为"翻转"。

6）第二张幻灯片的文本部分动画设置为"飞入""自底部"。

3. 幻灯片背景设置

1）打开实训 6.1-3 文件，在幻灯片的标题区中键入"中国的 DXF100

实训 6.1-3

地效飞机"，字体设置为红色（注意，请用自定义标签中的红色 255，绿色 0，蓝色 0）、"黑体"、"加粗"、54 磅字。

2）插入一版式为"标题和内容"的新幻灯片，作为第二张幻灯片。

3）输入第二张幻灯片的标题内容：DXF100 主要技术参数。

4）输入第二张幻灯片的文本内容：可载乘客 15 人；装有两台 300 马力航空发动机。

5）第二张幻灯片的背景预设颜色为："绿色，个性色 1，淡色 60%"。

6）所有幻灯片切换效果设置为"摩天轮"。

7）第一张幻灯片中的飞机图片动画设置为"飞入""自右侧"。

4. 插入多媒体信息

1）打开实训 6.1-4 文件，设置幻灯片主题为"平面"。

2）设置第一张幻灯片中的标题文字字体为"华文行楷"，字号"60"。

3）设置第一张幻灯片标题的自定义动画效果为"弹跳"。

4）在第一张幻灯片中插入当前实验素材文件夹下的音频文件"鸟

实训 6.1-4

叫.wav"作为幻灯片的背景音乐，放映时隐藏。

5）设置第一张幻灯片的切换方式为"涟漪"，第二张幻灯片的切换方式为"时钟"。

6）设置换片方式为"手动"。

7）将第二张幻灯片文本中第一段文字动画设置为"飞入"，速度设置为"慢速"。

8）第二段文字动画设置为"陀螺旋"，数量为"旋转两周"，方向为"逆时针"，速度为"非常慢（5 秒）"。

5. 设置幻灯片动画效果

1）打开实训 6.1-5 文件，第四张幻灯片的版式改为"两栏内容"。

实训 6.1-5

2）将第一张幻灯片的图片移到第四张幻灯片的内容区。

3）第一张幻灯片的版式改为"空白"，内容区插入 5 行 2 列的表格。第一列的第 1～5 行依次录入"初亏""食既""食甚""生光""复圆"。

4）将第二张幻灯片的第 1～5 段文本依次移到表格第二列的第 1～5 行，并设置第二列文本全为 12 号字。

5）移动第四张幻灯片，使之成为第一张幻灯片。删除第三张幻灯片。

6）移动第四张幻灯片，使之成为第二张幻灯片。

7）在第二张幻灯片文本"初亏、食既、食甚、生光、复圆"上设置超链接，链接对象是本文档的第四张幻灯片。

8）第四张幻灯片插入自定义的艺术字"日全食的过程"，艺术字位置：水平：4 厘米，自：左上角，垂直：3 厘米，自：左上角。

9）艺术字的动画设置为"弹跳"。

10）使用"肥皂"主题修饰全文，全部幻灯片切换效果为"时钟"。

实训 6.2　幻灯片制作综合实训

■ **实训目的**

- 掌握图形、图片和多媒体内容的插入与调整。
- 掌握演示文稿的演示设置。
- 掌握高级动画和过渡效果的制作和应用。
- 掌握自定义放映、使用演讲者备注以及多屏幕放映设置。

■ **实训内容**

1. 幻灯片放映操作

实训 6.2-1

1）打开实训 6.2-1 文件，使用"主要事件"主题修饰全文。

2）设置放映方式为"观众自行浏览"。

3）在第一张幻灯片前插入一版式为"空白"的新幻灯片，并在此幻灯片中插入 5 行 2 列的表格。

4）第一列的第 1～5 行依次录入"方针""稳粮""增收""强基础""重民生"。

5）第二列的第一行录入"内容"，将第二张幻灯片的文本第 1～4 段依次复制到表格第二列的第 2～5 行。

6）将第七张幻灯片移到第一张幻灯片前面。删除第三张幻灯片。

7）在第二张幻灯片表格第一列文本"重民生"上设置超链接，链接对象是本文档的第六张幻灯片。

8）第一张幻灯片的主标题和副标题的动画均设置为"飞入""自左侧"。

9）动画顺序为先副标题后主标题。

2. PowerPoint 相册编辑

实训 6.2-2

1）打开实训 6.2-2 文件，编辑相册，使相册包含当前实验素材文件夹下的图片"tu1.jpg～tu4.jpg"共四幅图片。

2）在每张幻灯片中包含两张图片，并将每幅图片设置为"圆角矩形"相框形状。

3）设置相册主题为"基础"。

4）将标题"相册"改成"盆景"，设置其字体为"华文仿宋"，66 号。

5）在标题幻灯片后插入一张新的幻灯片，将该幻灯片设置为"标题和内容"版式。

6）在该幻灯片的标题位置输入"盆景精选"；并在该幻灯片的内容文本框中输入 2 行文字，分别为"第一组"和"第二组"。

7）为第二张幻灯片中文字"第一组"和"第二组"设置超链接，分别链接到"幻灯片 3"和"幻灯片 4"。

8）设置所有幻灯片的切换方式为"涟漪"。

3. 编辑演示文稿综合训练

1）打开实训 6.2-3 文件，在第一张幻灯片中插入形状为"填充白色，轮廓-浅蓝，主题色 5，阴影"的艺术字"京津城铁试运行"，位置：水平：6 厘米，度量依据：左上角，垂直：7 厘米，度量依据：左上角。

实训 6.2-3

2）第二张幻灯片的版式改为"两栏内容"，在右侧文本区输入"一等车厢票价不高于 70 元，二等车厢票价不高于 60 元"，右侧文本设置为"华文仿宋"、47 磅。

3）将第四张幻灯片的图片复制到第三张幻灯片的内容区域。

4）在第三张幻灯片的标题文本"列车快速舒适"上设置超链接，链接对象是第一张幻灯片。

5）在第三张幻灯片备注区插入文本"单击标题，可以循环放映"。

6）删除第四张幻灯片。

7）第一张幻灯片的背景预设纯色填充"深蓝，背景 1，淡色 60%"。

8）幻灯片放映方式改为"演讲者放映"。

4. 幻灯片动画效果综合训练

1）打开实训 6.2-4 文件，第一张幻灯片的主标题输入："中国女战斗机飞行学员中将产生首批女航天员"，副标题输入"女战斗机飞行学员正式开训"。

实训 6.2-4

2）主标题设置为"黑体"，53 磅字，黄色（请用自定义选项卡的红色 250、绿色 250、蓝色 0），副标题设置为"华文仿宋"，23 磅字。

3）第二张幻灯片的版式改为"两栏内容"，将第一张幻灯片的图片移到第二张幻灯片左侧的内容区域，将第三张幻灯片文本的"我军第八批女飞行员……首次驾机飞上蓝天"移到第二张幻灯片的文本区域。

4）第二张幻灯片的图片动画设置为"形状""放大"，文本动画设置为"飞入""自左侧"。

5）第三张幻灯片的版式改为"垂直排列标题与文本"。

6）第二张幻灯片的动画顺序：先文本后图片。

7）全部幻灯片切换效果为"立方体"。

5. 幻灯片版式设置

1）打开实训 6.2-5 文件，第二张幻灯片的版式改为"内容与标题"，将第四张幻灯片的右图移到剪贴画区域，图片的动画设置为"缩放""幻灯片中心"。

实训 6.2-5

2）将第一张幻灯片文本的"当圣火盆点燃不久……如同一个漫舞的飞天"移到第二张幻灯片的文本区域。

3）第一张幻灯片的版式改为"两栏内容"，将第四张幻灯片的左图复制到第一张幻灯片的内容区域。

4）将第三张幻灯片的版式改为"空白"，插入形状为"橙色，主题 3，锋利棱台"的艺术字"奥运圣火在甘肃敦煌传递"，并定位（水平：2.2 厘米，度量依据：左上角；垂直：6.1 厘米，度量依据：左上角）。

5）使第三张幻灯片成为第一张幻灯片，删除第四张幻灯片。

6）使用"剪切"主题修饰全文，设置放映方式为"观众自行浏览"。

单元测试 6

一、单项选择题

1. PowerPoint 2016 是（　　）公司的产品。
   A. Google　　　　　B. Apple　　　　　C. Microsoft　　　　　D. Adobe

2. 在 PowerPoint 2016 中，通过（　　）可以用来添加幻灯片之间的动画效果。
   A. 动画窗格　　　B. 自定义动画　　C. 幻灯片过渡　　　　D. 动画设计

3. 在 PowerPoint 2016 中，插入一个新的幻灯片的方法是（　　）。
   A. 使用"开始"选项卡下的"新建幻灯片"
   B. 右击现有幻灯片，选择"复制"
   C. 使用"插入"选项卡下的"图片"
   D. 在"视图"选项卡中选择"幻灯片视图"

4. PowerPoint 2016 支持的文件扩展名为（　　）。
   A. .pptx　　　　　B. .docx　　　　　C. .xlsx　　　　　D. .accdb

5. 在 PowerPoint 2016 中，通过（　　）可以用来查找特定文本并替换为另一文本。
   A. 查找　　　　　B. 拼写检查　　　C. 查找和替换　　　　D. 字体设置

6. 保存 PowerPoint 2016 的演示文稿时，保存为（　　）格式可以供兼容以前版本的 PowerPoint 打开。
   A. .ppt　　　　　B. .pdf　　　　　C. .pptx　　　　　D. .docx

7. 在 PowerPoint 2016 中，（　　）视图允许用户查看和编辑多个幻灯片的缩略图。
   A. 普通视图　　　　　　　　　　B. 幻灯片放映
   C. 幻灯片浏览器视图　　　　　　D. 大纲视图

8. （　　）选项卡包含了添加表格、图表和图形的工具。
   A. "设计"　　　　B. "插入"　　　C. "视图"　　　　　D. "动画"

9. 使用（　　）选项卡可在 PowerPoint 2016 中快速访问对齐工具。
   A. "格式"　　　　　　　　　　　B. "视图"
   C. "开始"　　　　　　　　　　　D. "设计"

10. PowerPoint 2016 的"演讲者工具"提供的功能包括（　　）。
    A. 添加注释　　　　　　　　　　B. 显示当前幻灯片和下一张幻灯片
    C. 只显示注释　　　　　　　　　D. 只播放音频

11. 在 PowerPoint 2016 中，（　　）功能可以用来压缩演示文稿中的图片以减小文件大小。

   A. 图片格式　　　B. 图片压缩　　　C. 图片工具　　　D. 图片效果

12. 使用（　　）选项卡可以在 PowerPoint 2016 中添加音频文件。

   A. "设计"　　　B. "插入"　　　C. "动画"　　　D. "视图"

13. 在 PowerPoint 2016 中，可以使用（　　）选项卡来添加和修改图表。

   A. "插入"　　　B. "设计"　　　C. "布局"　　　D. "数据"

14. 通过（　　）选项卡，可以在 PowerPoint 2016 中设置自定义幻灯片放映。

   A. "设计"　　　　　　　　B. "视图"

   C. "幻灯片放映"　　　　　　D. "插入"

15. 在 PowerPoint 2016 中，（　　）功能允许用户对幻灯片进行注释。

   A. 普通视图　　　B. 幻灯片放映　　C. 记录放映　　　D. 幻灯片排序

16. PowerPoint 2016 中的"设计思路"功能是用来（　　）。

   A. 检查文档　　　　　　　　B. 生成设计建议

   C. 创建备份　　　　　　　　D. 管理扩展

17. 通过（　　）选项卡可以在 PowerPoint 2016 中访问"母版视图"。

   A. "开始"　　　B. "插入"　　　C. "视图"　　　D. "设计"

18. 在 PowerPoint 2016 中，（　　）文件格式用于启用宏的演示文稿。

   A. .ppt　　　　B. .pptx　　　　C. .potx　　　　D. .pptm

19. 通过（　　）选项卡可以在 PowerPoint 2016 中设置幻灯片的过渡声音。

   A. "动画"　　　　　　　　B. "幻灯片放映"

   C. "切换"　　　　　　　　D. "设计"

20. PowerPoint 2016 中的"快速样式"是用来（　　）。

   A. 快速更改幻灯片布局　　　　B. 快速应用预设格式化样式

   C. 快速删除幻灯片　　　　　　D. 快速访问工具栏

二、判断题

1. 在 PowerPoint 2016 中，可以使用快捷键 Ctrl+Z 来撤消最后一次操作。

                           （　　）

2. PowerPoint 2016 允许用户在演示文稿中直接插入和编辑 PDF 文件。　　（　　）

3. PowerPoint 2016 的"格式刷"工具可以复制文本格式并应用到其他文本。

                           （　　）

4. 在 PowerPoint 2016 中，用户可以直接在"设计"选项卡中访问到"幻灯片大小"的设置选项。　　　　　　　　　　　　　　　　　　　　　　　（　　）

5. PowerPoint 2016 支持通过"历史记录"功能查看并恢复旧版本的演示文稿。

                           （　　）

6. 在 PowerPoint 2016 中，用户可以通过"审阅"选项卡添加和管理评论。

                           （　　）

7. PowerPoint 2016 中的"对比度"工具仅适用于图片，不适用于视频文件。

（　　）

8. PowerPoint 2016 允许用户为幻灯片添加背景音乐，且音乐可以在多张幻灯片间持续播放。 （　　）

9. PowerPoint 2016 的"智能查找"功能可以帮助用户在创建演示文稿时查找相关的信息和图片。 （　　）

10. 在 PowerPoint 2016 中，所有自定义动画效果都必须逐一手动应用于每个对象。 （　　）

参 考 文 献

刘志国，苟燕，马跃春，2022. 大学计算机基础（Windows10+Office 2016）[M]. 北京：科学出版社.

刘志勇，介龙梅，2020. 大学计算机基础教程（Windows7·Office 2010）[M]. 3 版. 北京：清华大学出版社.

附录一　Excel 常用函数

1. ABS 绝对值函数

1）函数原型：ABS(number)。

2）功能：返回数值 number 的绝对值，number 为必需的参数。

2. AVERAGE 平均值函数

1）函数原型：AVERAGE(number1,[number2],…)。

2）功能：求指定参数 number1、number2、…的算术平均值。

3）参数说明：至少需要包含一个参数 number1，最多可包含 255 个。

3. AVERAGEIF 条件平均值函数

1）函数原型：AVERAGEIF(range,criteria,[average_range])。

2）功能：对指定区域中满足给定条件的所有单元格中的数值求算术平均值。

3）参数说明：

- range：必需的参数，用于条件计算的单元格区域。
- criteria：必需的参数，求平均值的条件，其形式可以为数字、表达式、、单元格引用、文本或函数。
- average_range：可选的参数，要计算平均值的实际单元格。如果 average_range 参数被省略，Excel 会对在 range 参数中指定的单元格求平均值。

4. AVERAGEIFS 多条件平均值函数

1）函数原型：AVERAGEIFS(average_range,criteria_range1,criteria,[criteria_range2, criteria2],…)。

2）功能：对指定区域中满足多个条件的所有单元格中的数值求算术平均值。

3）参数说明：

- average_range：必需的参数，要计算平均值的实际单元格区域。
- criteria_range1，criteria_range2，…：在其中计算关联条件的区域。其中 criteria_range1 时必需的，随后的 criteria_range2，…是可选的，最多可以有 127 个区域。
- criteria1，criteria2，…：求平均值的条件。其中 criteria 是必需的，随后的 criteria2，…是可选的，最多可以有 127 个条件。

说明：其中每个 criteria_range 的大小和形状必须与 average_range 相同。

5. CONCATENATE 文本合并函数

1）函数原型：CONCATENATE(text1，[text2]，…)。

2）功能：将几个文本项合并为一个文本项。可将最多 255 个文本字符串连接成一个文本字符串。连接项可以是文本、数字、单元格地址或这些项目的组合。

说明：至少有一个文本项，最多可有 255 个，文本项之间以逗号（,）分隔。

6. COUNT 计数函数

1）函数原型：COUNT(value1,[value2],…)。

2）功能：统计指定区域中包含数值的个数。只对包含数字的单元格进行计数。

3）参数说明：至少一个参数，最多可包含 255 个。

7. COUNTA 计数函数

1）函数原型：COUNTA (value1,[value2],…)。

2）功能：统计指定区域中不为空的单元格的个数。可对包含任何类型信息的单元格进行计数。

3）参数说明：至少一个参数，最多可包含 255 个。

8. COUNTIF 条件计数函数

1）函数原型：COUNTIF (range，criteria)。

2）功能：统计指定区域中满足单个指定条件的单元格的个数。

3）参数说明：

- range：必需的参数，计数的单元格区域。
- criteria：必需的参数，计数额条件，条件的形式可以为数字、表达式、单元格地址或文本。

9. COUNTIFS 多条件计数函数

1）函数原型：COUNTIFS (criteria_range1，criteria，[criteria2_range2，criteria2]，…)。

2）功能：统计指定区域内符合给定条件的单元格的数量。可以将条件应用于多个区域的单元格，并计算符合所有条件的次数。

3）参数说明：

- criteria_range1：必需的参数，在其中计算关联条件的第一个区域。
- criteria1：必需的参数，计数的条件，条件的形式可以为数字、表达式、单元格地址或文本。
- criteria2_range2，criteria2：可选的参数，附加的区域及其关联条件。最多允许 127 个区域/条件对。

说明：每一个附加的区域都必须与参数 criteria_range1 具有相同的行数和列数。这些区域可以不相邻。

10. DATEDIF

1）函数原型：DATEDIF (start_date,end_date,unit)。
2）功能：计算两个日期的差值。
3）参数说明：

- Start_date 为一个日期，它代表时间段内的第一个日期或起始日期。日期有多种输入方法：带引号的文本串、系列数或其他公式或函数的结果。
- End_date 为一个日期，它代表时间段内的最后一个日期或结束日期。
- Unit 为所需信息的返回类型。
  - "Y"　时间段中的整年数。
  - "M"　时间段中的整月数。
  - "D"　时间段中的天数。
  - "MD"　　start_date 与 end_date 日期中天数的差。忽略日期中的月和年。
  - "YM"　　start_date 与 end_date 日期中月数的差。忽略日期中的日和年。
  - "YD"　　start_date 与 end_date 日期中天数的差。忽略日期中的年。

11. IF 逻辑判断函数

1）函数原型：IF (logical_test,[value_if_true],[value_if_false])。
2）功能：如果指定条件的计算结果为 TRUE，IF 函数将返回某个值；如果该条件的计算结果为 FALSE，则返回另一个值。
3）参数说明：

- logical_test：必需的参数，作为判断条件的任意值或表达式。该参数中可使用比较运算符。
- value_if_true：可选的参数，logical_test 参数的计算结果为 TRUE 时所要返回的值。
- value_if_false：可选的参数，logical_test 参数的计算结果为 FALSE 时所要返回的值。

12. INT

1）函数原型：INT (number)。
2）功能：向下取整函数。将数值 number 向下舍入到最接近的整数，number 为必需的参数。

13. LEFT 左侧截取字符串函数

1）函数原型：LEFT (text,[num_chars])。
2）功能：从文本字符串最左边开始返回指定个数的字符，也就是最前面的一个或几个字符。
3）参数说明：

- text：必需的参数，包含要提取字符的文本字符串。
- num_chars：可选的参数，指定要从左边开始提取的字符的数量。num_chars 必须大于或等于零，如果省略该参数，则默认其值为 10。

14. LEN 字符个数函数

1）函数原型：LEN (text)。

2）功能：统计并返回指定文本字符串中的字符个数。

3）参数说明：

- text：为必需的参数，代表要统计其长度的文本。空格也将作为字符进行计数。

15. LOOKUP 查找函数

1）函数原型：LOOKUP (lookup_value, array)。

2）功能：LOOKUP 的数组形式在数组的第一行或第一列中查找指定的值，并返回数组最后一行或最后一列内同一位置的值。

3）参数说明：

- lookup_value：必需。LOOKUP 在数组中搜索的值。lookup_value 参数可以是数字、文本、逻辑值、名称或对值的引用。
  - 如果 LOOKUP 找不到 lookup_value 的值，它会使用数组中小于或等于 lookup_value 的最大值。
  - 如果 lookup_value 的值小于第一行或第一列中的最小值（取决于数组维度），LOOKUP 会返回 #N/A 错误值。
- array：必需。包含要与 lookup_value 进行比较的文本、数字或逻辑值的单元格区域。如果数组包含宽度比高度大的区域（列数多于行数），LOOKUP 会在第一行中搜索 lookup_value 的值。
  - 如果数组是正方的或者高度大于宽度（行数多于列数），LOOKUP 会在第一列中进行搜索。

要点：数组中的值必须以升序排列。

16. LOOKUP 查找函数

1）函数原型：LOOKUP (lookup_value,lookup_vector, [result_vector])。

2）功能：LOOKUP 的向量形式在单行区域或单列区域（称为"向量"）中查找值，然后返回第二个单行区域或单列区域中相同位置的值。

3）参数说明：

- lookup_value：必需。LOOKUP 在第一个向量中搜索的值。Lookup_value 可以是数字、文本、逻辑值、名称或对值的引用。
- lookup_vector：必需。只包含一行或一列的区域。lookup_vector 中的值可以是文本、数字或逻辑值。
  - lookup_vector：中的值必须以升序排列：…,-2, -1, 0, 1, 2, …, A~Z, FALSE,

TRUE。否则，LOOKUP 可能无法返回正确的值。大写文本和小写文本是等同的。

- result_vector：可选。只包含一行或一列的区域。result_vector 参数必须与 lookup_vector 大小相同。

说明：

- 如果 LOOKUP 函数找不到 lookup_value，则它与 lookup_vector 中小于或等于 lookup_value 的最大值匹配。
- 如果 lookup_value 小于 lookup_vector 中的最小值，则 LOOKUP 会返回#N/A 错误值。

17. MAX 最小值函数

1）函数原型：MAX (number1，[number2]，…)。
2）功能：返回一组值或指定区域中的最小值。
3）参数说明：参数至少有一个，且必须是数值，最多可以有 255 个。

18. MID 截取字符串函数

1）函数原型：MID (text,start_num,num_chars)。
2）功能：从文本字符串中的指定位置开始返回特定个数的字符。
3）参数说明：

- text：必需的参数，包含要提取字符的文本字符串。
- strat_num：必需的参数，文本中要提取的第一个字符的文职。文本中的第一个字符的位置为 1，以此类推。
- num_chars：必需的参数，指定希望从文本串中提取并返回字符的个数。

19. NOW 当前日期和时间函数

1）函数原型：NOW ()。
2）功能：返回当前日期和时间。当将数据格式设置为数值时，将返回当前日期和时间所对应的序列号，该序列号的整数部分表明其与 1900 年 1 月 1 日之间的天数。
3）参数说明：该函数没有参数，所返回的是当前计算机系统的日期和时间。

20. RANK 排位函数

1）函数原型：RANK (number,ref,[order])。
2）功能：返回一个数值在指定数值列表中的排位。
3）参数说明：

- number：必需的参数，要确定其排位的数值。
- ref：必需的参数，指定数值列表所在的位置。
- order：可选的参数，指定数值列表的排序方式。如果 order 为 0（零）或忽略，对数值的排位就会基于 ref 是按照降序排序的列表；如果 order 不为零，对数值的排位就会基于 ref 是按照升序排序的列表。

21. RIGHT 右侧截取字符串函数

1）函数原型：RIGHT (text,[num_chars])。

2）功能：从文本字符串最右边开始返回指定个数的字符，也就是最后面的一个或几个字符。

3）参数说明：

- text：必需的参数，包含要提取字符的文本字符串。
- num_chars：可选的参数，指定要提取的字符的数量。num_chars 必须要大于或等于零，如果省略该参数，则默认其值为 10。

22. ROUND 四舍五入函数

1）函数原型：ROUND (number,num_digits)。

2）功能：将制定数值 number 按指定的位数 num_digits 进行四舍五入。

23. SUM 求和函数

1）函数原型：SUM (number1,[number2],…)。

2）功能：将指定的参数 number1，number2…相加求和。

3）参数说明：至少需要包含一个参数 number1，每个参数都可以是区域、单元格引用、数组、常量、公式或另一个函数的结果。

24. SUMIF 条件求和函数

1）函数原型：SUMIF (range,criteria,sum_range)。

2）功能：对指定单元格区域中符合指定条件的值求和。

3）参数说明：

- range：必需的参数，用于条件判断的单元格区域。
- criteria：必需的参数，求和的条件，其形式可以为数字、表达式、单元格引用、文本或函数。
- 在函数中，任何文本条件或任何含有逻辑或数学符号的条件都必须使用双引号【""】括起来，若是条件为数字，则无须使用双引号。
- sum_range：可选参数区域，要求和的实际单元格区域，如果 sum_range 参数被省略，Excel 会对在 range 参数中指定的单元格求和。

25. SUMIFS 多条件求和函数

1）函数原型：SUMIFS (sum_range,criteria_range1,criteria1,[criteria_range2,cirteria2],…)。

2）功能：对指定单元格区域中满足多个条件的单元格求和。

3）参数说明：

- sum_rang：必需的参数，求和的实际单元格区域，忽略空白纸和文本之。

- criteria_range1：必需的参数，在其中计算关联条件的第一个区域。
- criteria1：必需的参数，求和的条件，条件的形式可以为数字、表达式、单元格地址或文本，可以用来定义将对 criteria_range1 参数中的单元格求和。
- criteria_range2，criteria2：可选的参数，及其关联附加的条件，最多允许 127 区域/条件,其中每个 criteria_range 参数区域所包含的函数和列数必须与 sum_range 参数相同。

26. SUMPRODUCT 多条件求和函数

1）函数原型：SUMPRODUCT (array1, [array2], [array3], …)。
2）功能：在给定的几组数组中，将数组间对应的元素相乘，并返回乘积之和。
3）参数说明：
- Array1：必需的参数。其相应元素需要进行相乘并求和的第一个数组参数。
- Array2, array3,…：可选。2～255 个数组参数，其相应元素需要进行相乘并求和。

27. TEXT 文本函数

1）函数原型：TEXT (value, format_text)。
2）功能：将数值转换为文本，并可使用户通过使用特殊格式字符串来指定显示格式。
3）参数说明：
- value：必需。数值、计算结果为数值的公式，或对包含数值的单元格的引用。
- format_text：必需。使用双引号括起来作为文本字符串的数字格式。

28. TODAY 当前日期函数

1）函数原型：TODAY ()。
2）功能：返回今天的日期。当数据格式设置为数值时，将返回今天日期所对应的序列号，该序列号的整数部分表明其与 1900 年 1 月 1 日之间的天数。

29. TRIM 删除空格函数

1）函数原型：TRIM (text)。
2）功能：删除指定文本或区域中的空格。除了单词之间的单个空格外，该函数将会清除文本中所有的空格。

30. TRUNC 取整函数

1）函数原型：TRUNC (number,[num_digits])。
2）功能：将指定数值 number 的小数部分截取，返回整数。num_digits 为取整精度，默认为 0。

31. VLOOKUP 垂直查询函数

1）函数原型：VLOOKUP (lookup_value,table_array,col_index_num,[rang_lookup])。

2）功能：搜索指定单元格区域的第一列，然后返回该区域相同行上任何指定单元格中的值。

3）参数说明：

- lookup_value：必需的参数，要在表格或区域的第 1 列中搜索到的值。
- table_array：必需的参数。要查找的数据所在的单元格区域，table_array 第 1 列中的值就是 lookup_value 要搜索的值。
- col_index_num：必需的参数。最终返回数据所在的列号 col_index_num 为 1 时，返回 table_array 第 1 列的值；col_index_num 为 2 时，返回 table_array 第 2 列中的值。依次类推。如果 clo_index_num 参数小于 1，则 VLOOKUP 返回错误值 #VALUE!；大于 table_array 的列数，则 VLOOKUP 返回错误值#REF!。
- range_lookup：可选的参数。该值为一个逻辑值，取值为 TRUE 或 FALSE，指定希望 VLOOKUP 查找的是精确匹配值还是近似匹配值。如果 range_lookup 参数为 FALSE，VLOOKUP 将只查找精确匹配值。如果 table_array 的第 1 列中有两个或更多值与 lookup_value 匹配，则使用第一个找到的值。如果找不到精确配配置，则返回错误值#N/A。

32. WEEKDAY 返回某日期为星期几

1）函数原型：WEEKDAY (serial_number,[return_type])。
2）功能：默认情况下，其值为 1（星期天）～7（星期六）之间的整数。
3）参数说明：

- Serial_number：必需。一个序列号，代表尝试查找的那一天的日期。应使用 DATE 函数输入日期，或者将日期作为其他公式或函数的结果输入。例如，使用函数 DATE(2008,5,23) 输入 2008 年 5 月 23 日。如果日期以文本形式输入，则会出现问题。
- Return_type：可选。用于确定返回值类型的数字。星期日=1 到星期六=7，用 1 或省略；星期一=1 到星期日=7，用 2；从星期一=0 到星期六=6，用 3。

附录二　单元测试参考答案

单元测试 1

一、单项选择题

1.C　2.B　3.C　4.C　5.A　6.A　7.C　8.A　9.C　10.D　11.A　12.C
13.A　14.B　15.A　16.D　17.B　18.B　19.B　20.C　21.B　22.A　23.D　24.A
25.B　26.C　27.A　28.B　29.D　30.B　31.C　32.D　33.C　34.C　35.B　36.D
37.D　38.D　39.A　40.D　41.A　42.A　43.D　44.B　45.C　46.C　47.A　48.C
49.B　50.B　51.B　52.C　53.D　54.D　55.C

二、填空题

1. CPU
2. 电子管
3. 控制键
4. 数据
5. 可编程只读存储器
6. 操作系统
7. 程序
8. 源程序
9. 高速缓冲存储器
10. 运算器和控制器
11. 8 个
12. 101.25
13. ASCII 码
14. 编译程序
15. 微型计算机

三、判断题

1.×　2.×　3.√　4.×　5.√　6.×　7.√　8.√　9.×　10.×
11.√　12.√　13.√　14.√　15.×　16.×　17.√　18.√　19.×　20.×

单元测试 2

一、单项选择题

1.A　2.A　3.B　4.B　5.D　6.B　7.C　8.A　9.B　10.B　11.B　12.B
13.A　14.D　15.D　16.C　17.C　18.D　19.B　20.C　21.B　22.D　23.A　24.C
25.D　26.B　27.B　28.A　29.A　30.C

二、判断题

1.√　2.×　3.√　4.×　5.√　6.×　7.√　8.√　9.√　10.×
11.√　12.×　13.√　14.√　15.×　16.×　17.×　18.×　19.√　20.×

单元测试 3

单项选择题

1.C　2.C　3.C　4.B　5.D　6.D　7.C　8.C　9.D　10.A　11.C　12.C
13.D　14.A　15.A

单元测试 4

一、单项选择题

1.C　2.B　3.B　4.C　5.A　6.C　7.C　8.A　9.D　10.B　11.A　12.A
13.A　14.A　15.A　16.A　17.C　18.C　19.C　20.A　21.C　22.B　23.C　24.C
25.B　26.A　27.B　28.D　29.C　30.A

二、判断题

1.√　2.×　3.×　4.√　5.√　6.√　7.√　8.×　9.×　10. ×

单元测试 5

一、单项选择题

1.B　2.A　3.D　4.B　5.A　6.B　7.D　8.C　9.C　10.B　11.B　12.D
13.B　14.A　15.A　16.D　17.B　18.C　19.B　20.B　21.C　22.C　23.A　24.A
25.D　26.D　27.C　28.D　29.A　30.C

二、判断题

1.×　2.√　3.√　4.√　5.×　6.×　7.×　8.√　9.×　10.×

单元测试 6

一、单项选择题

1.C　2.C　3.A　4.A　5.C　6.A　7.C　8.B　9.C　10.B　11.B　12.B
13.A　14.C　15.C　16.B　17.C　18.D　19.C　20.B

二、判断题

1.√　2.×　3.√　4.√　5.×　6.√　7.×　8.√　9.√　10.×